高等职业教育"十三五"规划教材（物联网应用技术系列）

C# 数据库编程技术

主　编　顾家铭

副主编　付　沛　李志刚　余　璐　张克斌

中国水利水电出版社

www.waterpub.com.cn

·北京·

内 容 提 要

C# 语言已经成为 .NET 平台中最流行的编程语言。本书以 Visual Studio 2012 和 SQL Server 2008 为开发平台,从实际应用的角度出发,重点介绍了使用 C# 开发 Windows 应用程序的方法和技术。

全书共 9 章内容,第 1 章为 C# 概述,包括了 Microsoft.NET 平台概述、C# 语言简介、Visual Studio 集成开发环境和 C# 程序结构介绍;第 2～3 章为 C# 程序设计基础,介绍了 C# 语言的各种语法、知识点和面向对象的基本思想;第 4～5 章介绍了使用 C# 语言开发 Windows 窗体应用程序,包括 Windows 窗体常用控件、菜单编程、对话框和多文档编程;第 6 章介绍了各种文件操作;第 7 章介绍了进程,包括线程和多线程编程;第 8 章介绍了数据库编程;第 9 章通过开发一个图书馆管理系统,全面介绍了软件开发流程,阐述了使用 Visual C# 2012 开发 Windows 应用程序的基本知识。

本书内容立足于课堂教学和实际应用,各章均配有丰富的应用实例和微课资源,便于读者掌握重点、难点。全书内容循序递进,示例面向应用,兼顾了知识介绍、能力培养和实践训练。

本书可以作为应用型本科、高职院校物联网及相关专业教材,也可以作为软件开发人员的技术参考书,还可以供广大读者自学 C# 数据库编程技术。

图书在版编目(C I P)数据

C#数据库编程技术 / 顾家铭主编. -- 北京 : 中国
水利水电出版社,2019.3
　　高等职业教育"十三五"规划教材. 物联网应用技术
系列
　　ISBN 978-7-5170-7500-4

Ⅰ. ①C… Ⅱ. ①顾… Ⅲ. ①C语言－程序设计－高等
职业教育－教材 Ⅳ. ①TP312.8

中国版本图书馆CIP数据核字(2019)第040547号

策划编辑:周益丹　责任编辑:张玉玲　加工编辑:尹国才　封面设计:梁　燕

书　　名	高等职业教育"十三五"规划教材(物联网应用技术系列) C# 数据库编程技术 C# SHUJUKU BIANCHENG JISHU
作　　者	主　编　顾家铭 副主编　付　沛　李志刚　余　璐　张克斌
出版发行	中国水利水电出版社 (北京市海淀区玉渊潭南路 1 号 D 座　100038) 网址:www.waterpub.com.cn E-mail: mchannel@263.net(万水) 　　　　 sales@waterpub.com.cn 电话:(010) 68367658(营销中心)、82562819(万水)
经　　售	全国各地新华书店和相关出版物销售网点
排　　版	北京万水电子信息有限公司
印　　刷	三河市铭浩彩色印装有限公司
规　　格	184mm×260mm　16 开本　18.5 印张　408 千字
版　　次	2019 年 3 月第 1 版　2019 年 3 月第 1 次印刷
印　　数	0001—3000 册
定　　价	46.00 元

前　言

Microsoft.NET 平台是由微软公司开发的软件开发系统平台，包括各种优秀的编程语言和其他技术，是一种主要用于 Windows 操作系统的托管代码编程模型。.NET 平台提供了大量的公共类库，包括 Visual C#、Visual C++.NET、Visual J#、Visual Basic.NET 等技术，配合微软公司推出的 Visual Studio 系列产品，深受广大开发人员的青睐，是当前程序开发人员的首选技术之一。Visual Studio 2012 是先进的开发平台，它使各种规模的团队都能够设计和创建出使用户欣喜的应用程序。Visual Studio 2012 提供了全新的外观和使用体验，对 Web 开发升级，拥有云功能，用户也可以利用云环境中的动态增加存储空间和计算能力的功能快速访问无数虚拟服务器。

Visual C# 是微软公司 .NET Framework 框架中的一个重要组成部分，也是微软公司极力推荐的新一代程序开发语言。C# 是面向对象的高级编程语言，由 C、C++、Java 语言派生而来，继承了这三种语言的绝大多数语法和特点。C# 语言的语法相对 C 和 C++ 简单一些，因此使用 C# 开发应用程序的效率更高、成本更低。

本书以 Visual Studio 2012 为开发平台，从实际应用的角度出发，重点介绍了 C# 数据库编程技术。本书共 9 章，主要内容包括 C# 概述、C# 语法基础、C# 面向对象程序设计、Windows 程序设计基础、对话框与多文档编程、文件、进程与线程、数据库编程、图书馆管理系统。本书内容简明扼要、循序渐进、层层递进，力求通俗易懂，便于读者掌握利用 C# 语言进行 Windows 程序设计的方法和技术。每章配有丰富的案例，为了帮助读者快速理解，书中案例配有程序的简要分析，读者通过仔细研读代码和实训操作，可以迅速培养编程能力。本书教学资源完备，每章配有微课资源，读者通过视频学习，可以培养自主学习能力。最后的实践项目——图书馆管理系统，可以进一步帮助读者提高 C# 数据库编程技术的综合能力。

本书由武汉软件工程职业学院的顾家铭主编，武汉城市职业学院的付沛和武汉软件工程职业学院的李志刚、余璐、张克斌为副主编。颜昌隆、于继武、周雯、綦志勇、尹江山、闫应栋、叶飞、李向文、龚丽、张新华、杨烨、关婷婷、曹廷、肖奎参与了本书的编写工作。

限于编者的水平，书中难免有不足和疏漏之处，希望广大读者批评指正。

编　者
2019 年 1 月

目　录

第1章

C# 概述

学习目标

- 了解 Microsoft.NET 平台的概念、功能和特点。
- 认识 C# 语言，了解 C# 语言和 .NET 平台的关系。
- 掌握并熟练运用 Visual Studio 集成开发环境创建和运行 C# 程序。
- 了解 C# 程序的基本结构。
- 掌握 C# 程序的简单调试过程。

1.1 Microsoft.NET 平台概述

Microsoft.NET 平台是由微软公司开发的软件开发系统平台，包括各种优秀的编程语言和其他技术，是一种主要用于 Windows 操作系统的托管代码编程模型。.NET 平台提供了大量的公共类库，包括 Visual C#、Visual C++.NET、Visual J#、Visual Basic. NET 等技术，配合微软公司推出的 Visual Studio 系列产品，深受广大开发人员的青睐，是当前程序开发人员的首选技术之一。

在传统的软件开发工作中，开发者需要面对的是多种服务器和终端系统。在开发基于不同系统的软件时，开发者往往需要针对不同的硬件和操作系统编写大量实现兼容性的代码，并使用不同的方式对代码进行编译，给软件设计和开发带来很多困难。

Microsoft.NET 框架是微软公司在 21 世纪初开发的致力于敏捷且快速的软件开发框架，其更加注重平台无关化和网络透明化。Microsoft.NET 框架既是一个灵活、稳定的能运行服务器端程序、富互联网应用、移动终端程序和 Windows 桌面程序的软件解析工具，又是软件开发的基础资源包。其具有以下特点：

（1）具备统一应用层接口。.NET 框架将 Windows 操作系统底层的应用程序接口（Application Programming Interface，API）进行封装，为各种 Windows 操作系统提供统一的应用层接口，从而消除不同 Windows 操作系统带来的不一致性。用户只需调用 API 进行开发，而不用考虑平台。

（2）基于面向对象的开发。.NET 框架基于面向对象的设计思想提供了大量的类库，每个类库都是一个独立的模块，供用户调用。开发者也可以自行开发类库供其他开发者使用。

（3）能够支持多种开发语言。.NET 框架支持 C#、C++、J#、VB.NET 等多种符合通用语言运行时（Common Language Runtime，CLR）规范的开发语言，在开发时将代码转换为中间语言存储到可执行程序中。在执行程序时，再通过 .NET 组件编译执行中间语言。

Microsoft.NET 框架与 Windows 操作系统和 Microsoft Visual Studio 集成开发环境紧密联系，其基本工作原理如图 1-1 所示。

图 1-1　.NET 平台的基本工作原理

1.2　C# 语言简介

C# 编程语言是微软公司推出的基于 .NET 框架的、面向对象的高级编程语言。C# 由 C、C++、Java 语言派生而来，继承了这三种语言的绝大多数语法和特点，是 .NET 框架中最常用的编程语言。C# 语言的语法相对 C 和 C++ 简单一些，因此使用 C# 开发应用程序的效率更高、成本更低。

C# 的基本思想是面向对象。面向对象的编程设计（Object Oriented Programming，OOP）旨在将实际世界中存在的事物或概念通过抽象的方法模拟到计算机程序中，尽量使用人的思维，着重强调人的正常思维方式和原则。

面向对象的编程设计是将数据及处理这些数据的操作都封装（Encapsulation）到一个称为类（Class）的数据结构中。面向对象的编程设计具有封装、继承和多态性等特点。封装用于隐藏调用者不需要了解的信息；继承简化了类的设计；多态性是指相同对象收到相同信息或不同对象收到相同信息时，产生不同的行为方式。

C# 依附于 .NET Framework 架构，它高效的运行效率、简单易于理解的语法，加之强大的编译器支持，使得程序的开发变得异常迅速。它的技术体系主要有以下五个方面：

（1）全面面向对象设计。C# 具有面向对象语言所拥有的一切特性，即封装、继承和多态性。C# 与 Web 应用紧密结合，支持绝大多数的 Web 标准，如 HTML、XML、SOAP 等。

（2）Windows Form 技术。该技术用来开发 Windows 桌面程序，数据提供程序管理易于连接 OLEDB 和 ODBC 数据源的数据控件，包括 Microsoft SQL Server、Microsoft Access、Jet、DB2 和 Oracle 等，通过强大的控件库可以快速开发出桌面应用程序。

（3）WPF 技术。它是微软的新一代图形系统，在 .NET Framework 3.0 及以上版本运行，为用户界面、2D/3D 图形、文档和媒体提供了新的操作方法。

（4）WebForm 技术。是 Windows 使用 C# 语言来开发 Web 应用程序的工具，它封装了大量的服务器控件，让开发 Web 变得简单。

（5）MVC 技术。是 ASP.NET 编程模式的一种，使用模型—视图—控制器设计创建 Web 应用程序，这种分层的设计使程序员能够在复杂性高的程序中各司其职，专注于自己负责的方面。

C# 语言相比 C、C++ 和 Java 等编程语言，具有以下特点：

（1）指针限制。在 C 和 C++ 等编程语言中，指针被广泛使用。但是，指针的广泛应用也带来了安全隐患。而在 C# 中，绝大多数对象的访问须通过安全的引用实现，仅允许在不安全模式下使用指针，防止无效的调用。同时，即使在不安全模式下，指针也只能够调用值类型和受垃圾收集控制的托管对象。

（2）垃圾回收机制。在 C# 中，.NET 平台的垃圾回收机制完成了对应用程序内存的管理，使应用程序开发人员可以不必关注这些底层细节，而只需关注应用程序的功能开发，这也使 C# 语言编写的代码更加健壮、安全。

（3）支持泛型。C# 2.0 版开始引入了泛型的概念，支持一些 C++ 模板不支持的特性，如泛型参数中的类型约束。泛型可以使以前各种 List 类型操作的类型降低不安全性，避免频繁的装箱和拆箱操作。

（4）单继承机制。与 C++ 的多重继承不同，C# 只允许对象的单一继承，但是 C# 采用了面向接口的处理方法，实现一个类可以继承多个接口。

（5）C# 更加强调类型安全。与 C++ 中复制构造函数、非空指针同用户定义类型的隐含转换必被显式确定不同，C# 默认的安全转换为隐式转换。

在 .NET 平台中，预先为 C# 语言编写了大量的基础类库供开发者使用，具体如下：

（1）数据访问类。用户可以通过类库中提供的大量功能访问各种类型的数据。通过这些方式，开发人员可以方便地开发与各种数据库相联系的大型应用系统。

（2）窗体类。通过使用窗体类库，用户可以方便地创建出各种常见的 Windows 窗体应用程序，包括应用对话框、消息提示框等。同时，也可以直接继承标准窗体类库来创建自己的窗体类型。

（3）安全类。C# 可以方便地使用类库中提供的功能进行安全方面的操作，也可以在类库的基础之上扩展自己的安全算法。

（4）XML 类。C# 可以使用 .NET 中提供的 XML 类库进行各种 XML 的创建、解析和处理工作，能够很好地满足 Web 服务的各类需求。

（5）线程类。多线程技术在一些对应用程序运行效率和用户体验要求较高的程序中多有使用，C# 可以通过 .NET 平台提供的线程支持类库进行此方面的工作，包括线程的创建、控制等操作。

（6）输入 / 输出类。C# 的输入 / 输出类库可以满足不同的处理需求，既可以在控制台进行输入 / 输出，也可以在窗体界面上对文件系统进行输入 / 输出。

（7）Web 类。C# 对 Web 的支持通过 .NET 中的 Web 类库实现，可以用来创建各种 Web 应用。

除了微软公司提供的各种类库外，C# 还可以使用众多第三方提供的针对不同应用领域的其他类库，极大地提高了编写程序的效率，也使 C# 在众多领域中被广泛应用。

1.3　Visual Studio 集成开发环境

1.3.1　开发环境简介

在使用语言开发软件的过程中，需要完成代码的编写、编译和调试等工作。Microsoft Visual Studio 是微软公司开发的一款强大的 .NET Framework 平台集成开发工具，也是开发 Windows 应用程序最主流的开发工具，包括代码编辑器、编译器 / 解释器、调试工具、安装包建立工具等各种工具，适合开发各种 Windows 程序。它主要包括以下功能：

（1）支持多语言的代码编辑。Visual Studio 集成开发环境为微软的系列产品提供了功能强大的代码编辑器和文本编辑器，允许开发者编写 XHTML、HTML、CSS、JavaScript、VBScript、C#、C++、J#、VB.NET、JScript.NET 等多种编程语言的代码，并支持通过组件的方式安装第三方编程语言模块，编写第三方编程语言。同时，Visual Studio 提供了强大的代码提示功能和语法纠正功能，提高了程序开发的效率。

（2）编译部署。Visual Studio 提供了强大的编程语言与中间语言编译功能，将自身支持的各种编程语言和用户扩展的第三方编程语言编译为统一的中间语言，并打包为程序集，发布和部署到各种服务器和终端上。

（3）设计用户界面。Visual Studio 提供了强大的 Windows 窗体设计工具，允许开发者为 Windows 程序设计风格统一的窗口、对话框等人机交互界面。

（4）支持团队协作。Visual Studio 提供了代码版本管理工具及 SVN 平台等多种团队协作工具，帮助开发团队协同开发工作、管理开发进度、提高团队开发效率。

（5）支持多平台程序发布。Visual Studio 具有强大的代码编译器和解析器，可以发布到基于桌面、服务器、移动终端和云计算终端的多种应用程序。同时，Visual Studio 也支持开发最新 Web 标准的前端网页，并针对多种网页浏览器进行调试。

本书内容使用了 Visual Studio 2012 版（后简称为 VS 2012），需安装在 Windows 7（32位或 64 位）及以上系统。本书所有的例题都可以使用 VS 2012 或以上版本打开运行。VS 2012 开发平台的安装，需要准备好安装该平台所需的 iso 镜像文件，读者可以从微软官方网站下载，具体安装步骤如下：

（1）将 VS 2012 的 iso 镜像文件打开解压，找到"vs_ultimate.exe"文件，双击打开进入安装初始界面，如图 1-2 所示。

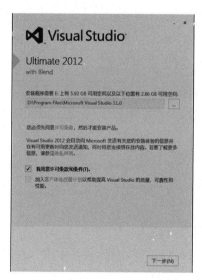

图 1-2　VS 2012 安装初始界面

（2）在安装初始界面中，勾选"我同意许可条款和条件"选项，单击"下一步"按钮选择需要安装的可选功能，继续选择默认值，单击"下一步"按钮直至最后安装成功，重新启动后即完成安装。

（3）完成安装后，单击"启动"按钮，接着会提示需要输入产品密匙，则输入产品密匙。

（4）进入"选择默认环境设置"界面，选择"Visual C# 开发设置"选项，单击"启动 Visual Studio"按钮，如图 1-3 所示，至此完成了 Visual Studio 2012 版的安装与启动操作。

图 1-3　设置默认语言环境

1.3.2　创建 Windows 应用程序

Windows 应用程序是一个比较广泛的概念，是指可以在 Windows 平台上运行的所有程序，包括控制台应用程序、Windows 窗体应用程序、WPF 应用程序等。我们主要介绍如何使用 VS 2012 创建控制台应用程序和 Windows 窗体应用程序。

1.　创建控制台应用程序

所谓控制台应用程序，是指在命令提示符窗口而非图形用户界面中运行的程序。在前期，会大量使用控制台应用程序，其在 VS 2012 中创建步骤如下：

扫码看视频

（1）启动 Visual Studio 2012，从"文件"菜单中选择"新建"→"项目"命令，选择"Visual C#"编程语言，选择"控制台应用程序"选项，如图 1-4 所示。

（2）勾选"为解决方案创建目录"复选框，单击"确定"按钮，Visual Studio 就会使用"控制台应用程序"模板创建项目，并显示项目的初始代码，如图 1-5 所示。

创建好项目后，有必要了解一下"解决方案资源管理器"中列出的文件，这些文件在创建项目时由 Visual Studio 所创建。

1）解决方案"Demo_1"。VS 2012 中利用"解决方案"对项目文件进行组织。

每个应用程序都有一个解决方案，在解决方案中，可以包含一个或多个项目。本书每章所有的源码会分项目放在同一个解决方案下。解决方案的文件后缀名为".sln"。

图 1-4　创建控制台应用程序

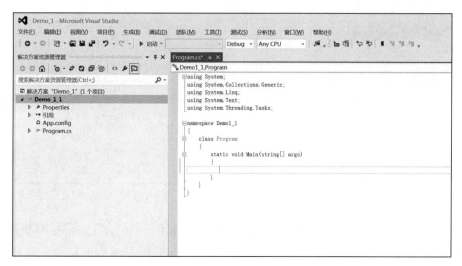

图 1-5　控制台应用程序初始代码

2）Demo_1_1。每个 C# 项目文件都可以包含一个或多个项目源代码及其他项目相关文件（如图片等）。项目文件的后缀名为".csproj"。

3）Properties。它是项目中的一个文件夹，展开后可以看到"AssemblyInfo.cs"文件，它是一个特殊文件，在本书中不展开叙述。

4）引用。"引用"文件夹中包含了对已编译好的代码库的引用。编写程序源码需要经过编译再生成可执行文件。在C#中，进行代码编译时会转换成库，并获得唯一名称。.NET框架将这些库称为程序集。展开"引用"文件夹时，可以看到Visual Studio在项目中添加的一组默认程序集引用，利用默认程序集可以访问.NET框架的诸多功能。开发人员也可以通过程序集打包已开发的有用功能，并分发给其他开发人员。

5）App.config。这是应用程序配置文件，可以在其中进行修改设置，以改变应用程序运行时的行为，如改变运行应用程序时的.NET Framework版本。

6）Program.cs。这是C#源代码文件，也是本书重点使用和学习的部分。Program.cs文件定义了Program类，其中包括了Main方法（后面章节会详细介绍）。在图1-5中，可以看到右边代码编辑器部分显示了Program.cs中的代码内容。编写和修改代码也在该编辑器中完成。C#源程序文件均使用".cs"作为文件扩展名。

（3）编写程序代码。创建好控制台应用程序项目后，可以在代码编辑器中进行程序代码编写操作。例如，书写一个最简单的C#程序，输出一行字符"this is the first C# program"。注意在添加代码时可以编辑注释信息，帮助解释代码的含义和功能。这里可以直接在代码编辑器已显示的Main方法中添加代码语句，如图1-6所示。

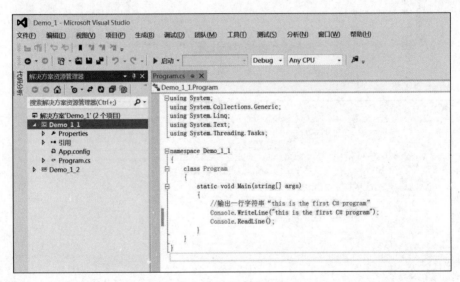

图1-6　编写程序代码

程序中，Console是由应用程序引用的程序集提供的一个类，Console类提供了在控制台窗口中显示信息和从键盘读取信息的方法。WriteLine是输出信息的重载方法名。

2. 创建Windows窗体应用程序

Windows窗体是程序与用户交互的可视界面，如弹出的消息对话框、记事本文件等都是Windows窗体应用程序。与创建控制台应用程序操作类似，在创建窗体应用程序项目时，选择项目类型为"Windows窗体应用程序"，如图1-7所示。注意，本项目在创建时，解决方案部分选择了"添加到解决方案"，体现出一个解决方案中可以包含多个项目的特点。

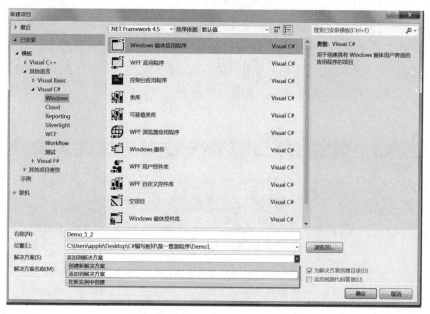

图 1-7　创建 Windows 窗体应用程序

单击"确定"按钮后，可以看到创建成功的 Windows 窗体应用程序，不同于控制台应用程序中只有代码的形式，在 Windows 窗体应用程序中，除了可以看到 Program.cs 呈现的代码部分，还可以切换看到窗体界面的设计效果，如图 1-8 中"Form1.cs[设计页签]"所示。

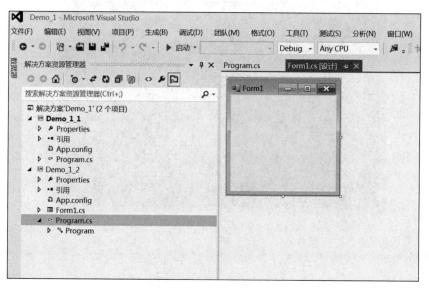

图 1-8　窗体界面设计

创建其他类型的 Windows 应用程序的方法和上面步骤类似，在此不再赘述。

1.3.3　生成应用程序文件简介

在编写好源码之后，需要编译代码并生成可运行的程序文件，具体步骤如下：

（1）单击"生成"菜单中的"生成解决方案"按钮，此时，程序会自动保存。在代码编辑器下方可见"输出"窗口（若不可见，可以从"视图"菜单中选择"输出"选项），在输出窗口显示了程序的编译过程，如图1-9所示。

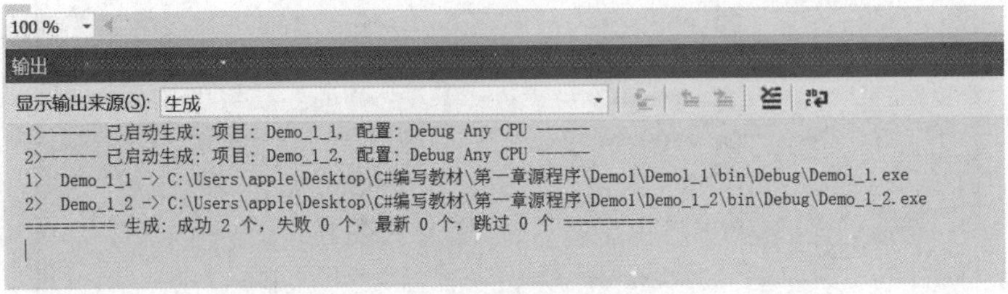

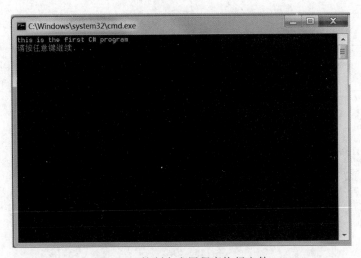

图1-9　生成解决方案的输出界面

（2）单击"调试"菜单中的"启动调试"按钮（快捷键F5）或单击工具栏中的▶图标，若程序正确，则会打开命令窗口，程序开始运行。也可以单击"调试"菜单中的"开始执行（不调试）"按钮（快捷键Ctrl+F5），程序也可以运行。

例如，在项目Demo_1_1中，运行时按F5键会在命令窗口输出"this is the first C# program"信息，如图1-10所示。

图1-10　控制台应用程序执行文件

（3）在同一个解决方案下，可以运行不同的项目。例如，需要运行项目Demo_1_2，在项目名"Demo_1_2"处单击鼠标右键，选择"设为启动项目"选项，再按上述步骤生成并运行项目即可。Windows窗体项目运行后可见窗体界面效果，如图1-11所示。

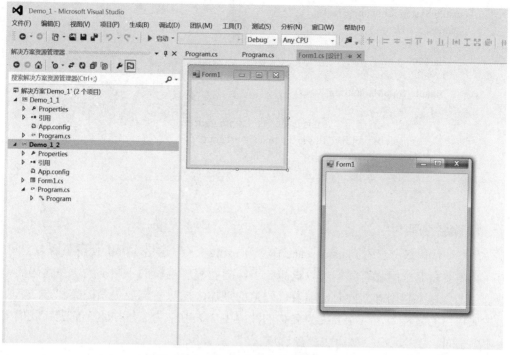

图 1-11　Windows 窗体应用程序执行文件

【说明】项目运行后，从项目文件夹中可以看到 bin 文件夹和 obj 文件夹。bin 目录用来保存项目生成后的程序集，它有 Debug 和 Release 两个版本，分别对应的文件夹为 bin/Debug 和 bin/Release，这个文件夹是默认的输出路径，可以通过"项目属性"→"配置属性"→"输出路径"来修改。obj 目录用来保存每个模块的编译结果，在 .NET 中编译是分模块进行的，编译完成后会合并为一个 .DLL 或 .EXE 文件保存到 bin 目录下。因为每次编译默认的都是增量编译，即只重新编译改变了的模块，obj 保存每个模块的编译结果，用来加快编译速度。是否采用增量编译，可以通过"项目属性"→"配置属性"→"高级"→"增量编译"来设置。进一步展开 Debug 目录，会看到其中有一个子项名为"Demo_1_2.exe"的文件，该文件即为编译好的程序。选择"开始执行（不调试）"选项时，系统运行的就是这个后缀名为".exe"的执行文件。Debug 文件夹下的其他文件则包含了在调试模式下运行程序（选择"调试"→"启动调试"命令）供 Visual Studio 使用的信息。

1.4　C# 程序结构介绍

按照 1.3.2 节中的方法创建控制台应用程序，完整代码如下：

```
using System;
using System.Collections.Generic;
using System.Linq;
using System.Text;
```

```
using System.Threading.Tasks;
namespace Demo_1_1
{
  class Program
  {
    static void Main(string[] args)
    {
      // 输出一行字符串：this is the first C# program
      Console.WriteLine("this is the first C# program");
      Console.ReadLine();
    }
  }
}
```

1. 命名空间

从默认代码部分会看到 namespace 命令和 using 命令。这里实际上使用了命名空间。为什么需要命名空间呢？我们可以试想一下，随着程序规模的不断扩大，在代码的维护管理上会越来越困难。同时，随着代码量的增加，意味着需要更多的类和方法名，在生成项目的过程中，可能会因为名称的冲突生成失败。为了解决这个问题，我们引入命名空间。

命名空间类似于类的容器，即使类的名称相同，在不同的命名空间下，也不会发生冲突。命名空间和类的关系，非常类似于操作系统中目录与文件的关系：为了解决命名冲突的问题和便于管理，将文件放于不同的目录，一个目录是一组文件的集合，并且一个目录可以嵌套包含其他的目录。

在代码中，使用 namespace 命令定义一个命名空间，紧接着 namespace 后面的就是命名空间的名字，后面是一对大括号，在这对大括号内定义的所有类都属于这个命名空间。通过把类放在 namespace 里面，这个类名就自动具有了一个与命名空间名字相同的前缀，这个类的完整类名就变成了 namespace.classname 的形式。

在项目 Demo_1_1 中，可以看到如下代码：

```
namespace Demo_1_1              // 定义命名空间为 Demo_1_1
{
  class Program                 // 完整类名为 Demo_1_1.Program
  {
  ……
  }
}
```

在项目 Demo_1_2 中，可以看到如下代码：

```
namespace Demo_1_2              // 定义命名空间为 Demo_1_2
{
  static class Program          // 完整类名为 Demo_1_2.Program
  {
  ……
  }
}
```

尽管都有类名 Program，但由于在不同的命名空间下，并不会影响各自的生成使用。

除了使用 namespace 命令，在代码中还使用了 using 命令，用于限定要使用的命名空间。如项目顶部的代码部分：

```
using System;
using System.Collections.Generic;
using System.Linq;
using System.Text;
using System.Threading.Tasks;
```

使用 using 命令后，同一个文件后续代码可以不再指定命名空间限定对象。由于上述五行命名空间在项目开发过程中频繁使用，所以新建项目时，Visual Studio 会自动添加这些 using 命令。在开发过程中，可以根据实际需要增减代码顶部的 using 命令。

2．Main 方法

扫码看视频

Main 方法是 C# 程序的入口点，C# 程序运行时，不管是控制台应用程序，还是 Windows 窗体应用程序，都要从 Main 方法开始执行。Main 方法必须被声明为静态的。

根据返回类型和入口参数的不同，Main 方法可以有以下几种形式：

```
static void Main()
static void Main(string[] args)
static int Main()
static int Main(string[] args)
```

可以看出，Main 方法有两种返回类型：void 类型和 int 类型。Main 方法可以没有入口参数，也可以接受字符串数组作为参数。尽管一般情况下应用程序不带参数执行，通常 Main 方法还是带有 string[]args 参数的。

新建一个控制台应用程序，项目名称为 ArgumentTest，项目位置为 C:\，完成 Main 方法的代码如下所示：

```
staticvoidMain(string[] args)
{
    Console.WriteLine("Hello" + args[0]);
    Console.Read();
}
```

将参数传递给 Main 方法有以下两种方式：

（1）在运行程序时传递参数。在 VS 2012 中单击"生成"→"生成解决方案"命令，打开文件夹"C:\ArgumentTest\ArgumentTest\bin\Debug"，找到"ArgumentTest.exe"，如图 1-12 所示。这个文件就是控制台应用程序生成的可执行程序。单击右下角的"开始"按钮，执行"所有程序"→"附件"→"命令提示符"，输入"cd C:\ArgumentTest\ArgumentTest\bin\Debug"后按下回车键。输入"ArgumentTest.exe 张三"后按下回车键，效果如图 1-13 所示。

（2）在开发环境中传递参数。在解决方案管理器中，用右键单击项目名"ArgumentTest"，在弹出菜单中选择"属性"选项，在打开的项目属性对话框中选择"调试"页面，在"命令行参数"框中输入"张三"，如图 1-14 所示。按下 F5 键运行程序查看效果。

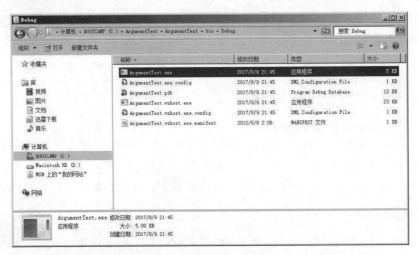

图 1-12　可执行程序的所在路径

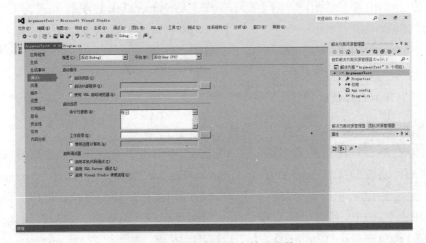

图 1-13　程序运行效果

图 1-14　在开发环境中传递参数

3. 输出和输入

Console 类位于命名空间 System，它为控制台程序提供了最基本的输出和输入方法，通常用 Console 类的 WriteLine、Write 方法输出，用 ReadLine、Read 方法输入。

扫码看视频

（1）WriteLine 和 Write。WriteLine 和 Write 方法均用于在标准输出设备（一般是屏幕）上输出文本（即字符串），两者的区别在于 WriteLine 输出后自动加一个回车换行，而 Write 不自动换行。

WriteLine 和 Write 方法可以输出的数据包括字符、字符串、整型数据和实型数据等多种不同数据。例如：

```
int a=5;
string s="hello world";
Console.WriteLine(a);
Console.WriteLine(s);
Console.WriteLine(s+a); // 进行字符串连接操作后再输出
```

以上代码的输出结果为：

```
5
hello world
hello world5
```

（2）格式化输出。WriteLine 和 Write 方法还可以输出格式化信息，格式如下：

```
Console.WriteLine( 格式化字符串 , 输出对象 1, 输出对象 2,...);
Console.Write( 格式化字符串 , 输出对象 1, 输出对象 2,...);
```

其中，格式化字符串的常用格式为"{0}…{1}"，{0} 与输出对象 1 的内容相对应，{1} 与输出对象 2 的内容相对应，其他内容按原样输出。例如：

```
int a=5;
string s="hello world";
Console.WriteLine("a={0},s={1}",a,s);
```

执行以上代码后，输出结果为：

```
a=5, s=hello world
```

也可以使用"Console.WriteLine("a=" + a, "s=" + s)"实现同样的功能。

（3）ReadLine 和 Read。ReadLine 方法用于从标准输入设备（通常是键盘）输入一行字符（以回车键表示结束），返回的结果是 string（字符串）类型数据，如下所示：

```
string s=Console.ReadLine();
```

【说明】Console.ReadLine() 的返回结果只能是字符串，如果需要数值，则可以将字符串 s 通过 Convert 类的方法转换为相应的数值。

Read 方法也是从标准输入设备（通常是键盘）输入字符，不过它只接收一个字符，并且返回的结果是一个 int 型数值，即该字符的 ASCII 码。例如：

```
int n=Console.Read();
```

【说明】Console.Read() 的返回结果只能是 int 型，如果需要其他类型，则可以使用 Convert 类的方法转换为相应的类型。例如：

```
int n=Console.Read();
char c=Convert.ToChar(n);
```

在上面的代码中，先将输入的字符的 ASCII 码赋给 int 型的变量 n，再通过 Convert.ToChar 进行转换，最终将输入的字符赋给 char（字符）型变量 c。

4．程序注释

程序中加入注释是为了程序更加清晰可读。注释是给开发、调试和维护程序的人看的，而不是用来执行以达到某个效果的，注释不会被编译，更不会产生可执行代码。

注释分为以下几种：

// 单行注释

/*……*/ 多行注释

/// XML 注释

在实际编程中，用的更多的操作是选中需要注释的代码，通过工具栏上的 按钮选中代码注释，通过 按钮将选中的代码取消注释。

1.5 简单的程序调试过程

在开发应用程序的过程中，尤其当程序出现错误或未得到预期的结果时，经常需要进行调试，以便找出问题所在。作为一个优秀的集成开发环境，VS 2012 在调试方面的功能非常强大，VS 2012 的调试器可以以高度可视化的方式显示调试中的程序信息，还可以设置条件断点。

扫码看视频

新建一个控制台应用程序，其中，Main 方法如下：

```
static void Main(string[] args)
{
    int a;
    a=1;
    Console.WriteLine(a);
    a=2;              // 断点处
    Console.WriteLine(a);
    a=3;
    Console.WriteLine(a);
}
```

虽然有时程序能够运行，但是结果却不是预想中的结果，此时可以使用单步执行，在代码某一行左侧的灰色区域单击鼠标左键设置断点（也可以选中某一行后按 F9 键设置断点），当某行被设置为断点后，这一行的背景将变成红色，而且该行的左侧会有一个红色圆点，如图 1-15 所示。如果当前行已经被设置为断点，在左侧的灰色区域单击鼠标左键可以取消断点（也可以选中某一行后按 F9 键取消断点）。

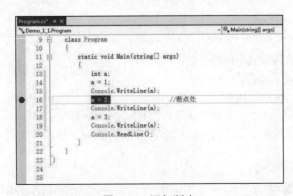

图 1-15　添加断点

断点的作用是程序执行到断点处时暂停，按下 F5 键，程序在断点处暂停。黄色箭头和黄色背景代表将要执行的下一条语句，由于"a=2;"语句还没有被执行，所以局部变量窗口处 a 的值仍然为 1，如图 1-16 所示。

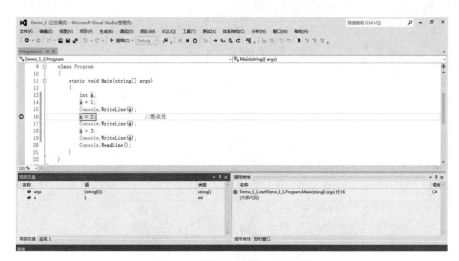

图 1-16   程序执行到断点处暂停

如果想单步执行，需要按下 F11 键或单击  按钮，注意观察局部变量窗口和程序执行窗口的变化。

既可以单步执行直到程序运行结束，也可以单击 ■ 按钮直接停止调试。

 本章小结

本章主要介绍了 C# 编程语言的概念、特点和与 .NET 平台的关系，介绍了 Visual Studio 集成开发环境及如何使用安装 Visual Studio 开发平台，详细阐述了使用 Visual Studio 开发平台创建并运行 C# 应用程序的步骤。通过本章的介绍，读者对 C# 编程语言和 Visual Studio 开发环境应有一个基本的认识，为后面开启 C# 编程之旅奠定基础。

习题

一、选择题

1. 以下不属于 .NET 的是（   ）。

    A．Java   B．C#   C．VC.NET   D．VB.NET

2. C# 是一种面向（   ）的语言。

    A．机器   B．过程   C．对象   D．事物

3. 创建一个控制台程序，Program.cs 是（　　　）。

    A．解决方案文件   B．C# 项目文件

    C．应用程序配置文件   D．C# 源代码文件

4. 可以通过（　　　）窗口修改控件属性。

    A．属性   B．事件   C．解决方案   D．类视图

5. 下面关于命名空间，说法错误的是（　　　）。

    A．命名空间用于组织相关的类型

    B．在同一个应用程序中，不同的命名空间不允许有相同名称的类

    C．命名空间可以嵌套

    D．using 关键字用于引用命名空间

6. 下面（　　　）是 C# 中的单行注释。

    A．// 注释   B．/* 注释 */   C．/// 注释   D．/** 注释 */

7. C# 程序的执行过程是（　　　）。

    A．从程序的第一个方法开始，到最后一个方法结束

    B．从程序的 Main 方法开始，到最后一个方法结束

    C．从程序的第一个方法开始，到 Main 方法结束

    D．从程序的 Main 方法开始，到 Main 方法结束

8. Console 标准的输入和输出设备分别是（　　　）和（　　　）。

    A．键盘   B．鼠标   C．屏幕   D．打印机

二、操作题

在计算机上安装并正确配置 Visual Studio 2012 集成开发环境。

三、编程题

1. 创建一个控制台应用程序，从键盘输入你的姓名，然后输出 hello + 你的姓名。例如：输入"张三"，输出"hello 张三"。

2. 创建一个 Windows 窗体应用程序，在文本框（TextBox）中输入姓名，单击"显示"按钮，文本框显示"hello + 姓名"，单击"取消"按钮，清空文本框。

第2章

C# 语法基础

学习目标

- 掌握 C# 语言中的常用数据类型，掌握数据类型转换的方法。
- 掌握 C# 语言中常量和变量的使用方法。
- 掌握 C# 语言中基础语句的代码编写。
- 了解随机数的概念和生成方式。

2.1 数据类型

数据是程序处理的基本对象，编写程序的本质是对数据进行处理并获取结果。数据都是以某种特定的形式存在的，如整数、字符串等。在 C# 中，根据数据的内容和存储方式，可以把数据分为值类型和引用类型两大类。

2.1.1 值类型

值类型用来表示实际存在的数值，如数学中的整数和小数在 C# 中对应表示为整型数据和浮点型数据。在 C# 中，包含以下值类型数据。

1. 整型

整型数据是指不包含小数部分的数字，包括正整型、负整型和 0 三类数字。C# 在处理整数时，会将整数转换为二进制数字处理，再根据整数的长度进行分类。编写程序时，对所需数据进行判断，选择合适的数据类型，从而节省数据空间。C# 中将整型数据分为八类，见表 2-1。

表 2-1　整型数据分类

数据类型	类型标识符	字节数	数值范围
字节	sbyte	1	−128 ～ 127 的整数
无符号字节	byte	1	0 ～ 255 的整数
短整型	short	2	−32768 ～ 32767 的整数
无符号短整型	ushort	2	0 ～ 65535 的整数
整型	int	4	−2147483648 ～ 2147483647 的整数
无符号整型	uint	4	0 ～ 4294967295 的整数
长整型	long	8	−9223372036854775808 ～ 9223372036854775807 的整数
无符号长整型	ulong	8	0 ～ 18446744073709551615 的整数

2. 浮点型（又称实型）

浮点型数据包括整数部分和小数部分的所有数字，分为单精度实数（float）、双精度实数（double）和十进制实数（decimal）。在 C# 中，为 float 类型数据分配 4 个字节存储，提供 6 位有效数字；为 double 类型数据分配 8 个字节存储，提供 15 位有效数字；为 decimal 类型数据分配 16 个字节存储，提供 28 位有效数字，decimal 类型数据多用于专业财务计算。浮点数可以用 $\pm m \times 2^{e}$ 的形式存储。在编程过程中，在精度足够的情况下尽量使用精度较低的实型数据，以提高编程效率，减少内存损耗。实型数据分类见表 2-2。

注意：

在使用单精度实数时，在浮点数后添加一个小写 *f* 或大写 *F* 作为后缀；在使用双精度实数时，不需要添加后缀；在使用十进制实数时，在数字后添加小写 *m* 或大写 *M* 作为后缀，否则 C# 会将数据作为双精度实数类型处理，从而导致编译错误。

表 2-2　实型数据分类

数据类型	类型标识符	字节数	数值范围
单精度实数	float	4	$\pm1.5\times10^{-45}\sim\pm3.4\times10^{38}$
双精度实数	double	8	$\pm5.0\times10^{-324}\sim\pm1.7\times10^{308}$
十进制实数	decimal	16	$\pm1.0\times10^{-28}\sim\pm7.9\times10^{28}$

3. 字符型

字符型数据用来处理 ASCII 字符和 Unicode 编码字符，可以存储 $0\sim65535$ 的整数。字符型数据类型的标识符为 char。

在处理一些特殊字符时，如处理单引号（'），需要在字符前添加转义字符单斜杠（\）进行处理，以免系统不能正确识别字符而报错。C# 转义字符含义见表 2-3。

表 2-3　C# 转义字符含义表

转义符	作用	转义符	作用
\'	单引号	\"	双引号
\\	斜杠	\0	空字符
\a	警报	\b	Backspace 回退
\f	换页符	\n	换行符
\r	回车	\t	水平制表符
\u	Unicode 转义序列	\U	代理项的 Unicode 转义序列
\v	垂直制表符	\x	类似于 \u，但长度可变

4. 布尔类型

布尔类型数据就是逻辑型数据，类型标识符为 bool，用来表示逻辑真和逻辑假，其值只有 true 和 false。

注意：

很多编程语言（如 C、C++）都可以用 1 表示逻辑值 true，用 0 表示逻辑值 false，但是在 C# 中声明为 bool 类型数据时，不能用 1（或 0）替代 true（或 false），否则会报错。

5. 结构类型

前面介绍的四种类型均为基本数值型数据，除了这四种基本数据类型以外，在程序中经常需要管理一些复杂数据，如包含多个简单类型数据的一组数据。结构类型数据就是 C# 中一种特殊的数据类型，它本身不是一个数值或一个字符，而是可以包含多种不同类型数据并自定义其类型名称的一种数据类型。使用结构类型时，可以将不同类型数据作为一个整体进行管理，实现数据的结构化。

例如，在学生管理系统中，将学生的姓名、学号和性别作为一个整体结构进行处理，将一个学生作为该结构的数据元素进行定义，则可以编写如下代码：

```
// 声明结构类型
public struct students        //struct 指定结构体类型，students 为类型名
{
    public string name;       // 结构体成员 name 为字符串类型
    public char sex;          // 结构体成员 sex 为字符类型
    public int num;           // 结构体成员 num 为整型
}
// 用结构类型 students 定义数据
students stu1;
// 为结构中所有成员赋值
stu1.name=" 张三 ";
stu1.sex=' 男 ';
stu1.num=201701;
```

以上代码定义了一个结构类型，再对该结构类型进行实例化操作，设定一个学生的属性。用同样的方法，就可以设定更多学生。结构类型的成员数据类型可以是简单数据类型、复杂数据类型，甚至是嵌套的结构和其他的类等。

6. 枚举类型

枚举类型也是一种复杂数据类型，主要用于表示一组逻辑上相关联的项的组合，为简单类型的数值提供别名表示，使用关键字 enmu 来定义。最典型的事例是用枚举类型枚举星期，定义方式如下：

```
// 定义枚举类型
enum Weekday{Sunday,Monday,Tuesday,Wednesday,Thursday,Friday,Saturday};
// 用枚举类型定义变量
Weekday w1;
// 给枚举变量赋值，其值只能为枚举元素
w1=Weekday.Monday;
```

默认状态下，枚举的每个元素都有一个默认的 int 类型的赋值，第一个元素默认赋值为 0，后面依次增加 1，也可以自定义枚举元素表示的值，定义方式如下：

```
enum Workday{Monday=1,Tuesday=2,Wednesday=3,Thursday=4,Friday=5};
```

如果希望为其他类型的数据定义枚举元素，可以在枚举声明中添加类型，定义方式如下：

```
enum TypeName:Type{value 1,value 2,...,value n};        //Type 为指定的数据类型
```

2.1.2　引用类型

引用类型是 C# 语言中一种重要的数据类型。在前面介绍的值类型数据中，都会存储具体的数值，而在引用类型这种数据类型中，并非直接存储普通的数值，而是存储了实际数据的引用（地址）。所以，在程序中，对于定义的变量，值类型数据存储的是变量本身的值，而在引用类型数据中，则存储了存放该变量的地址值。

C# 的引用类型主要包括数组（array）、类（class）、接口（interface）、委托（delegate）及内置引用类型（object）和字符串（string）。关于类、接口和委托的部分会在后面章节里详细介绍，这里主要介绍数组类型和字符串类型数据。

1. 数组

数组是一种特殊的数据结构，其作用是将一批类型相同的数据元素进行有序的集合和管理。数组中的元素存储在一段连续的内存块中，每个元素对应唯一的索引，可以根据数组名和元素索引值（下标值）访问其中的某一个数组元素。数组包括一维数组和多维数组。

（1）定义和引用一维数组元素。C# 中采用下列方式声明数组：

　　　baseType[] arrayName;

其中，baseType 指定数组的数据类型，它可以是任意的变量类型，如前面介绍的整型、结构型等。在使用数组前，需要进行初始化操作，可以使用 new 关键字进行数组对象的实例化操作。例如，定义一个包含 5 个元素的整型数组并进行初始化操作，代码如下：

　　　int[] array=new int[5];

也可以在创建数组时对元素进行赋值，通过确定元素值，可以确定数组元素的个数，代码如下：

　　　int[] array={5,10,20,12,30};

引用数组的某一个元素时，使用数组名 [元素索引] 的方式，元素索引值从 0 开始，如果一个数组的长度为 n，则索引范围为 0 ～ (n–1)。

例如，需将上述数组中第三个元素的内容读入一个整型变量中，则应表示为：

　　　int a;
　　　a=array[2];

读取 a 的值为 20。

若要访问数组的所有元素，可以通过数组类 Array 的 length 属性获取数组元素的个数，再使用循环的方式访问所有数组元素。

（2）定义和引用多维数组元素。在定义一维数组时只指定了一个下标值，即指定了数组长度，每个数组元素只有一个值。如果一个数组中的每一个元素都是由 n 个该数据类型的数据所构成，则称该数组为二维数组；以此类推。

定义多维数组时，需要在方括号内添加逗号","以确认数组的维度，然后再赋值或定义元素数量。以二维数组为例，定义并初始化方式为：

baseType [,] arrayName=new baseType[N1,N2];

例如，定义一个有 5 个元素的二维数组，要求每个元素包含 3 个整型变量，则有：

int[,] intArray=new int[5,3];

在理解上，可以想象二维数组的第一维度是行，第二维度是列，则上述定义了一个总共有五行、每行上有三个整型元素的二维数组。

在对二维数组赋值时，需要将每个包含有多个数据的元素用大括号"{}"括起来，如：

char[,] chArray={{'a','b'},{' 张 ',' 李 '},{'0','1'}};

表示定义了一个字符类型的二维数组，总共有三行元素，每行又包含两个数据。

在访问二维数组的某个数据时，需要提供行和列上的两个索引值来指定元素的位置，如：

char c;
c=chArray[1,0];

则字符 c 的值为"张"。

2．字符串

在值类型数据中，用 char 类型定义一个字符，如果是多个字符的集合，则使用字符串类型定义。字符串类型是 C# 中最简单的引用类型数据，类型关键字是 string。声明一个字符串类型的数据，实际上是在内存空间中创建一个空的引用关系，初始化一个字符串类型的数据，相当于引用多个字符类型的数据。在书写字符串类型数据时，需要在字符串引用两侧添加双引号""""，如：

stringstr="Hello C#!";

> 🔊 注意：
>
> 　　对于 string 类型数据，可以看作 char 类型的只读数组，可以使用下列方式访问 string 数据中的某个字符：
>
> string str="Hello C#!";　　// 定义字符串变量
> char ch=str[4];　　　　　　//将字符串的索引值为 4 的字符赋值给字符变量 ch
> string 类型数据的索引值从 0 开始，所以 ch='0'。

2.1.3　类型转换

在程序的执行过程中，不同类型的数据往往需要进行类型转换，以确保程序正确执行。在 C# 语言中，类型转换有两种形式：隐式转换和显示转换。

1．隐式转换

对于值类型数据而言，数据类型 A 到数据类型 B 的转换可以在任意状况下进行，由编译器直接执行转换规则，称为隐式转换。隐式转换不需要开发者执行任何操作，如计算 $10×2.0+1.5f$ 的值时，表达式中同时存在整数、单精度实数和双精度实数，系统在运算过程中会自动将整数、单精度实数转换为双精度实数再进行计算，最后得到的结果是一个双精度实数。所以，隐式转换的规则是由数值范围小的数据类型向数值范围大的数据类型转换。

如果要将值类型数据隐式转换为 object 类型，或者转换为被该值类型应用的接口类型，可以创建一个基于该值类型的 object 实例，称之为装箱操作。例如：

```
char chData='a';                    // 定义字符变量 chData
object objData=chData;              // 装箱操作，将字符型变量赋值给 objData 实例对象
Console.WriteLine(objData);         // 输出实例对象，输出结果为 a
```

关于类、对象和实例等概念都会在第三章讨论，这里仅作简单介绍。

2. 显示转换

明确需要将数据类型 A 转换为特定的数据类型 B，则称为显示转换。该操作需要编写额外的代码实现。根据数据类型的不同，可以采用下列几种方式进行显示转换。

（1）强制类型转换。转换格式：

(类型名)(表达式)

表示将表达式强制转换为括号内指定的类型。

例如：

```
(int)x;                    // 将 x 强制转换成整型
(float)(5/3);              // 将 5/3 的值强制转换成单精度实数
```

如果要将一个对象类型显示转换为值类型数据，或者将一个接口类型显示转换为执行该接口的值类型数据，也会用到强制类型转换的方式，称之为拆箱操作。拆箱时，首先检查是否是给定的值类型的装箱，如果是，再将实例的值赋给值类型变量。

例如：

```
int  intData=10;                    // 定义整型变量 intData
object objData=intData;             // 装箱
int  intData2=(int)objData;         // 拆箱，将 objData 对象强制转换为 int 类型
```

（2）使用 Convert 命令进行显示转换。在 C# 中，更多时候会使用 Convert 命令将数据类型显示转换为指定数据类型，常用命令及转换方式见表 2-4。

表 2-4　常见 Convert 命令

命令方式	转换方式
Convert.ToBoolean(value)	将 value 值转换为 bool 类型
Convert.ToByte(value)	将 value 值转换为 byte 类型
Convert.ToChar(value)	将 value 值转换为 char 类型
Convert.ToDecimal(value)	将 value 值转换为 decimal 类型
Convert.ToDouble(value)	将 value 值转换为 double 类型
Convert.ToInt16(value)	将 value 值转换为 short 类型
Convert.ToInt32(value)	将 value 值转换为 int 类型

命令方式	转换方式
Convert.ToInt64(value)	将 value 值转换为 long 类型
Convert.ToSByte(value)	将 value 值转换为 sbyte 类型
Convert.ToSingle(value)	将 value 值转换为 float 类型
Convert.ToString(value)	将 value 值转换为 string 类型
Convert.ToUInt16(value)	将 value 值转换为 ushort 类型
Convert.ToUInt32(value)	将 value 值转换为 uint 类型
Convert.ToUInt64(value)	将 value 值转换为 ulong 类型

在表 2-4 中，value 可以是各种类型的变量，如果命令处理不了该类型的变量，编译器会提示。命令中的名称和 C# 中的数据类型名不尽相同，因为这些命令来自 .NET 框架的 System 的名称空间，而不是直接来自 C# 本身。

（3）使用 ToString 方法转换。如果想将其他类型的数据转换为字符串类型，大多数都可以使用类型自带的 ToString() 方法，其通常用于将变量转换为字符串类型数据。

例如：

```
int a=3;                  // 定义整型变量 a，初始值为 3
string  s=a.ToString();   // 将整型变量 a 的值转换为字符串，并赋值给字符串类型变量 s
```

2.2　变量和常量

变量和常量是所有编程语言中都非常重要的概念。在程序执行过程中，其值可以发生改变的量称为变量，需要定义数据类型、名称并存放在内存空间里。而值不能发生改变的称为常量，如 12、10 都是整型常量。

2.2.1　变量

在编写程序的过程中，变量需要先声明再使用。声明时，要指定变量的名称和数据类型，声明变量后，可以把变量用作存储单元，存储声明的类型的数据。变量声明方式为：

```
type  name;       //type 指定数据类型，name 指定变量名表列
```

例如：

```
int  a;           // 声明一个整型变量 a
char  ch1,ch2;    // 声明两个字符变量 ch1、ch2
bool  b;          // 声明一个布尔类型变量 b
```

每个变量都有一个自己的名称，其命名规则符合标识符的命名规则，只能由字母、数字和下划线三种字符组成，而且第一个字符必须是字母或下划线，但变量名不可以和 C# 语言关键字或类名相同。以下标识符是合法的，可以作为变量名使用：

sum，_1c，Student_2，day123 等

而以下是不合法的标识符，不能作为变量名使用：

C.M.cc，#123，3a，C#，int 等

变量名的命名非常灵活，但在开发过程中，最好能根据变量的作用来命名，尽量做到见名知意，提高程序的可读性。在 VS 中，让鼠标在变量名上停留足够的时间，系统会自动弹出方框，说明该变量的类型。

在声明变量时需要进行初始化变量值的操作，也可以在程序执行过程中不断地修改变量存储的值，以下方式都可以对变量进行赋值：

```
int a=10;        // 声明整型变量 a 并赋值
int a; a=10;     // 声明整型变量 a，再通过赋值语句对 a 赋值
```

> **注意：**
>
> 变量只有在赋值后才能使用，赋值时要根据变量的类型进行赋值，以下代码会产生错误：
>
> ```
> int a;
> a=2.5;
> ```
>
> a 声明的是整型变量，如果将实型数据 2.5 赋值给变量 a，则在编译时会产生错误。
>
> 但下列语句是可以执行的：
>
> ```
> double d;
> d=4;
> ```
>
> 因为 C# 支持 int 类型向 double 类型的隐式转换，但不支持 double 类型向 int 类型的转换。

例 2.1　定义常见类型变量，并输出变量的值。

项目：Demo_2_1

```csharp
using System;
namespace Demo_2_1
{
    class Program
    {
        static void Main(string[] args)
        {
            // 定义整型变量 a 并初始化
            int a = 100;
            // 对变量 a 重新赋值
            a = 200;
            // 定义单精度实型变量 f，单精度实数需加 f 或 F 后缀
            float f = 12.34f;
            // 定义双精度实型变量 d
            double d = 12.34;
            // 定义字符变量 c
            char c = 'A';
            // 定义字符串变量 str
            string str = "HELLO C#!";
```

```
            // 定义 bool 类型变量 b
            bool b = true;
            // 输出变量 a 的值
            Console.WriteLine("a="+a);
            // 输出变量 f 的值
            Console.WriteLine("f="+f);
            // 输出变量 d 的值
            Console.WriteLine("d="+d);
            // 输出变量 c 的值
            Console.WriteLine("c="+c);
            // 输出变量 str 的值
            Console.WriteLine("str="+str);
            // 输出变量 b 的值
            Console.WriteLine(b);
            Console.ReadLine();
        }
    }
}
```

运行结果如下：

```
a=200
f=12.34
d=12.34
c=A
str=HELLO C#!
true
```

2.2.2 常量

在编程过程中，值不会改变的量称为常量，如计算过程中用到的圆周率的值。如果每次计算都书写一遍圆周率的值 3.1415926 会非常麻烦，所以在 C# 中可以用 const 关键字定义符号表示常量。常量也可以看作是变量的一种特殊情况，在内存中只能被读取，不能被修改。使用 const 关键字定义常量的格式为：

```
const Type ConstantName;  //Type 指定类型，ConstantName 指定常量名
```

例如，定义单精度实数 Pi 表示圆周率，代码如下：

```
const float Pi=3.1415926 f;
```

定义后，在程序里，Pi 表示常量 3.1415926，其值不可再使用赋值语句修改。

例 2.2   定义常见类型常量，并输出常量的值。

项目：Demo_2_2

```
using System;
namespace Demo_2_2
{
    class Program
    {
        static void Main(string[] args)
        {
            // 定义整型常量 a 并初始化
            const int a1 = 100;
```

```
                // 定义单精度实型常量 f，单精度实数需加 f 或 F 后缀
                const float f1 = 12.34f;
                // 定义双精度实型常量 d
                const double d1 = 12.34;
                // 定义字符常量 c1
                const char c1 = 'A';
                // 定义字符串常量 str1
                const  string str1 = "HELLO C#!";
                // 定义 bool 类型常量 b1
                const  bool b1 = true;
                // 输出常量 a1 的值
                Console.WriteLine(a1);
                // 输出常量 f1 的值
                Console.WriteLine(f1);
                // 输出常量 d1 的值
                Console.WriteLine(d1);
                // 输出常量 c1 的值
                Console.WriteLine(c1);
                // 输出常量 str1 的值
                Console.WriteLine(str1);
                // 输出常量 b1 的值
                Console.WriteLine(b1);
                Console.ReadLine();
            }
        }
    }
```

运行结果如下：

```
100
12.34
12.34
A
HELLO C#!
true
```

2.3　语句

在程序中，语句是执行操作的命令，如对变量进行赋值操作、处理数据时进行的运算操作、比较两个数据关系时的比较操作、存储结果操作等。在 C# 中，任何语句都必须以分号 ";" 终止，否则语句不能被编译。我们分别从表达式语句、流程控制语句和异常处理语句来介绍 C# 的语句。

2.3.1　表达式语句

表达式语句是 C# 程序中最基本的语句，在介绍表达式语句以前，需要先了解一下 C# 中的表达式。由操作数和运算符组成的序列称为表达式，包括算术运算表达式、赋值运算表达式、关系运算表达式、逻辑运算表达式等。

1．算术运算和算术运算语句

算术运算是最基本的数据运算，主要用于实现数学运算功能，算术运算只能处理整型数据和实型数据。C#支持的算术运算符包括以下七种：

- +：加法运算符（正值运算符），如5+8、a+b。
- -：减法运算符（负值运算符），如8-5、a-b。
- *：乘法运算符，如5*8、a*b。
- /：除法运算符，如8/5、a/b。
- %：取模运算符（求两个整数相除后的余数），如8%5、a%b。
- ++：自增运算符，使整型变量的值增1，如a++、++n。
- --：自减运算符，使整型变量的值减1，如a--、--n。

【说明】除法运算时，两个整数相除的值为整数，系统会舍去小数部分。当整数与实数参与除法运算时，系统会自动把整数、单精度实数都按双精度类型数据处理。取模运算中，只能是两个整数参与运算，取相除后的余数，如8/5=1、8%5=3，注意区分两种运算过程。

在自增自减运算中，自增自减运算符可以以前缀方式或后缀方式进行运算，以自增运算符为例，运算方式区别如下：

- 前缀方式：++a，先进行加法运算，再进行赋值，如"int a=3;int b=++a;"执行语句后，输出a和b的值，则a=4、b=4。
- 后缀方式：a++，先赋值，再对原变量进行自增运算，如"int a=3;int b=a++;"执行语句后，输出a和b的值，则a=4、b=3。

用算术运算符和括号将操作数（运算对象）连接起来，符合C#语法规则的式子，称为算术表达式。例如：

```
a*b/c+2.5+'a'
```

算术运算符的结合方式是左结合性，即按"自左向右"的方向进行运算。在一个表达式结束部分添加分号";"就构成了表达式语句，例如：

算术表达式：a+b

算术表达式语句：a+b;

该表达式语句的作用是完成a+b的操作。

2．赋值运算和赋值运算语句

赋值运算是将一个数据（表达式）的值赋给一个变量，赋值运算符为"="，由赋值运算符和一个表达式连接在一起的式子称为赋值表达式，表达式后加上分号构成赋值语句。以下都是合法的赋值语句：

```
a=5;              // 把5赋值给变量a
a=3*5;            // 把表达式3×5的值赋值给变量a
a=a*5;            // 把表达式a×5的值重新赋值给变量a
a=(b=5);          // 先计算表达式b=5的值，再把表达式的值赋值给a
```

赋值运算是右结合性，即按"自右向左"的方向运算，所以"a=(b=5)"与"a=b=5"等价。

在给变量进行赋值时，以最后的赋值为准。

例如：

```
int a;
a=3;                        // 对变量 a 进行初次赋值
a=8;                        // 对变量 a 进行二次赋值
int b;
b=a;                        // 将 a 的值赋值给变量 b
Console.WriteLine(b);       // 输出变量 b 的值
```

则输出的 b 的值为 8。

除以上简单赋值方式以外，C#也支持复合赋值运算，即结合算术运算为变量赋值。复合赋值运算主要包含以下几种形式：

- +=：加法赋值运算。先对变量进行加法运算，再将运算结果赋值给变量，如 a+=b+2，与表达式 a=a+(b+2) 等价。
- -=：减法赋值运算。先对变量进行减法运算，再将运算结果赋值给变量，如 a-=b+2，与表达式 a=a-(b+2) 等价。
- *=：乘法赋值运算。先对变量进行乘法运算，再将运算结果赋值给变量，如 a*=b+2，与表达式 a=a*(b+2) 等价。
- /=：除法赋值运算。先对变量进行除法运算，再将运算结果赋值给变量，如 a/=b+2，与表达式 a=a/(b+2) 等价。
- %=：取模赋值运算。先对变量进行取模运算，再将运算结果赋值给变量，如 a%=b+2，与表达式 a=a%(b+2) 等价。

3．关系运算

关系运算也称为比较运算，用于对运算符两侧的表达式进行比较。由关系运算符和运算符两侧的表达式构成的式子称为关系运算表达式，关系运算通常用于条件分支结构语句的条件判断部分，单独以关系运算语句的形式存在较少。

关系运算符分为以下几类：

（1）基本比较运算符。用于比较两个表达式的大小关系，如果满足关系，表达式返回逻辑真值 true；否则返回逻辑假值 false。常见的比较运算符有：

- ==：等于运算符。判断运算符两侧的表达式的值是否相等，若相等，则表达式的值为 true。
- !=：不等于运算符。判断运算符两侧的表达式的值是否不相等，若不相等，则表达式的值为 true。
- <：小于运算符。判断运算符左侧的表达式是否小于右侧的表达式，若小于，则表达式的值为 true。
- <=：小于等于运算符。判断运算符左侧的表达式是否小于或等于右侧的表达式，若小于或等于，则表达式的值为 true。
- >：大于运算符。判断运算符左侧的表达式是否大于右侧的表达式，若大于，则表达式的值为 true。

- >=：大于等于运算符。判断运算符左侧的表达式是否大于或等于右侧的表达式，若大于或等于，则表达式的值为 true。

> **注意：**
>
> 基本比较运算符可以被应用于整型、实型等值类型数据，如果是逻辑型、枚举型、字符型和字符串型等数据类型，则只可以用"=="和"!="进行比较。

（2）类型比较运算。在 C# 中，除了基本比较运算符，在进行类型比较运算时，引入了 is 运算符和 as 运算符。

is 运算符用于判断对象是否属于某个类的实例，如果是，返回 true；否则返回 false。

as 运算符用于在兼容的引用类型中执行某些类型的转换，其只执行引用转换和装箱转换，不执行用户自定义转换。

4. 逻辑运算

逻辑运算是针对逻辑型数据判断其逻辑结果的一种运算，用逻辑运算符和表达式构成的式子称为逻辑表达式，其返回值为逻辑值。逻辑运算表达式也多用于条件判断结构中，C# 中有以下逻辑运算符：

- &&：逻辑与运算符。若运算符两侧的表达式的值都为真（true）时，则逻辑运算表达式的值为真。
- ||：逻辑或运算符。若运算符两侧的表达式中包含真（true）值时，则逻辑运算表达式的值为真。
- !：逻辑非运算符。对某个表达式进行取反操作，若表达式为真，则逻辑运算表达式的值为假。

5. 按位运算

按位运算是一种特殊的运算符，其本质是将整型数据（包括十进制、八进制、十六进制）转换为二进制式，再对二进制位进行操作。在按位运算中，包含按位逻辑运算、按位位移运算、按位赋值运算三种形式。

（1）按位逻辑运算。按位逻辑运算是指将整数转换为二进制形式，将每一个数位上的 0 视为逻辑假（false），数位上的 1 视为逻辑真（true），再进行逻辑运算。按位逻辑运算有以下四种运算符：

- &：按位与运算。对两个二进制整数按数位依次进行逻辑与运算。
- |：按位或运算。对两个二进制整数按数位依次进行逻辑或运算。
- ^：按位异或运算。对于两个二进制整数，如果数位相同则返回 0，否则返回 1。
- ~：按位取反运算。对于一个二进制整数，对每一位进行 1 的补码，并返回结果。

（2）按位位移运算。按位位移运算是指二进制数的数位位置进行移动操作的运算。C# 中提供左移运算和右移运算两种按位位移运算符。

- <<：左移运算符。将运算符左侧的操作数转换为二进制，再将数位向左移动运算符右侧操作数值的位数，空出的位置补 0，返回结果值。例如 15<<3，则先将 15 转换为二进制数，为 1111，再将 1111 所有数位向左移动 3 位，移动后，右边的空缺位补 0，得到 1111000，转换为十进制数后为 120。

- >>：右移运算符。将运算符左侧的操作数转换为二进制，再将数位向右移动运算符右侧操作数值的位数，多余的位置忽略。例如 120>>2，则先将 120 转换为二进制数，得到 1111000，再将所有数位向右移动 2 位，移动后，右边多余的两位被忽略，得到 11110，转换为十进制数后为 30。

（3）按位赋值运算。类似于赋值运算中的复合赋值运算，按位赋值运算是将前两种位运算符结合赋值运算符使用。例如：

- &=：按位与赋值。先对运算符左侧的操作数进行按位与运算，再将运算结果赋值给该操作数。例如 a&=b，先将 a 和 b 进行按位与运算，再将结果赋值给 a。

- |=：按位或赋值。先对运算符左侧的操作数进行按位或运算，再将运算结果赋值给该操作数。例如 a|=b，先将 a 和 b 进行按位或运算，再将结果赋值给 a。

- ^=：按位异或运算。先对运算符左侧的操作数进行按位异或运算，再将运算结果赋值给该操作数。例如 a^=b，先将 a 和 b 进行按位异或运算，再将结果赋值给 a。

在表达式中，往往会结合各运算符进行运算，各运算符之间的优先级关系见表 2-5。

表 2-5　运算符优先级

运算符	优先级
++, --（用作前缀时）; ()，+、-（一元运算时），！，~	
*, /, %	
+, -（二元运算时）	
<<, >>	
<, >, <=, >=	
==, !=	
&	优先级由高到低
^	
&&	
||	
=, *=, /=, %=, +=, -=, <<=, >>=, &=, ^=, |=	
++, --（用作后缀时）	

例 2.3　求一元二次方程 $ax^2+bx+c=0$ 的根，a、b、c 的值由键盘输入且输入的数满足 $b^2-4ac \geqslant 0$。

项目：Demo_2_3

```csharp
using System;
namespace Demo_2_3
{
    class Program
    {
        static void Main(string[] args)
        {
            // 定义单精度实型变量
            float a, b, c, x1, x2;
            Console.WriteLine(" 请输入 a 的值： ");
            // 输入 a 的值，以下代码表示输入一行字符，将其转换为 float 型数据并赋值给变量 a
            a = Convert.ToSingle(Console.ReadLine());
            Console.WriteLine(" 请输入 b 的值： ");
            // 输入 b 的值
            b = Convert.ToSingle(Console.ReadLine());
            Console.WriteLine(" 请输入 c 的值： ");
            // 输入 c 的值
            c = Convert.ToSingle(Console.ReadLine());
            // 通过表达式计算 x1 和 x2 的值
            x1 = Convert.ToSingle((-b + Math.Sqrt(b * b - 4 * a * c)) / (2 * a));
            x2 = Convert.ToSingle((-b - Math.Sqrt(b * b - 4 * a * c)) / (2 * a));
            // 输出 x1 和 x2 的值，保留两位小数
            Console.WriteLine("x1=" + Math.Round(x1,2));
            Console.WriteLine("x2=" + Math.Round(x2,2));
            Console.ReadLine();
        }
    }
}
```

运行结果如下：

```
请输入 a 的值：
5.5 ↙
请输入 b 的值：
9.2 ↙
请输入 c 的值：
3 ↙
x1=-0.44
x2=-1.23
```

2.3.2 流程控制语句

前面所介绍的基本语句，在默认状况下是按照从上而下的顺序逐行执行的。但在实际开发过程中，需要控制程序执行的顺序，主要有两种流程控制方式：条件分支控制和循环控制。

1. 条件分支控制语句

条件分支控制语句允许程序在执行过程中根据条件的判断，选择执行哪些分支语

句。C# 中主要有以下几种条件分支形式：

（1）if 语句。if 语句是单分支条件控制语句，表示如果表达式的值为真，则执行语句（语句块）。语句块是由多条语句组合而成的，需用大括号括起来，其格式为：

```
if( 表达式 )
{
语句块 ;
}
```

其中，if 是关键字，表示 if 语句的开始；表达式表示判断条件，其值必须是逻辑真（true）或逻辑假（false）；语句块部分是在表达式的值为真的情况下所执行的操作；如果表达式的值为假，则不执行大括号内的语句块，而是继续执行 if 结构后面的语句。其执行流程如图 2-1 所示。

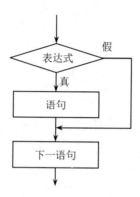

图 2-1　单分支条件控制语句执行流程

例 2.4　输入一个整数，输出该整数的绝对值。

项目：Demo_2_4

```csharp
using System;
namespace Demo_2_4
{
  class Program
  {
    static void Main(string[] args)
    {
      Console.WriteLine(" 请输入一个整数：");
      // 从键盘输入字符并转换为整数
      int a = Convert.ToInt32(Console.ReadLine());
      if (a < 0)
        a = -a;
      // 输出绝对值
      Console.WriteLine(" 原整数的绝对值为：" + a);
      Console.ReadLine();
    }
  }
}
```

运行结果如下：

请输入一个整数：

-56 ✓

原整数的绝对值为：56

（2）if...else... 语句。if...else... 语句是双分支控制语句，表示根据条件判断表达式的逻辑值，选择执行两个语句块中的某一个。其格式为：

```
if( 表达式 )
{
    语句块 1;
}
else
{
    语句块 2;
}
```

如果表达式的值为真，则执行语句块 1 的部分；否则，执行 else 后的语句块 2 的部分，其执行流程如图 2-2 所示。

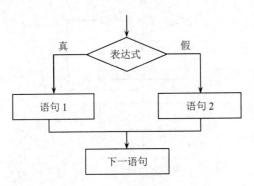

图 2-2　双分支条件控制语句执行流程

例 2.5　求一元二次方程 $ax^2+bx+c=0$ 的根，a、b、c 的值由键盘输入。

项目：Demo_2_5

```
using System;
namespace Demo_2_5
{
    class Program
    {
        static void Main(string[] args)
        {
            // 定义单精度实型变量
            float a, b, c, x1, x2;
            Console.WriteLine(" 请输入 a 的值: ");
            // 输入 a 的值, 以下代码表示输入一行字符, 将其转换为 float 型数据, 并赋值给变量 a
            a = Convert.ToSingle(Console.ReadLine());
            Console.WriteLine(" 请输入 b 的值: ");
            // 输入 b 的值
            b = Convert.ToSingle(Console.ReadLine());
            Console.WriteLine(" 请输入 c 的值: ");
            // 输入 c 的值
```

```
        c = Convert.ToSingle(Console.ReadLine());
        // 判断 b×b-4×a×c 的值是否大于等于 0
        if (b*b - 4*a*c >= 0)
        {
            // 计算 x1 和 x2 的值
            // 通过表达式计算 x1 和 x2 的值
            x1 = Convert.ToSingle((-b + Math.Sqrt(b*b - 4*a*c)) / (2*a));
            x2 = Convert.ToSingle((-b - Math.Sqrt(b*b - 4*a*c)) / (2*a));
            // 输出 x1 和 x2 的值，保留两位小数
            Console.WriteLine("x1=" + Math.Round(x1, 2));
            Console.WriteLine("x2=" + Math.Round(x2, 2));
        }
        else
        {
            // 输出 "方程无实数根 "
            Console.WriteLine(" 方程无实数根 ");
        }
        Console.ReadLine();
    }
  }
}
```

运行结果如下：

```
请输入 a 的值：
20.5 ↙
请输入 b 的值：
10.8 ↙
请输入 c 的值：
5 ↙
方程无实数根
```

本例和例 2.4 的程序相比，添加了双分支条件控制语句，如果满足 $b^2-4ac \geqslant 0$，则求方程的实根；如果不满足条件，则输出"方程无实数根"，使程序更加合理、准确。

（3）嵌套 if 语句。当 if 语句中的执行语句又是 if 语句时，则构成了 if 语句嵌套的情形，其一般形式为：

```
if( 表达式 1)
{
    if( 表达式 2)    // 内嵌 if
            语句 1;
    else
            语句 2;
}
else
{
    if( 表达式 3)    // 内嵌 if
            语句 3;
    else
            语句 4;
}
```

扫码看视频

应当注意 if 与 else 的配对关系，else 总是与它上面最近的且未配对的 if 配对。

在编写程序的过程中，用的较多的 if 嵌套形式是 if...else if... 语句块形式：

```
if( 表达式 1)
{
    语句块 1;
}
else
    if( 表达式 2)
    {
        语句块 2;
    }
    ……
    else
        if( 表达式 n)
        {
            语句块 n;
        }
        else
        {
            语句块;
        }
```

其执行过程为：依次判断表达式的值，当出现某个值为真时，则执行其对应的语句块，然后跳出整个 if 语句，继续执行后面的程序。采用 if...else if... 语句这种形式，可以比较方便地找到 else 配对的 if，以减少开发过程中的配对歧义问题。注意：程序中的 else 都是与最近的且没有配对的 if 相匹配的。

例 2.6 输入一个字符，判断它是数字、字母还是其他字符。

项目：Demo_2_6

```
using System;
namespace Demo_2_6
{
    class Program
    {
        static void Main(string[] args)
        {
            Console.WriteLine(" 请输入一个字符： ");
            // 从键盘输入字符并强制转换为 char 类型
            char ch = (char) Console.Read();
            // 判断变量 ch 的值
            if (ch >= 'a' && ch <= 'z' || ch >= 'A' && ch <= 'Z')
            {
                Console.WriteLine(" 输入的是一个字母： "+ch);
            }
            else
                if (ch >= '1' && ch <= '9')
                {
                    Console.WriteLine(" 输入的是一个数字： "+ch);
                }
                else
```

```
            {
                Console.WriteLine(" 输入的是一个特殊字符： "+ch);
            }
        Console.ReadLine();
        }
    }
}
```

运行结果如下：

```
请输入一个字符：
F ↙
输入的是一个字母：F
```

【说明】

1）要判断输入的是数字、字母还是其他字符，使用了嵌套的条件控制结构 if...else if... 语句。

2）在输入一个字符时，使用了 Console.Read() 语句，并进行了强制类型转换，将输入值转换为 char 字符型数据，当然也可以使用 Convert.ToChar(Console.Read()) 的方式进行转换。Console 类提供了 C# 中控制台应用程序输入输出的方法，在前面的例题中经常可见，其主要方法包含以下几个：

- Console.Write() 和 Console.WriteLine()：输出内容到控制台，前者输出不换行，后者输出后自动换行。

- Console.ReadLine()：从标准输入流读取一个字符串，返回的是字符串类型，可以直接赋值给 string 类型数据。程序结束时加上此语句，避免可执行程序直接跳出。

- Console.Read()：从标准输入流读取一个下字符，读入的是字符的 ASCII 码值（是一个整数），所以在程序中输入"F"时，Console.Read() 传递给系统的是 F 的 ASCII 码值 70，赋值给 char 类型数据时需要进行类型转换。

（4）switch 语句。当程序分支较多时，用嵌套的 if 语句层数太多，程序冗长，可读性低。C# 语言中的 switch 语句可以用于多分支选择的一种特殊情况的处理，即每个分支、每种情况通过一个表达式取不同的常量值来描述，以解决使用多个 if 语句带来的缺陷。其基本格式为：

```
switch( 表达式 )
{
        case 常量表达式 1：
                语句 1；
                break;
        case 常量表达式 2：
                语句 2；
                break;
        ......
        case 常量表达式 n：
                语句 n；
                break;
        default：
```

```
            语句 n+1;
            break;
    }
```

其执行过程为：求解表达式的值，然后逐个与其后的常量表达式的值相比较。当表达式的值与某个 case 常量表达式的值相等时，就执行该 case 后的语句，通过 break 停止并跳出 switch 语句。当表达式的值与所有 case 后的常量表达式均不相同时，则执行 default 后的语句。

> 📢 **注意：**
>
> （1）switch 后面括号内的表达式，求解值为常量或常量表达式，数据类型为整型或字符型数据，区别于 if 后表达式值的布尔类型。
>
> （2）每一个 case 表达式的值必须互不相同。否则，表达式的值可能会面对不同 case 后的执行语句而产生矛盾。
>
> （3）任意一个 case 后的语句必须加上 break 来结束（跳出）switch 结构。
>
> （4）多个 case 语句可以共用一组执行语句。例如：
>
> ```
> {
>    case 'A':
>    case 'B':
>    case 'C':
>        Console.WriteLine(" 等级为不及格 ");
>        break;
> }
> ```
>
> 表示值为 A、B、C 时都执行输出语句"等级为不及格"。

例 2.7 输入年份和月份，输出该月份的天数。

项目：Demo_2_7

```
using System;
using System.Collections.Generic;
using System.Linq;
using System.Text;
using System.Threading.Tasks;

namespace Demo_2_7
{
    class Program
    {
        static void Main(string[] args)
        {
            Console.WriteLine(" 请输入年份：");
            int year = Convert.ToInt32(Console.ReadLine());
            Console.WriteLine(" 请输入月份：");
            int month = Convert.ToInt32(Console.ReadLine());
            // 判断月份的值
            switch (month)
            {
```

```
        case 1:
        case 3:
        case 5:
        case 7:
        case 8:
        case 10:
        case 12:
            Console.WriteLine(year + " 年 " + month + " 月有 31 天 ");
            break;
        case 4:
        case 6:
        case 9:
        case 11:
            Console.WriteLine(year + " 年 " + month + " 月有 30 天 ");
            break;
        case 2:
            if (year % 400 == 0 || year % 4 == 0 && year % 100 != 0)
            {
                Console.WriteLine(year + " 年 " + month + " 月有 29 天 ");
            }
            else
            {
                Console.WriteLine(year + " 年 " + month + " 月有 28 天 ");
            }
            break;
        default:
            Console.WriteLine(" 输入月份有错误！ ");
            break;
        }
        Console.ReadLine();
    }
  }
}
```

运行结果如下：

请输入年份：

2017 ↙

请输入月份：

8 ↙

2017 年 8 月有 31 天

【程序分析】要判断某个月有多少天，首先应清楚：1、3、5、7、8、10、12 这几个月都是 31 天，若 case 后的常量值与其中一个相同，可执行同一个语句；4、6、9、11 这几个月都是 30 天，case 后的语句可执行同一个；对于 2 月，需要判断是否是闰年，如果是，则为 29 天；如果不是，则为 28 天。

判断闰年的条件有两种情况：① 当 year 是 400 的整倍数时为闰年，条件表示为 year%400==0；② 当 year 是 4 的整倍数但不是 100 的整倍数时为闰年，条件表示为

year%4==0 && year%100 != 0

综合上述两种情况，可以得到闰年条件的逻辑表达式：

year%400==0 || year%4==0 && year%100 != 0

本例中，使用 switch 结构判断月份的值，可以看到天数相同的月份可以共同执行一个语句。对于 2 月的天数判断，在 case 语句中，包含了一个 if……else 语句的判断，用来判断该年是否是闰年。在 case 后面，同样可以执行语句块，只需将所有操作用大括号括起来即可。

2. 循环控制语句

在程序中需要反复执行某些相同的操作时，如计算 1+2+3+…+100，需要反复执行累加的操作，就可以通过循环控制语句来实现。

C# 中，主要支持四种循环语句：while、do...while、for 和 foreach 循环。循环控制中，遇到终止条件时，结束循环，继续循环后面的操作。

（1）while 循环控制。while 是循环中最基本的循环语句，称之为"当型"循环。其一般格式为：

```
while ( 条件表达式 )
{
    循环体语句；
}
```

其执行过程为：求解表达式的值，若为真（true），则执行循环体语句，返回重新判断条件的表达式的值；若为假（false），则结束循环，继续执行循环之后的语句。其执行流程如图 2-3 所示。

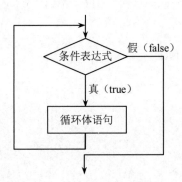

图 2-3 while 循环执行流程

例 2.8 求 1+2+3+…+100 的和。

项目：Demo_2_8

```
using System;
namespace Demo_2_8
{
    class Program
    {
        static void Main(string[] args)
```

```
        {
            int i = 1, sum = 0;
            while (i <= 100)
            {
                sum = sum + i;
                i++;
            }
            Console.WriteLine("1+2+3+…+100=" + sum);
            Console.ReadLine();
        }
    }
}
```

运行结果如下：

```
1+2+3+…+100=5050
```

【程序分析】累加求和时，加法的操作需要重复执行，是典型的循环操作方式。程序中，while 后的括号内是条件表达式，表达式的值为真时，执行大括号内的循环语句，当 i 自增变化到 101 时，while 后的表达式的值为假，循环结束，继续执行循环后的操作，执行了输出语句。

例 2.9　输入一行字符，统计其中大写字母、小写字母、数字、空格和其他字符的个数。

项目：Demo_2_9

```
using System;
namespace Demo_2_9
{
    class Program
    {
        static void Main(string[] args)
        {
            Console.WriteLine(" 输入字符串：");
            string s = Console.ReadLine();
            int i = 0;
            int lower = 0, upper = 0, digit = 0, space = 0, others = 0;
            while (i < s.Length)
            {
                if (s[i] >= 'a' && s[i] <= 'z')
                    lower++;
                else
                    if (s[i] >= 'A' && s[i] <= 'Z')
                        upper++;
                    else
                        if (s[i] >= '0' && s[i] <= '9')
                            digit++;
                        else
                            if (s[i] == ' ')
                                space++;
                            else
                                others++;
```

```
                    i++;
                }
                Console.WriteLine(" 小写字母数： " + lower);
                Console.WriteLine(" 大写字母数： " + upper);
                Console.WriteLine(" 数字数： " + digit);
                Console.WriteLine(" 空格数： " + space);
                Console.WriteLine(" 其他字符数： " + others);
                Console.ReadLine();
            }
        }
    }
```

运行结果如下：

```
输入字符串：
abc  123 AB=-= ↙
小写字母数：3
大写字母数：2
数字数：3
空格数：3
其他字符数：3
```

【程序分析】此项目中，结合了前面部分的知识点，思路如下：

1）使用 string 定义字符串，并通过 Console.ReadLine() 方法输入字符串。

2）在访问字符串中的每个字符时，引用了字符数组的方式，用字符串名和下标的方式访问某个字符，注意下标从 0 开始。

3）在设置循环条件时，从第一个字符开始，到最后一个字符为止，逐个访问。最后一个字符下标值应该为字符串长度 -1，获取字符串长度可以直接调用 length 属性，所以循环条件为 i<s.length。

4）循环体部分使用嵌套 if...else 语句判断第 i 个字符的类型，并对相应计数累加。在循环体部分，要有改变循环变量的方式，字符串下标是连续递增的，所以使用了 i++ 的方式。

【说明】在项目程序中，注释部分用了另外一个方法实现程序，请读者理解程序执行方式，思考为什么同样使用了 while 循环，却可以不用在循环体内改变循环变量。

（2）do...while 循环控制。do...while 是"直到型"循环，表示执行循环体语句，直到不满足循环条件时结束循环。其一般格式为：

```
do
{
    循环体语句；
}while( 条件表达式 );
```

其执行过程为：首先执行一遍循环体语句，再求解表达式，若为真（true），则返回循环体语句继续执行；若为假（false），则结束循环，继续执行循环语句后面的操作。注意 while 表达式括号外的分号";"是必须的，表示循环结构的结束。其执行流程如图 2-4 所示。

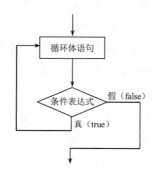

图 2-4　do...while 循环执行流程

> **注意：**
>
> 　　do...while 循环和 while 循环的区别在于：while 循环中，首先判断条件表达式的值，若为真，才执行循环体语句；若为假，则循环体可以不被执行，而直接执行循环之后的操作。但是在 do...while 循环中，不管条件表达式是否为真，都无条件地先执行一遍循环体语句。

　　例 2.10　用 do...while 语句求解 1+2+3+…+100 的和。

　　项目：Demo_2_10

```
using System;
namespace Demo_2_10
{
    class Program
    {
        static void Main(string[] args)
        {
            int i = 1;
            int sum = 0;
            do
            {
                sum = sum + i;
                i++;
            } while (i <= 100);
            Console.WriteLine("1+2+3+…+100="+sum);
            Console.ReadLine();
        }
    }
}
```

　　运行结果如下：

　　1+2+3+…+100=5050

　　（3）for 循环控制。在 C# 程序中，for 循环形式最常用、最灵活，其一般格式为：

　　for(初始表达式 ; 条件表达式 ; 迭代表达式)

　　{

扫码看视频

```
        循环体语句；
    }
```

- 初始表达式：可以用来设定循环控制变量，并为变量赋初始值。
- 条件表达式：其值为逻辑量，为真时继续循环，为假时循环终止。
- 迭代表达式：决定循环控制变量在每次循环后是如何改变的。

for 循环的执行过程如下：① 当循环第一次开始时，先执行循环的初始表达式；② 求解条件表达式，若为真（true），执行循环体语句；若为假（false），则循环中止；③ 执行迭代表达式；④ 跳转到第②步执行。

其执行流程如图 2-5 所示。

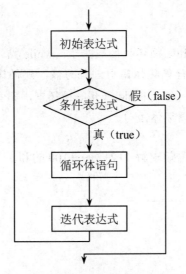

图 2-5　for 循环执行流程

在 for 循环中，其格式非常灵活，如初始表达式、条件表达式和迭代表达式都可以省略，但分号不能省略。若省略初始表达式，应在 for 语句前给循环变量赋初值；若省略条件表达式，则表示不判断循环条件，为无限循环；若省略迭代表达式，则应在循环体内设法保证循环能正常结束。

例 2.11　用 for 循环形式求解 1+2+3+…+100。

项目：Demo_2_11

```csharp
using System;
namespace Demo_2_11
{
    class Program
    {
        static void Main(string[] args)
        {
            int sum=0;
            for (int i = 1; i <= 100; i++)
            {
```

```
            sum+=i;
        }
        Console.WriteLine("1+2+3+…+100=" + sum);
        Console.ReadLine();
        }
    }
}
```

运行结果如下：

```
1+2+3+…+100=5050
```

【程序分析】和 while 循环、do...while 循环相比，for 循环在程序形式上更简洁。在 C#中，如果变量只在循环部分使用，可以在初值表达式部分进行变量定义并赋初值，初值表达式部分允许对多个变量赋初值，用逗号 "," 隔开即可。思考：为什么 sum 需要放在 for 循环外进行定义呢？

例 2.12　百钱百鸡问题。中国古代数学家提出了一个问题：如果一只公鸡值五钱，一只母鸡值三钱，三只小鸡值一钱，现在有一百钱，能各买多少只鸡？

项目：Demo_2_12

```
using System;
namespace Demo_2_12
{
    class Program
    {
        static void Main(string[] args)
        {
            int cock, hen, chicken;
            for (cock = 0; cock <= 20; cock++)
            {
                for (hen = 0; hen <= 33; hen++)
                {
                    chicken = 100-cock-hen;
                    if ((5*cock + 3*hen + chicken/3 == 100) && (cock + hen + chicken == 100))
                        Console.WriteLine("cock={0},hen={1},chicken={2}", cock, hen, chicken);
                }
            }
            Console.ReadLine();
        }
    }
}
```

运行结果如下：

```
cock=0, hen=25, chicken=75
cock=3, hen=20, chicken=77
cock=4, hen=18, chicken=78
cock=7, hen=13, chicken=80
cock=8, hen=11, chicken=81
cock=11, hen=6, chicken=83
cock=12, hen=4, chicken=84
```

【程序分析】本程序运用了多重 for 循环处理了一个古代数学问题。在设置多重循环时，注意需要明确各重循环控制变量与循环控制条件的关系。

例 2.13　定义一个包含五个元素的整型数组，打印所有数组元素值。

项目：Demo_2_13

```
using System;
namespace Demo_2_13
{
    class Program
    {
        static void Main(string[] args)
        {
            int[] array = new int[5];
            // 使用循环输入数组元素值
            for (int i = 0; i < array.Length; i++)
            {
                array[i] = Convert.ToInt32(Console.ReadLine());
            }
            // 使用循环，输出数组元素值
            for (int i = 0; i < array.Length; i++)
            {
                Console.WriteLine("array[{0:D}]={1}", i, array[i]);
            }
            Console.ReadLine();
        }
    }
}
```

运行结果如下：

```
10 ↙
30 ↙
-50 ↙
20 ↙
100 ↙
array[0]=10
array[1]=30
array[2]=-50
array[3]=20
array[4]=100
```

【程序分析】此项目主要通过 for 循环方式引用和遍历数组元素，结合数组类型的定义，首先需要定义整型数组。在输入数组元素值和打印数组元素值时，使用了循环方式，从第一个元素开始，逐个访问。通过数组的 length 属性可获取数组长度，元素下标值比数组长度小 1。在打印输出时，使用了一个新的输出方式——使用占位符。占位符是"{序号 i}"的形式：序号 i 从 0 开始，表示第 i 个位置用哪个变量替代它的值。使用占位符在输出过程中会更简洁一些。

例 2.14　利用选择法对数组进行排序。

项目：Demo_2_14

```
using System;
namespace Demo_2_14
{
    class Program
    {
        static void Main(string[] args)
        {
            const int N = 5;  // 定义常整型为数组长度，方便修改
            int[] array = new int[N];
            Console.WriteLine(" 请输入数据： ");
            for (int i = 0; i < array.Length; i++)
            {
                array[i] = Convert.ToInt32(Console.ReadLine());          // 输入整数作为数组元素
            }
            Console.WriteLine(" 原数组为： ");
            for (int i = 0; i < array.Length; i++)
            {
                Console.Write(array[i] + " ");                            // 输出数组
            }
            Console.WriteLine();
            // 选择排序
            for (int i = 0; i < array.Length-1; i++)
            {
                int min = i;
                for (int j = i + 1; j < array.Length; j++)
                {
                    if (array[j] < array[min])
                    {
                        min = j;
                    }
                }
                if (min != i)
                {
                    int temp = array[i];
                    array[i] = array[min];
                    array[min] = temp;
                }
            }
            Console.WriteLine(" 排序后的数组为： ");
            for (int i = 0; i < array.Length; i++)
            {
                Console.Write(array[i] + " ");                            // 输出排序后的数组
            }
            Console.ReadLine();
        }
    }
}
```

运行结果如下：

　　请输入数据：

　　1

-1

3

-3

8

原数组为:

1 -1 3 -3 8

排序后的数组为:

-3 -1 1 3 8

【程序分析】选择排序的核心思想为:第一次循环找出数组中最小的元素,将它与数组的第一个元素交换;第二次循环找出剩下元素中最小的一个,将它与数组的第二个元素交换;依次类推。类似的排序问题都会考虑使用数组处理。

(4) foreach 循环。在 C# 中,针对访问数组或对象集合中的所有元素,提供了一种较为简单的方式:使用 foreach 循环语句。其一般格式为:

foreach(数据类型 标识符 in 数组 / 集合)

其中,数据类型是指标识符的类型,应和数组(集合)的数据类型相同,或者大于数组(集合)的数据类型;标识符用来表示数组元素的名称。数组 / 集合是指要访问的数组(集合)。

🔊 注意:

在 foreach 循环中,只能访问数组元素,不能更改数组元素的内容,否则会产生不可预知的错误。

例 2.15 定义包含五个元素的数组,使用 foreach 循环打印所有数组元素。

项目:Demo_2_15

```csharp
using System;
namespace Demo_2_15
{
    class Program
    {
        static void Main(string[] args)
        {
            int[] array = new int[5];
            for (int i = 0; i < 5; i++)
            {
                array[i]=Convert.ToInt32(Console.ReadLine());
            }
            int j = 0;
            foreach (int a in array)
            {
                Console.WriteLine("array[{0}]={1}", j++, a);
            }
            Console.ReadLine();
        }
    }
}
```

运行结果如下：

```
10 ✓
20 ✓
30 ✓
40 ✓
50 ✓
array[0]=10
array[1]=20
array[2]=30
array[3]=40
array[4]=50
```

【程序分析】foreach 循环可以用于数组元素的遍历操作，但不能用于数组元素的赋值操作，所以可以使用 for 循环赋值、foreach 循环遍历元素。此项目中，a 表示替代数组的每一个元素的变量名，当访问到数组中第 i 个元素后，a 自动表示为第 i+1 个数组元素。它实际上是一个自动往下检索的过程，不需要单独定义循环变量增量往下个元素移动。那程序中 j 的作用是什么呢？在这里，j 表示输出的字符串数组名的下标，所以 j 是依次递增得到的。

（5）循环中断语句。在循环过程中，除了依靠循环条件的限定来结束循环以外，经常也需要主动中断循环。主动中断循环主要有以下形式：

● break 语句：表示终止所有循环，跳出循环结构，继续执行循环之后的操作。

● continue 语句：立即终止本次循环，继续执行下一次循环。

● goto 语句：通过 goto 语句可以跳出循环，跳转到指定的位置上。在编写程序的过程中，不建议经常使用 goto 语句，因为程序中的随意跳转会导致程序混乱，降低程序可读性。

例 2.16　break 语句和 continue 语句应用举例。

项目：Demo_2_16

```csharp
using System;
namespace Demo_2_16
{
    class Program
    {
        static void Main(string[] args)
        {
            Console.WriteLine(" 使用 break 终止所有循环: ");
            int i = 0;
            while (i <= 10)
            {
                if (i == 5)
                    break;
                Console.Write("{0}", ++i);
            }
            Console.WriteLine();
            Console.WriteLine(" 使用 continue 中止当前循环，继续执行下一次循环: ");
```

```
        for (int j = 0; j <= 10; j++)
        {
          if (j % 2 == 0)
            continue;
          Console.Write(j+"  ");
        }
        Console.ReadLine();
      }
    }
  }
```

运行结果如下：

使用 break 语句终止所有循环：
1 2 3 4 5
使用 continue 语句中止当前循环，继续执行下一次循环：
1 3 5 7 9

【程序分析】在本程序中，while 循环主要用于输出 i 的值，当 i 自增到 5 时，执行 if 后的 break 语句，终止整个循环，所以在 while 循环里只输出了 1～5 五个数。（思考：如果输出 i++，应该输出哪些数？）在 for 循环里，如果遇到 j%2==0（偶数），执行 continue 中止当前循环，求解 for 循环中的迭量表达式，满足循环条件，继续进行下一次循环操作，所以在 for 循环里输出了 10 以内的奇数。

2.3.3 异常处理语句

在程序执行过程中，经常会因为遇到错误而中断程序正常指令流的执行，这种现象称为异常。例如，编写的代码或调用的代码中有错误、操作系统资源不可用、文件打不开、网络中断等都会导致异常。

在 .NET Framework 中，用 Exception 类表示基类异常。在处理异常时，会用到四个关键字：try、catch、throw 和 finally。

通常可以使用 throw 语句主动抛出异常；可以使用 try/catch 语句块中的 try 语句监控可能出现异常的语句，并使用 catch 语句处理产生的异常；可以在 try/catch 语句块中结合 finally 语句继续执行后面程序的代码。

1. throw 语句

throw 语句允许在特定的情形下主动抛出异常，其基本格式为：

```
    throw expression;
```

其中，expression 表示所要抛出的异常对象，这个异常对象是派生自 System.Exception 类的对象。

因为 throw 语句会无条件地将控制转向别处，所以 throw 语句的终点永远都是不可及的。当异常被抛出时，控制会转移给 try 语句里第一个能够处理该异常的 catch 语句。从异常被抛出的那一点开始，到控制转移到合适的异常处理语句的过程被称为异常传播（Exception Propagation）。进行异常传播时，会重复下列步骤直到找到匹配的 catch

子句完成操作。

首先在当前函数中，检查有包含抛出点（throw point）的每一条 try 语句。对于每条语句集，从最里面的 try 语句开始到最外面的 try 语句，执行下列步骤：

如果语句集中包含抛出点，并且该语句集中包含一个或多个 catch 子句，那么按 catch 子句出现的顺序依次检查是否有合适的异常处理语句。如果找到匹配的 catch 子句，就转到相应的 catch 子句块执行并结束异常传播。否则，如果语句集的 try 块或 catch 块包含了抛出点，并且拥有一个 finally 块，那就转向 finally 块执行。如果 finally 块抛出了另一个异常，当前的异常处理会被终止，否则执行到 finally 块的终点时，当前的异常会继续执行。

如果异常处理语句不在当前的函数中，则终止当前函数的调用。对函数的上层调用者重复上述步骤。此时，抛出点对应函数的上层调用语句。

如果异常处理终止了当前线程里所有函数成员的调用，表示当前线程里不存在这个异常的处理语句，异常本身也会被终止。

重新抛出异常是为了能让多个处理程序访问它，在重新抛出异常时，不再指定异常对象，只执行 throw 语句。

2. try 语句

try 语句有三种形式：一个 try 块后面跟一个或多个 catch 块；一个 try 块后面跟一个 finally 块；一个 try 块后面跟一个或多个 catch 块，再跟一个 finally 块。

扫码看视频

try/catch 异常处理块的基本形式为：

```
try{
    // 需要监控的代码
    ……
}
catch( 产生异常的类型变量 )
{
    // 捕捉异常后，处理异常执行的操作
    ……
}
catch( 产生异常的类型变量 )
{
    // 捕捉异常后，处理异常执行的操作
    ……
}
```

在 try/catch 结构中，系统抛出一个异常时，相应的 catch 子句捕获并且处理它。如果 catch 子句指定的异常类型与实际异常类型相对应，则执行该 catch 子句，并且其他 catch 子句不会被执行。如果没有抛出任何异常，那么 try 块会正常结束，并且与之相关联的所有 catch 子句都不会被执行，程序继续执行 catch 之后的语句。所以只有在抛出异常时，才会执行 catch 语句。

在使用 finally 块时，可以清除 try 中分配的任何资源，并且可以运行任何即使在发生异常时也必须执行的代码，代码的最终执行都会传递给 finally 块，与 try/catch 块的退出方式无关。所以，finally 块也提供了一种保障资源清理或资源恢复的机制。使用 finally 的通常形式为：

```
try{
  // 需要监控的代码
  ……
}
catch( 产生异常的类型变量 )
{
  // 捕捉异常后，处理异常执行的操作
  ……
}
catch( 产生异常的类型变量 )
{
  // 捕捉异常后，处理异常执行的操作
  ……
}
……
finally
{
  ……  //finally 语句
}
```

在 System 中定义了一些标准的内置异常，C# 中常用的标准异常见表 2-6。

表 2-6　System 名称空间中常用的标准异常

异常	含义
ArrayTypeMismatchException	所存储的值类型与数组的类型不兼容
DivideByZeroException	被零除
IndexOutOfRangeException	数组索引超出边界
InvalidCastException	运行时强制转换无效
OutOfMemoryException	没有足够的空间内存支持程序继续执行
OverflowException	运算溢出
NullReferenceException	试图对空引用进行操作，引用没有指向任何对象

例 2.17　使用 try/catch 语句监控并捕获异常。

项目：Demo_2_17

```
using System;
namespace Demo_2_17
{
  class Program
  {
    static void Main(string[] args)
    {
```

```
int[] num=new int[5];
try
{   // 监控语句
    for (int i = 0; i < 10; i++)
    {
        num[i] = i;
        Console.WriteLine("num[{0}]:{1}", i, num[i]);
    }
    Console.WriteLine(" 不能显示 ");
}
catch (IndexOutOfRangeException A)  // 捕获产生异常的类型，A 为变量名
{
    Console.WriteLine(A);
}
Console.WriteLine(" 捕获异常后 ");
Console.ReadLine();
        }
    }
}
```

运行结果如下：

```
num[0]:0
num[1]:1
num[2]:2
num[3]:3
num[4]:4
System.IndexOutOfRangeException：索引超出了数组界限。
在 Demo_2_17.Program.Main<String[] args> 位置 C:...\Demo_2_17\Program.cs: 行号 18
捕获异常后
```

【程序分析】本程序中，设置数组长度为 5，在循环过程中，i 自增到 5 时，数组元素的个数会超出数组界值。如果没有监测异常，程序执行时会报错并终止运行。在监测异常的过程中，首先会监控出现错误的代码是否包含在 try 块内，如果是，try 块会抛出一个异常，catch 块则捕获该异常。此时，try 块中止，转而执行 catch 块中的语句。所以，程序中索引超出数组界值之后的 WriteLine() 语句不会被执行，捕捉到异常后，执行了 catch 块的处理异常语句，输出了变量 A 的值，即输出了该异常类型名"System. IndexOutOfRangeException：索引超出了数组界限"。然后继续执行 catch 之后的语句，所以输出了"捕获异常后"，继而保证程序能够正常执行。

例 2.18　使用 throw 语句主动抛出异常。

项目：Demo_2_18

```
using System;
namespace Demo_2_18
{
    class Program
    {
        static void Main(string[] args)
        {
            try
```

```
        {
            Console.WriteLine("1");
            throw new DivideByZeroException();          // 抛出一个是否被零除的异常
        }
        catch (DivideByZeroException)                   // 捕获异常
        {
            Console.WriteLine("2");
        }
        Console.WriteLine("3");
        Console.ReadLine();
        }
    }
}
```

运行结果如下：

```
1
2
3
```

【程序分析】本程序中，使用 throw 语句主动抛出一个异常对象，catch 捕获到异常后进行了处理，执行 catch 处理语句。

例 2.19 包含 finally 块的异常处理。

项目：Demo_2_19

```
using System;
namespace Demo_2_19
{
  class Program
  {
    static void Main(string[] args)
    {
        string str = "c# 数据类型转换 ";
        object obj = str;
        try
        {
          int i = (int)obj;
        }
        catch (Exception ex)
        {
          Console.WriteLine(ex.Message);
        }
        finally
        {
          Console.WriteLine(" 程序执行完毕 ");
        }
        Console.ReadKey();
    }
  }
}
```

运行结果如下：

```
指定的转换无效
程序执行完毕
```

【程序分析】本程序中，监控代码为进行数据类型转换，捕获到异常后，输出了异常信息。但是程序依然会转到 finally 语句块，执行 finally 语句块中的操作。

2.4　随机数

在统计学中，不同技术都会应用随机数，希望通过随机产生的样本数进行统计计算。在使用计算机生成真正的随机数时，可以使用获取 CPU 频率和温度的不确定性及统计一段时间的运算次数的方法。而一般情况下，我们会使用伪随机数。所谓伪随机数，是用确定性的算法计算出来的随机数序列，并不是真正的随机，但是具有类似于随机数的统计特性，如均匀性、独立性等。在生成伪随机数时，需要给定随机种子，如果随机种子不变，生成的伪随机的数序也不会改变。伪随机数可以用计算机大量生成，在模拟研究中，通常会采用伪随机数代替真正的随机数。

在 C# 中，产生伪随机数是用 Random 类实现的。Random 类中默认的无参构造函数是以当前系统时间为种子，通过一定算法得出的要求范围内的伪随机数。程序中需要产生一个随机数时，需要通过 Random 类创建对象，再使用该对象的 Next() 方法或 NextDouble() 方法来产生随机数。

1. 产生随机整数

使用 Random 类创建对象，调用 .Next() 重载方法时，可以产生一个指定范围的随机整数，具体分为以下几种重载情况：

扫码看视频

- .Next()：系统以当前时间为随机数种子，返回一个非负随机整数。
- .Next(int maxValue)：系统以当前时间为随机数种子，返回一个 0 ～ maxValue–1 的随机整数。
- .Next(int minValue, int maxValue)：系统以当前时间为随机数种子，返回一个 minValue ～ maxValue–1 的随机整数。

例 2.20　在抛硬币过程中，统计正面和背面朝上的次数。

项目：Demo_2_20

```
using System;
namespace Demo_2_20
{
    class Program
    {
        static void Main(string[] args)
        {
            Random rand = new Random();        // 使用 Random 类创建随机数对象
            int i = 0;                         // 用来记录正面朝上的次数
            int j = 0;                         // 用来记录背面朝上的次数
            for (int n = 0; n < 100; n++)      // 使用循环模拟 100 次抛硬币的过程
            {
                // 使用 rand.Next(2) 方法产生一个小于 2 的非负随机整数，即产生 0 或 1
```

```
            if (rand.Next(2) == 0)              // 如果产生的随机数值为 0，表示正面朝上
                i++;
            else
                j++;
        }
        Console.WriteLine(" 正面朝上的次数为 " + i);
        Console.WriteLine(" 背面朝上的次数为 " + j);
        Console.ReadLine();
        }
    }
}
```

运行结果如下：

```
正面朝上的次数为 48
背面朝上的次数为 52
```

> **注意：**
>
> 该运行结果在每次运行程序的过程中会不一样。

【程序分析】在模拟抛硬币的过程中，只需要随机产生两个数来表示硬币的正面和反面即可。所以在 rand.Next(2) 中，给定最大整数范围为 2，表示产生的非负随机整数小于 2，所以只会产生 0 或 1 两个整数。在多次运行程序时，会发现每次得到的结果不一样，体现了产生 0 或 1 的随机性。

2. 产生随机浮点数

通过 Random 类的 .NextDouble() 方法，可以返回一个 0 到 1（小于 1）的随机浮点数。如果想生成两个任意值之间的随机浮点数，可以结合 .Next(int minValue, int maxValue) 方法使用。可以通过公式 Random.NextDouble()*(maxValue-minValue)+minValue 进行转换。

例 2.21　随机生成 20 个 10.0 到 15.0 之间的浮点数并输出。

项目：Demo_2_21

```
using System;
namespace Demo_2_21
{
    class Program
    {
        static void Main(string[] args)
        {
            // 创建随机数对象
            Random rand = new Random();
            // 定义数值范围
            int maxValue = 15;
            int minValue = 10;
            // 生成随机浮点数
            for (int i = 1; i <=20; i++)
            {
                double value = rand.NextDouble() * (maxValue - minValue) + minValue;
```

```
           // 输出浮点数并保留两位小数
           Console.Write(Math.Round(value,2)+" ");
           // 每行输出五个浮点数
           if (i % 5 == 0)
               Console.WriteLine();
       }
       Console.ReadLine();
   }
 }
}
```

运行结果如下：

```
11.53  11.25  10.05  13.49  10.03
10.16  11.23  13.43  13.01  10.28
10.86  14.99  14.41  10.16  14.75
11.41  14.81  11.88  14.01  13.92
```

【程序分析】本程序要求生成 10 到 15 之间的随机浮点数，通过公式 rand.NextDouble()*(maxValue - minValue) + minValue 确定浮点数范围，因为 double 型数据会有 15 位有效数字，在这里只保留两位小数输出，所以调用了 Math 的 Round 方法用来确定小数位数。

上述方法是 Random 类的基本使用形式，如果需要返回更复杂的随机数，如返回一个任意的英文字母，或者从一组数据中返回若干个数字或字符等，需要结合 C# 的编程机制灵活使用。

2.5 应用实例：斗地主发牌模拟

在前面的章节中，介绍了 C# 基本的语法知识，本节运用相关基础知识，用程序模拟斗地主发牌过程。

首先，我们需要知道斗地主的基本规则。斗地主时，一副扑克牌（54 张）随机分给三个玩家（各 17 张牌），留三张底牌，最后地主玩家可以拿到三张底牌。在 54 张扑克牌中，包含有黑桃、红桃、梅花和方块四种花色，每种花色 13 张牌，另外有大王、小王各一张。在随机发牌和存储扑克信息的过程中，会充分利用循环和随机数原理进行处理。

编程思路：因为有三个玩家，每个玩家有若干张牌，考虑以数组的方式存储玩家和扑克信息。为了方便识别每张扑克牌的信息，考虑以三位整数的方式表示，左边第一位表示花色，后两位表示数值，故 101、102……113 分别表示红桃 A、红桃 2……红桃 K；201、202……213 分别表示方块 A、方块 2……方块 K；301、302……313 分别表示梅花 A、梅花 2……梅花 K；401、402……413 分别表示黑桃 A、黑桃 2……黑桃 K；514 表示小王；615 表示大王。

从扑克中随机抽取三张作为底牌，记录底牌信息后，在扑克牌数组中将底牌值置为 0。分发扑克时，如果遇到扑克牌信息为 0，则略去该张扑克，每个玩家发 17 张牌。

发牌完成后，排列每个玩家的扑克牌，排列时分别考虑数值和花色。最后，将底牌发给地主玩家，并且显示每个人的扑克牌信息。在显示扑克信息时，应将三位整数还原成具体的扑克牌。由于需要显示三个玩家所有的扑克牌信息，并且要显示底牌的信息，在项目中，我们将显示扑克牌的操作单独封装为类，通过调用对象方法的方式实现。关于类的使用，在第 3 章中会详细介绍。

完整项目代码见项目 Demo_2_22。

项目 Demo_2_22

```
using System;
namespace Demo_2_22
{
  class Program
  {
    static void Main(string[] args)
    {
      int dz, i, j, k, l, a, b, c, temp;   //dz 存储地主信息，a、b、c 用来存储底牌信息
      int[] card = new int[54];          // 定义扑克牌数组
      int[] dp = new int[3];             // 定义三张底牌
      int[,] player = new int[3, 17];    // 二维数组定义每个玩家拿到的扑克牌
      Random Rnd1 = new Random();
      Display display = new Display();
      dz = Rnd1.Next(0, 3);              // 随机选地主
      // 初始化 54 张牌
      for (i = 1; i < 5; i++)            // 花色
        for (j = 1; j < 14; j++)        // 数值
          card[(i - 1) * 13 + j - 1] = i * 100 + j;
      card[52] = 514;                    // 小王
      card[53] = 615;                    // 大王
      // 选底牌
      do
      {
        dp[0] = Rnd1.Next(0, 54);
        dp[1] = Rnd1.Next(0, 54);
        dp[2] = Rnd1.Next(0, 54);
      } while (dp[0] == dp[1] || dp[1] == dp[2] || dp[0] == dp[2]);
      // 记住底牌，并将底牌的值置为 0
      a = card[dp[0]]; card[dp[0]] = 0;
      b = card[dp[1]]; card[dp[1]] = 0;
      c = card[dp[2]]; card[dp[2]] = 0;
      // 洗牌 10 次
      for (i = 0; i <= 10; i++)
        for (j = 0; j < 54; j++)
        {
          k = Rnd1.Next(0, 54);
          temp = card[j];
          card[j] = card[k];
          card[k] = temp;
        }
```

```
// 分牌，每人 17 张
j = 0;
for (i = 0; i < 3; i++)
    for (l = 0, k = 0; j < 54; j++)
    {
        if (card[j] != 0)            // 略去底牌
        {
            if (k == 17) break;
            k++;
            player[i, l] = card[j];
            l++;
        }
    }
// 排列每个人的牌
for (k = 0; k < 3; k++)
{
    for (i = 0; i < 16; i++)         // 排列大小
        for (j = i + 1; j < 17; j++)
        if ((player[k, i] % 100) < (player[k, j] % 100))
        {
            temp = player[k, i];
            player[k, i] = player[k, j];
            player[k, j] = temp;
        }
    for (i = 0; i < 16; i++)         // 排列花色
        for (j = i + 1; j < 17; j++)
            if (((player[k, i] / 100) < (player[k, j] / 100)) && ((player[k, i] % 100) ==
(player[k, j] % 100)))
            {
                temp = player[k, i];
                player[k, i] = player[k, j];
                player[k, j] = temp;
            }
}
Console.WriteLine("--- 斗地主发牌模拟 ---");
Console.WriteLine(" 地主是：player[{0}]", dz);
Console.Write(" 底牌是：");
display.show(a); Console.Write(",");
display.show(b); Console.Write(",");
display.show(c); Console.WriteLine();
// 显示每个玩家的扑克牌
for (i = 0; i < 3; i++)
{
    Console.Write("player[{0}] 的牌是：", i);
    for (j = 0; j < 16; j++)
    {
        display.show(player[i, j]);
        Console.Write(",");
    }
    if (i != dz)          // 不是地主
```

```
                    display.show(player[i, j]);
                else              // 是地主，发给三张底牌
                {
                    display.show(player[i, j]); Console.Write(",");
                    display.show(a); Console.Write(",");
                    display.show(b); Console.Write(",");
                    display.show(c);
                }
                Console.WriteLinc();
            }
            Console.ReadLine();

        }
    }
    // 定义 Display 类，封装显示扑克牌的方法
    class Display
    {
        public void show(int a)           // 显示扑克牌
        {
            string s = "";
            int i, j;
            i = a / 100;
            j = a % 100;
            switch (i)
            {
                case 1: s = Convert.ToString('\x0003'); break;    // 红桃
                case 2: s = Convert.ToString('\x0004'); break;    // 方块
                case 3: s = Convert.ToString('\x0005'); break;    // 梅花
                case 4: s = Convert.ToString('\x0006'); break;    // 黑桃
                case 5: s = "SK"; break;                          // 小王
                case 6: s = "BK"; break;                          // 大王
            }
            switch (j)
            {
                case 1: s = s + "A"; break;
                case 11: s = s + "J"; break;
                case 12: s = s + "Q"; break;
                case 13: s = s + "K"; break;
                case 14: break;
                case 15: break;
                default: s = s + j.ToString(); break;
            }
            Console.Write(s);
        }
    }
}
```

运行结果如图 2-6 所示。

图 2-6　斗地主发牌模拟效果图

 本章小结

　　本章主要介绍了 C# 中的基本语法知识，包括数据类型、变量常量、语句等，并阐述了随机数和异常处理机制的基本应用方式。通过最后模拟斗地主实例的介绍，将基础语法知识完整地融合在一起。通过本章的学习，读者应对 C# 语言的基本语法结构有了一定的了解，能够编写一些简单的程序。

习题

一、选择题

1. 在 C# 中，表示一个字符串的变量应使用以下哪条语句定义（　　　）。

　　A．CString str;　　　　　　　　　　B．string str;

　　C．Dim str as string;　　　　　　　D．char*str;

2. 在 C# 语言中，if 语句中的判断表达式（　　　）。

　　A．必须是逻辑表达式

　　B．可以是任意有效表达式

　　C．必须是逻辑或关系表达式

　　D．必须是关系表达式

3. 以下哪条语句正确定义了一个数组（　　　）。

　　A．int array=new int[10];　　　　B．int[] array=new int[];

　　C．int[] array=new int(10);　　　D．int[] array=new int[10];

4. C# 中的引用类型主要有四种：类类型、数组类型、接口类型和（　　　）。

　　A．对象类型　　　　　　　　　　　B．字符串类型

　　C．委托类型　　　　　　　　　　　D．整数类型

5. 将变量从字符串类型转换为数值类型可以使用的类型转换方法是（　　　）。

A．Str()　　　　　B．Cchar()　　　　　C．CStr()　　　　　D．int.Parse()

6．字符串的连接运算符包括 & 和（　　　）。

A．+　　　　　　B．-　　　　　　　　C．*　　　　　　　D．/

7．定义一个 10 行 20 列的二维整型数组，正确的定义格式为（　　　）。

A．int[] arr=new int[10,20];　　　　　B．int[] arr=int new[10,20];

C．int[,] arr=new int[10,20];　　　　　D．int[,] arr=new int[20,10];

8．下列选项中，哪一个变量名的定义不合法（　　　）。

A．Abc　　　　　　B．my_value　　　　C．_myValue　　　　D．class

9．在 C# 程序中，下列用来处理异常的结构，错误的是（　　　）。

A．try{} catch{} finally{}　　　　　　B．try{} finally{}

C．catch{}finally{}　　　　　　　　　D．try{} catch{}

10．float 类型的值可以隐式转换成（　　　）类型的值而保持值不被改变。

A．char　　　　　B．double　　　　　C．long　　　　　　D．int

二、编程题

1．输入四个整数，要求按从小到大的顺序输出。

2．求 $\sum_{n-1}^{20} n!$（即求 1!+2!+3!+…+20!）。

3．使用冒泡排序法对一维整型数组进行排序。

4．用数组处理 Fibonacci 数列问题。

5．将一个 2×3 的二维数组 a 的行和列元素互换，存到一个 3×2 的二维数组 b 中。

第3章

C# 面向对象程序设计

学习目标

- 了解面向对象程序设计的基本思想。
- 掌握类的定义、对象的声明、类的成员和泛型类的使用。
- 掌握封装、继承和多态等特性，掌握虚方法、抽象方法和函数重载等应用。
- 掌握接口、委托和事件的处理机制。

3.1 类

C# 是一门纯粹的面向对象的程序设计语言。什么是面向对象呢？我们在前面介绍过，C# 由 C 语言和 C++ 演化而来，C 语言是一种基于过程的编程语言，采用自顶向下结构化的设计思想，详细描述程序中的数据结构和对数据的操作。而面向对象的程序设计思路，更符合实际生活情况。比如生产一辆汽车，在基于过程的思路生产时，首先生产引擎，然后生产车轮，再生产车身，一步一步往下进行。在生产过程中，把汽车看作是一个整体单元，如果需要改进其中的某个部分，则需要对整体进行修改。在面向对象的设计思路中，会把汽车拆分为多个模块，把引擎当作一个对象，车轮当作另一个对象，有单独生产引擎的工厂，也有单独生产车轮的工厂，各司其职。在生产汽车时，只需要将各个对象组装起来。如果需要改进其中的某个部分，只需要对单独的模块进行更新和替换。当然，在组装的过程中，需要建立对象之间的联系，以便能正常驱动汽车行驶。这就是面向对象程序设计的基本思想。在学习面向对象程序设计时，首先需要了解以下几个概念：

（1）对象。客观世界里的一切事物都是对象。不管是一个学校、一个班级这样客观存在的事物，还是一个数组、一组程序操作这种逻辑结构，都可以看作是一个对象。在对象中，封装了与之相关的属性和行为。例如，一个班级可以看作是一个对象，该班级所属专业、学生人数、班长信息等都是班级的静态特征，是该对象的属性。该班级同学去教室上课、参加比赛活动等都是班级的动态特征，是该对象的行为。而外部可以通过发送指令的方式对班级行为产生影响，如通知几点到哪个教室参加班会。在一个系统中，要建立多个对象间的联系，使对象实现某种行为，都需要向对象发送消息。在面向对象程序设计中，数据体现了对象的属性，实现特定功能的方法（函数）则体现了对象的行为，而调用方法的过程就是传递消息实现对该对象的操作。

（2）类。将具有相同或相似性质的对象抽象出本质，就形成类。例如，有一个包含五个整数的整型数组，一个包含十个整数的整型数组，分别需要求每个数组元素的最大值，对于 n 个不同长度的整型数组，可以创建整型数组类，把求最大值的操作封装在类中。再根据类创建具体的数组对象调用类中求最大值的方法即可。所以可以说，类是对象的抽象，而对象是类的具体实例。通常情况下，类本身不包含具体数据，使用类创建实例化对象后，对象才具有具体的属性数据值。在编写程序时，类是面向对象程序设计的最基本的构成单位。

（3）封装。面向对象程序设计的一个重要特点就是"封装性"。封装包含两个方面的含义，一是在对象中封装与之相关的数据和操作，使各个对象彼此独立，互不干扰；二是将对象中的某些信息对外隐藏，只留下接口，使外界能对接口发送指令，但不会了解接口对应的实现细节。

（4）继承。面向对象程序设计提供继承机制。使用继承，可以简化程序，提高程序的复用性。所谓继承，是指在已有类的基础上增加一些属性和行为，建立一个新的类，使新类可以继承已有类的特性，同时能加入新的特性，建立具有特定属性和功能的类。

例如，已经定义了一个形状类具有某个颜色属性，在此基础上，可以分别定义三角形类、矩形类、圆形类，它们继承了形状类的基本颜色特征，并增加各自特有的属性特征，形成特定的类。

（5）多态。多态是面向对象程序设计的另一重要特点。多态表示对于同一种方法，在应用于不同类的不同实例对象时，能产生不同的结果，是在程序运行时才决定具体调用方法中的哪种操作，体现的是对接口的重用。例如，分别定义了三角形类和矩形类，对于三角形对象和矩形对象都有求面积的相同操作（相同方法名），但是对于三角形和矩形求面积的具体执行公式不同，需要针对具体形状对象来选取，这就体现了类的多态性。

在了解了面向对象程序设计的基本概念后，再具体来看 C# 中面向对象程序设计相关的定义和实现。

3.1.1　类的定义

类是面向对象程序设计最基本的模块，与理解面向对象的思想稍有不同，在编写程序时，要先定义类，再使用类来创建实例化对象。在前面的章节中，编写程序时都已反复使用类，在这里具体介绍 C# 中类的使用规则。在 C# 中，创建新类时要使用类的声明，类需要以 class 开头，其基本的声明格式为：

```
[ 访问修饰符 ] class 类名
{
    [ 访问修饰符 ]< 数据类型 > 数据成员；
    [ 访问修饰符 ]< 返回值类型 > 方法名；
}
```

定义类时，类中可以包含一个或多个属性、方法、事件或嵌套类等成员，也可以没有成员。其中，访问修饰符指定了对类和其成员的访问权限规则，不指定时使用默认权限。类的默认访问权限是 internal，成员的默认访问权限是 private。数据类型指定了数据成员的变量类型，返回值类型指定了方法（函数）的返回值类型。类的访问修饰符有以下几种：

- private：私有访问。表示仅限于本类成员可以访问和调用。
- public：公有访问。无访问限制，可以被该程序集或其他任意程序集的类所访问。
- internal：内部访问。在该程序集中，所有的类均可以访问。
- protected：受保护访问。能被该类或该类的派生类所访问（能够跨程序集被访问）。

在 C# 中，一般情况只能有一种访问修饰符，但有一种情况例外，可以定义修饰符为 protected internal，实际上表示的含义是 protected or internal，能被本程序集所有类或其他程序集从该类继承的子类所访问。

下列程序段是对一个类的简单定义：

```
class Date          // 类名为 Date
{
```

```
                    // 字段、属性、方法、构造函数等成员
        }
```

> **注意：**
>
> 在定义类名时，一般会将类名的首字母大写，做到见名知意，请读者养成良好的编程习惯。大括号内没有写具体定义内容，会在后面章节内进行补充和完善。

在定义了 Date 类后，可以使用 new 关键字创建一个具体的 Date 类的对象，创建方式为：

```
date = new Date();
```

date 是对象名，使用 new 关键字，创建了一个 Date 类型的对象。

3.1.2　类的成员

C# 类的成员包括常量、字段、属性、方法、事件、索引、构造函数、析构函数和嵌套的类等。所有的常量、字段、方法、属性和事件都必须在类的内部进行声明。

1.　常量

常量是在程序编译过程中不会改变的值，C# 中需要用 const 声明，在类中声明时要初始化常量的值，常量的声明格式为：

```
[ 访问修饰符 ] const 常量的数据类型 常量名 = 常量值 ;
```

例如，一年有 12 个月，在类中声明月份时，可以用常量表示：

```
class Year
{
    public const int months=12;
}
```

2.　字段

字段用来存储和对象相关的一些数据，声明方式和普通变量的声明方式类似，需要在变量前面加上访问修饰符，习惯上会将字段声明放在类中的最前面。字段声明的基本格式为：

扫码看视频

```
[ 访问修饰符 ] 数据类型 字段名 ;
```

例如：

```
class Date
{
    private int day;            // 定义私有成员 day，表示日期
}
```

3.　属性

在类中定义字段时，通常会把字段定义为私有成员，不让外界随便访问和修改。针对字段，可以定义"属性"，用来设置和获取字段值。属性的声明格式为：

```
[ 访问修饰符 ] 类型属性名
{
        get{return 字段名 ;}
        set{ 字段名 = value;}
}
```

在属性声明中，通过执行 get 访问器的代码读取属性值，通过执行 set 访问器的代码设置属性值，value 是给属性赋的值。

例如：

```
class Date
{
    private int day;              // 定义私有成员 day，表示日期
    public int Day
    {
        get{ return day;}        // 读取字段 day 的值
        set{ day=value;}         // 设置字段 day 的值
    }
}
```

在上述程序段中，通过设置 Day 属性，使对象外部可以通过属性访问到 Date 类中的私有成员 day。

> 注意：
>
> 属性名和访问字段名相关但不相同，通常情况下，字段名用小写字母开头，而属性名会用大写字母开头。

例 3.1　属性的使用：创建日期类，设置日期并输出。

项目：Demo_3_1

```
using System;
namespace Demo_3_1
{
    // 定义日期类
    class Date
    {
        private int day;                          // 定义私有成员 day，表示日期
        public int Day                            // 定义属性 Day
        {
            get {return day; }
            set
            {
                if (value > 0 && value < 8)        // 判断设置的天是否为 1 ～ 7
                    day = value;
            }
        }
    }

    class Program
    {
```

```
        static void Main(string[] args)
        {
            Date date = new Date();              // 创建日期对象
            date.Day = 3;
            Console.WriteLine(" 今天星期 " + date.Day);
            Console.ReadLine();
        }
    }
}
```

运行结果如下：

今天星期 3

【程序分析】本例通过属性设置和获取日期值定义了日期类。在设置值的时候，对值的范围进行了判断，如果为 1 ～ 7，就赋值给字段；如果没有设置 1 ～ 7 的值，就通过 get 代码器获取 0。请读者思考：如何能保证设置的值一定是正确的而不会获取到 0 呢？

4. 方法

方法是用来实现一定功能的相对完整的代码块，也称为函数，由类或对象执行和操作。对于类中的私有字段而言，外部对它们的操作需要通过方法来实现。声明方法的基本格式为：

```
[ 方法修饰符 ] 返回值类型 方法名 ([ 参数列表 ])
{
    // 执行操作
}
```

关于方法和类的修饰符规则，详见表 3-1。

表 3-1　修饰符介绍

修饰符类型	修饰说明
private	私有成员，只能在声明该成员的类和结构体中访问
public	公共成员，不受任何访问限制
protected	受保护成员，由所在类成员和派生类可以访问
internal	内部成员，可以被同一程序集的文件访问
partial	局部类型，允许将类、结构或接口分成几个部分，分别在几个不同的 .cs 文件中实现
new	表示类中隐藏了由基类继承而来的与基类同名的成员
static	静态成员，声明属于类型本身而不属于特定对象
virtual	虚拟函数，用于修饰方法、属性、事件和索引，使它们在派生类中能够被重写
override	用于扩展或修改继承的方法、属性、事件和索引器，以及事件的抽象实现或虚拟实现
abstract	抽象成员，只写定义不写实现。定义抽象类只能作为基类，不能创建实例对象，抽象方法必须通过由抽象类派生的类来实现
extern	用于声明在外部实现的方法
sealed	密封类，指定类不能被继承

方法中参数列表可以包含一个或多个参数，也可以没有参数。方法的返回值类型决定了由该方法执行返回的数据类型，如果没有返回值，声明为 void 类型。

例 3.2　不含参数的方法定义。

项目：Demo_3_2

```
using System;
namespace Demo_3_2
{
    class Date
    {
        private int day;                    // 定义日期
        public int Day                      // 定义属性
        {
            get { return day; }
            set
            {
                if (value > 0 && value < 8)  // 判断设置的天是否为 1 ～ 7
                    day = value;
            }
        }
        public void ShowDay()               // 定义无参方法
        {
            Console.WriteLine(" 今天星期 " + day);
        }

    }
    class Program
    {
        static void Main(string[] args)
        {
            Date date = new Date();         // 创建对象
            date.Day = 3;                   // 设置对象属性值
            date.ShowDay();                 // 调用 Date 类的 ShowDay 方法输出对象的日期
            Console.ReadLine();
        }
    }
}
```

运行结果如下：

```
今天星期3
```

【程序分析】程序中定义了 Date 类，除了定义字段和属性以外，还定义了一个 ShowDay() 方法，执行输出 day 的操作。ShowDay() 方法在类的内部定义，可以直接访问类的私有字段成员 day。方法中不含参数时，执行方法中的语句操作，不返回值。在项目主函数 Main(string[]args) 中，使用 Date 类创建了实例化的对象，对象可以具体引用类的方法，得到该对象所表示的日期。

在方法中，如果含有参数，在调用方法时，需要向参数传递数据的值或传递数据的地址。

例 3.3　按值传递参数的方法调用。

项目：Demo_3_3

```
using System;
namespace Demo_3_3
{
    class Program
    {
        // 定义 Sum 方法，返回两个整数的和
        public int Sum(int x, int y)
        {
            return x + y;
        }
        static void Main(string[] args)
        {
            Program p = new Program();          // 使用类创建对象 p
            Console.WriteLine(p.sum(20, 30));    // 输出对象 p 调用 Sum 方法得到的返回值
            Console.ReadLine();
        }
    }
}
```

运行结果如下：

　　50

【程序分析】本例中，直接在 Program 中定义了 Sum() 方法，Sum() 方法中有两个整型参数。由于 Sum 是非静态方法，只能由对象访问，所以在 Main(string[]args) 函数中，首先创建了 Program 类型的对象 p。p 调用 Sum 方法时，将实参 20 复制一份传递给形参 x，实参 30 复制一份传递给形参 y，执行 Sum 中的语句操作，返回结果后给函数调用的位置被输出，如图 3-1 所示。

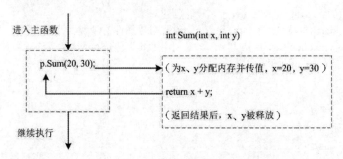

图 3-1　值传递的方法调用过程

如果想直接在类中引用方法，而不通过创建对象实例，可以把方法修改为静态方法，用 static 修饰方法，将上述程序中方法的实现部分修改为：

```
public static int Sum(int x, int y)          // 定义静态 Sum 方法，返回两个整数的和
{
    return x + y;
}
static void Main(string[] args)
```

```
        {
            Console.WriteLine(Program.Sum(20, 30));    // 通过类名引用方法
            Console.ReadLine();
        }
```

在按值传递参数的过程中，实际上传递的是实参数据的副本，是实参向形参单向传递的过程。如果方法中修改了参数值，修改结果不会影响实参数据本身。如果希望方法中对参数的修改可以影响到实参数据，则可以使用 ref 关键字进行引用传递。

使用 ref 关键字，将其放在需要传递的变量前，表示把实参数据的存储地址传递给形参变量，形参和实参实际上为同一内存的数据。在程序的执行过程中，如果形参数据发生修改，也会影响实参数据。

例 3.4　调用方法比较两个整数的大小。

项目：Demo_3_4

```
using System;
namespace Demo_3_4
{
    class Program
    {
        // 定义静态方法，比较两个整数的大小，按从小到大的顺序输出
        public static void Swap(ref int x, ref int y)
        {
            if (x > y)
            {
                int temp = x;
                x = y;
                y = temp;
            }
            Console.WriteLine(" 从小到大的顺序为：{0}，{1}", x, y);
        }
        static void Main(string[] args)
        {
            int i, j;
            Console.WriteLine(" 请输入两个整数：");
            i = Convert.ToInt32(Console.ReadLine());    // 将输入字符串转换为整数存放在 i 中
            j = Convert.ToInt32(Console.ReadLine());    // 将输入字符串转换为整数存放在 j 中
            Program.Swap(ref i, ref j);                 // 使用类名调用类的静态方法
            Console.ReadLine();
        }
    }
}
```

运行结果如下：

```
请输入两个整数：
50
35
从小到大的顺序为：35，50
```

【程序分析】在调用 Swap 方法时，参数前加上 ref，传递的是地址，所以 i 的内存地址传递给形参 x，j 的内存地址传递给形参 y，当 x 和 y 所在地址存储的值发生交

换时，实际也是交换了 i 和 j 存储的值。

如果方法定义了返回值类型，函数体中的 return 语句只能返回一个值。想要实现多个数据的返回，可以使用 out 修饰符声明参数。out 表示输出参数，使用 out 关键字时，可以不对实参赋初值。

例 3.5 out 关键字的使用。

项目：Demo_3_5

```
using System;
namespace Demo_3_5
{
    class Program
    {
        // 定义数学方法，求两个整数的和与商
        public static void Maths(int x, int y, out int sum, out int divide)
        {
            sum = x + y;
            divide = x / y;
        }
        static void Main(string[] args)
        {
            int s, d;
            Maths(10, 5, out s, out d);
            Console.WriteLine(" 两数的和是 {0}，商是 {1}",s,d);
            Console.ReadLine();
        }
    }
}
```

运行结果如下：

两数的和是 15，商是 2

【程序分析】程序中，Maths 方法的形参 sum 和 divide 使用了 out 关键字定义为输出参数，计算求得的值能够在调用方法后传回给实参输出。实参调用 Maths 方法时，10 传递给形参 x，5 传递给形参 y，s 传递给形参 sum，d 传递给形参 divide，s 和 d 可以不定义初值。

在调用方法时，如果预先不能确定参数的个数和数据类型等，可以使用 params 关键字。params 关键字指定方法中的最后一个输入参数为参数数组，如系统类 System. Console 就是对参数数组的引用。

```
public class Console
{
    public static void Write(string fmt, params object[]args){……}
    public static void WriteLine(string fmt, params object[]args){……}
}
```

5. 构造函数和析构函数

在类的方法中，有两种特殊的成员函数——构造函数和析构函数。构造函数用来对对象的数据成员进行初始化操作，而析构函数用于回收对象资源，释放对象所占用的内存空间。通常情况下，创建一个对象，其生命周期从构造函数开始，到析构函数结束。

构造函数没有返回值类型，与类名同名，可以带参数，也可以不带参数，能够被重载，从而提供初始化对象的不同方法。如果没有声明构造函数，系统会默认创建一个函数体为空的构造函数，创建对象时会被自动调用。

一个类中只能有一个析构函数，析构函数不能有参数，与类名同名，需要在函数名前加上取反符号"~"，表示其作用和构造函数相反。如果定义析构函数，在销毁对象时自动被调用。由于 C#提供了自动内存管理机制，资源释放可以通过"垃圾回收器"自动完成，一般可以不再单独定义析构函数，如需在销毁对象时执行一些特殊任务，才自定义析构函数。

例 3.6　定义构造函数和析构函数。

项目：Demo_3_6

```csharp
using System;
namespace Demo_3_6
{
    class Date
    {
        private int day;                        // 定义日期
        public int Day                          // 定义属性
        {
            get { return day; }
            set
            {
                if (value > 0 && value < 8)      // 判断设置的天是否为 1 ～ 7
                    day = value;
            }
        }
        // 定义无参构造函数
        public Date()
        {
            day = 5;
        }
        // 定义有参构造函数
        public Date(int d)
        {
            day = d;
        }
        public void ShowDay()                    // 定义无参方法
        {
            Console.Write(day);
        }
        // 定义析构函数
        ~Date()
        {
            Console.WriteLine(" 对象被释放 !");
```

```
        }
    }
    class Program
    {
        static void Main(string[] args)
        {
            Date date1 = new Date();          // 创建对象，调用无参构造函数
            date1.Day = 2;                    // 通过属性设置 day 的值
            Date date2 = new Date();          // 创建对象，调用无参构造函数
            Date date3 = new Date(1);         // 创建对象，调用有参构造函数
            Console.Write("date1 is ");
            date1.ShowDay();
            Console.WriteLine();
            Console.Write("date2 is ");
            date2.ShowDay();
            Console.WriteLine();
            Console.Write("date3 is ");
            date3.ShowDay();
            Console.WriteLine();
            Console.ReadLine();
        }
    }
}
```

运行结果如下：

```
date1 is 2
date2 is 5
date3 is 1
```

【程序分析】本例中，分别定义了无参构造函数、有参构造函数，以及属性设置字段 day 的值。实例化对象时，系统根据对象实参列表，自动选择调用哪一个构造函数初始化数据值。在初始化对象后，可以根据属性修改字段的值。

在上述程序中，用到了构造函数的重载。除了构造函数，其他方法也有重载。所谓重载，是指在类中存在有多个方法名相同，但各方法中参数的数据类型不同、参数个数不同或参数顺序不同的情况，在调用时，编译器可以根据实参的类型、个数等判断调用哪种方法。

例 3.7 方法重载调用。

项目：Demo_3_7

```
using System;
namespace Demo_3_7
{
    class Program
    {
        // 定义重载的 Sum 方法
        public static int Sum(int x, int y)
        {
            return x + y;
        }
```

```
        public static int Sum(int x, int y, int z)
        {
          return x + y + z;
        }
        public static double Sum(int x, int y, double a)
        {
          return x + y + a;
        }
        static void Main(string[] args)
        {
          int x = 5;
          int y = 10;
          int z = 15;
          double a = 10.5;
          Console.WriteLine("x+y=" + Sum(x, y));
          Console.WriteLine("x+y+z=" + Sum(x, y, z));
          Console.WriteLine("x+y+a=" + Sum(x, y, a));
          Console.ReadLine();
        }
      }
    }
```

运行结果如下：

```
    x+y=15
    x+y+z=30
    x+y+a=25.5
```

【程序分析】本例中，定义了三个 Sum 方法：第一个 Sum 方法中，形参为两个整数；第二个 Sum 方法中，形参为三个整数；第三个 Sum 方法中，形参为两个整数、一个实数。调用 Sum 方法时，系统根据给定实参的个数和类型而自动选择了对应的 Sum 方法执行。

3.1.3　泛型类

在编写程序时，经常会遇到要编写两个功能模块相似而数据类型不同的方法，为了解决这个问题，我们可以使用泛型。泛型（Generic）允许在编程时编写一个只考虑操作而不考虑参数类型的方法。当编译器遇到类的构造函数或方法的调用时，可以生成代码来处理指定的数据类型。使用泛型，可以帮助最大限度地重用代码，保护类型的安全并提高程序性能。

在创建控制台应用程序时，每个应用程序都自动包含了 using.System.Collections. Generic 的命名空间，这个名称空间实际上包含了用于处理集合的泛型类型。在泛型类型中，主要有两种形式：List<T> 类型表示 T 类型对象的集合；Dictionary<K,V> 表示与 K 类型的键值相关的 V 类型的项的集合。

1. 定义泛型类

定义泛型类时，参照定义类的方法，只是需要在类名后添加 <T>，其基本格式为：

```
    class 泛型类名 <T>
```

```
    {
        // 泛型类体
    }
```

在声明泛型类时，也可以给泛型加上一定的约束，用来满足一些特定的条件要求。例如：

```
class 泛型类名 <T> where T:new()
    {
        // 泛型类体
    }
```

泛型约束条件包括：

- T: 结构：表示类型参数必须是值类型。
- T: 类：表示类型参数必须是引用类型，如数组、类、接口、委托等。
- T:new()：表示类型参数必须具有无参数的公共构造函数。当与其他约束一起使用时，new() 约束必须最后指定。
- T:< 基类名 >：表示类型参数必须是指定的基类或派生自指定的基类。
- T:< 接口名称 >：表示类型参数必须是指定的接口或实现指定的接口。可以指定多个接口约束。约束接口也可以是泛型的。
- T:U：表示为 T 提供的类型参数必须是为 U 提供的参数或派生自为 U 提供的参数，这称为裸类型约束。

泛型类可以在定义中包含任意多个类型，定义后可以在类中像使用其他类型一样使用它们，如果包含多个类型，可以用逗号分开，其定义为：

```
class 泛型类名 <T1,T2,T3>
    {
        // 泛型类体
    }
```

T 是类型参数，可以看作是一个占位符，而不是一个具体的类型，它只代表了某种可能的类型。在定义泛型后，使用 T 的位置可以使用任何类型来替代。T 可以当作成员变量的类型、属性或方法等成员的返回类型及方法参数类型等。

例 3.8　使用泛型类定义数组，分别输出一个整型数组和一个字符数组数据。

项目：Demo_3_8

```
using System;
namespace Demo_3_8
{
    // 声明一个数组的泛型类
    class GenericArray<T>
    {
        private T[] array;                    // 定义数组，不指定类型
        public GenericArray(int size)         // 构造函数，初始化数组
        {
            array = new T[size + 1];
        }
        public void SetItem(int index, T value)  // 定义方法，设置索引元素值
```

```
        {
            array[index] = value;
        }
        public T GetItem(int index)              // 定义方法，返回索引元素值
        {
            return array[index];
        }
    }
    class Program
    {
        static void Main(string[] args)
        {
            Console.WriteLine(" 输出整型数组： ");
            // 声明一个整型数组
            GenericArray<int> intArray = new GenericArray<int>(5);
            // 设置数组元素值
            for (int i = 0; i < 5; i++)
            {
                intArray.SetItem(i, i*5 + 1);
            }
            // 输出整数数组值
            for (int i = 0; i < 5; i++)
            {
                Console.Write(intArray.GetItem(i) + "  ");
            }
            Console.WriteLine();
            Console.WriteLine(" 输出字符型数组： ");
            // 声明一个字符型数组
            GenericArray<char> charArray = new GenericArray<char>(10);
            // 设置数组元素值
            for (int i = 0; i < 10; i++)
            {
                charArray.SetItem(i, (char)(i + 97));
            }
            // 输出字符数组的值
            for (int i = 0; i < 10; i++)
            {
                Console.Write(charArray.GetItem(i) + " ");
            }
            Console.WriteLine();
            Console.ReadLine();
        }
    }
}
```

运行结果如下：

```
输出整型数组：
1  6  11  16  21
输出字符型数组：
a b c d e f g h i j
```

【程序分析】本例使用了泛型类定义了一个数组类，在该数组类中没有指定数组类型，只指定了通用的设置和获取数组元素值的方法。在主函数中，具体替换了数组类型，并分别输出整型数组和字符型数组的元素值。

2. 定义泛型方法

在使用泛型时，也可以通过类型参数 T 声明泛型方法，在方法中不指定具体的参数类型，而是以 T 类型参数替代。

例 3.9   定义泛型方法，实现任意类型的两个数据位置的交换。

项目：Demo_3_9

```
using System;
namespace Demo_3_9
{
    class Program
    {
        // 定义泛型方法
        static void Swap<T>(ref T x, ref T y)
        {
            T temp;
            temp = x;
            x = y;
            y = temp;
        }
        static void Main(string[] args)
        {
            int a, b;
            Console.WriteLine(" 输入两个整数： ");
            a = int.Parse(Console.ReadLine());
            b = int.Parse(Console.ReadLine());
            Swap<int>(ref a, ref b);
            Console.WriteLine(" 交换位置后的两个整数为： {0}， {1}",a,b);
            string str1, str2;
            Console.WriteLine(" 输入两个字符串： ");
            str1 = Console.ReadLine();
            str2 = Console.ReadLine();
            Swap<string>(ref str1, ref str2);
            Console.WriteLine(" 交换位置后的两个字符串为： {0}， {1}", str1, str2);
            Console.ReadLine();
        }
    }
}
```

运行结果如下：

```
输入两个整数：
10
20
交换位置后的两个整数为：20，10
输入两个字符串：
abc
```

def

交换位置后的两个字符串为：def，abc

【程序分析】程序中定义了泛型方法 Swap<T>(ref T x, ref T y)，ref 表示引用方式传递参数，所以形参修改参数可以影响实参。T 表示类型参数，没有指定参数类型，在主函数中需要调用 Swap 方法时，用具体类型替代了 T。

3.2　继承与多态

3.2.1　继承

扫码看视频

C# 中提供了继承机制，允许一个类在保留了已有类的属性方法的基础上，再根据自身需要定义新的属性和方法。其中，被继承的类称为父类或基类，由父类派生出的新类称为子类或派生类。

在 C# 中只支持单继承，即一次只允许继承一个父类，不能同时存在多个父类。但一个父类可以有多个子类，子类也可以成为其他类的父类。例如，定义交通工具类为父类，可以分别定义飞机类、汽车类、轮船类作为交通工具的子类。而汽车类又可以派生出公共汽车类、轿车类等。交通工具类的继承关系如图 3-2 所示。

图 3-2　交通工具类的继承关系

定义继承时需要用 "：" 表示继承关系，基本的定义格式为：

```
[ 访问修饰符 ] class 子类名：父类名
{
   // 子类具体定义
}
```

在继承机制里，类成员的访问权限问题非常重要。是不是子类继承了父类后，就能访问父类的所有成员呢？答案是否定的。子类不能访问父类的 private 成员，只能访问父类的 public 成员和 protected 成员。

除了定义成员的访问权限以外，还可以为成员定义其继承行为。在父类定义中，父类的成员可以为虚成员（virtual），由子类成员重写和执行代码。另外，父类也可以定义为抽象类，在父类中没有执行代码，不能创建对象，由子类添加执行代码后再创建对象。

例 3.10 继承的基本使用。

项目：Demo_3_10

```csharp
using System;
namespace Demo_3_10
{
    // 定义父类 People
    class People
    {
        private string name;                    // 姓名
        private int age;                        // 年龄
        public People(string name, int age)     // 有参构造函数
        {
            this.name = name;
            this.age = age;
        }
        public virtual void Show()              // 定义虚方法输出个人信息
        {
            Console.WriteLine(" 输出个人信息： ");
            Console.WriteLine(" 姓名： " + name); // 输出姓名
            Console.WriteLine(" 年龄： " + age);  // 输出年龄
        }
    }
    // 定义子类
    class Gender : People
    {
        private char sex;                       // 性别
        // 子类构造函数，调用了父类有参构造函数
        public Gender(string name, int age, char sex)
            : base(name, age)
        {
            this.sex = sex;
        }
        public void ShowSex()
        {
            Console.WriteLine(" 性别： " + sex);   // 输出性别
        }
    }
    class Program
    {
        static void Main(string[] args)
        {
            Gender person = new Gender(" 张三 ", 18, 'F');
            person.Show();                      // 调用基类 Show() 方法
            person.ShowSex();                   // 调用子类 ShowSex 方法
            Console.ReadLine();
        }
    }
}
```

运行结果如下：

输出个人信息：
姓名：张三
年龄：18
性别：F

【程序分析】本程序中定义了父类 People，定义了姓名和年龄字段（私有成员），定义了 Show() 方法输出姓名和年龄。在子类中增加了性别字段，定义了 ShowSex() 方法输出性别。在使用子类创建对象时，它继承了父类的属性和方法，可以直接访问父类的 Show() 方法。在继承过程中应注意，父类中定义了有参构造函数，用来初始化字段 name 和 age 的值。子类不能直接继承父类的构造函数，但可以调用父类构造函数。在调用基类构造函数时，可以用 ":base(参数)" 的方法，向父类构造函数传递参数调用。

3.2.2　多态

多态是面向对象程序设计中的另一个重要特点。继承可以对已有程序代码进行扩展，提高代码重用性。而多态则体现在对父类中已有方法的重写和改写，以实现不同对象的特定功能。多态可以简单地概括为"一个接口、多种方法"，在程序运行的过程中，根据不同类的具体对象决定调用哪种方法。

扫码看视频

在 C# 中，多态的实现主要通过在父类中定义虚方法（使用 virtual 修饰符）和抽象方法（使用 abstract 修饰符），在子类中对方法进行重写（使用 override 修饰符）来实现。

在子类中定义与父类中方法名相同、所带参数也相同的成员方法时，可以使用 new 关键字隐藏父类中的方法。

例 3.11　多态的基本使用。

项目：Demo_3_11

```
using System;
namespace Demo_3_11
{
  class People
  {
    public virtual void Eat()          //virtual，虚方法
    {
      Console.WriteLine("People Eat");
    }
    public void Speak()                // 非虚方法
    {
      Console.WriteLine("People Speak");
    }
  }
  class Chinese : People
  {
    public override void Eat()         //override，重写虚方法
    {
```

```
            Console.WriteLine(" 中国人用筷子吃饭 ");
        }
        public new void Speak()        //new，隐藏父类的方法
        {
            Console.WriteLine(" 中国人说中文 ");
        }
    }
    class American : People
    {
        public override void Eat()        //override，重写虚方法
        {
            Console.WriteLine(" 美国人用刀叉吃饭 ");
        }
        public new void Speak()        //new，隐藏父类的方法
        {
            Console.WriteLine(" 美国人说英文 ");
        }
    }
    class Program
    {
        static void Main(string[] args)
        {
            People[] a = new People[2];
            a[0] = new Chinese();          // 父类指向子类实例
            a[1] = new American();          // 父类指向子类实例
            foreach (People p in a)
            {
                p.Eat();                  // 若方法是虚方法，调用子类方法
                p.Speak();                // 若方法不是虚方法，调用父类方法
            }
            Console.ReadLine();
        }
    }
}
```

运行结果如下：

```
中国人用筷子吃饭
People Speak
美国人用刀叉吃饭
People Speak
```

【程序分析】

（1）本例是一个比较简单的多态情况，定义了父类 People，定义了子类 Chinese 和 American，继承自 People。

（2）父类中定义了虚方法 Eat()，子类中可以重写 Eat() 方法，重写虚方法时，应在方法名前添加 override。父类中定义了非虚方法 Speak()，子类中可以隐藏父类的方法，应在方法名前添加 new。

（3）主函数中，创建了 People 类型的数组 a[]，a[0] 指向 Chinese 对象，a[1] 指向 American 对象，使用循环调用 Eat() 方法和 Speak() 方法。因为 Eat() 方法是虚方法，所以调用子类的方法；而 Speak() 方法是非虚方法，所以调用父类的方法。

注意：

（1）在 C# 中，继承、虚方法和重写方法结合在一起使用，才能体现出面向对象程序设计的多态性。

（2）同一方法声明中，virtual 修饰符不能和 private、static、abstract 和 override 同时使用。

（3）override 修饰符不能和 new、static 同时使用，只能在重写父类中的虚方法或抽象方法时使用。

3.2.3　抽象类

在讨论继承和多态的过程中，抽象的概念必不可少。比如交通工具类，在不明确指代特定的交通工具时，其实可以说是一个抽象的概念，例如，"交通工具→汽车→公共汽车"就是从抽象到具体逐步细化的过程，而在细化的过程中，方法也会有千差万别。越是处于顶层的类，往往抽象程度越高。所以在声明父类时，可以声明为抽象类，在抽象类中，声明不包含具体实现的抽象方法。

扫码看视频

在父类中，只要包含了一个抽象方法，该类即为抽象类。声明抽象类和抽象方法都需要使用 abstract 关键字，基本的声明格式为：

```
[ 访问修饰符 ] abstract 类名
{
   [ 访问修饰符 ] abstract 返回值类型 方法名 ( 参数列表 );        // 抽象方法
}
```

抽象方法没有具体实现，所以只有一个"；"，没有方法的具体内容。

抽象类和非抽象类的主要区别在于：抽象类不能直接创建对象，只能作为父类使用，所以也不能被密封；抽象类中可以包含非抽象成员，但是非抽象类中不能包含抽象成员。

例 3.12　抽象类的定义和使用。

项目：Demo_3_12

```
using System;
namespace Demo_3_12
{
   // 定义抽象形状类
   abstract class Shape
   {
      public abstract double Area();           // 抽象方法，求形状的面积
   }
   class Rectange : Shape
   {
      private double length;
      private double width;
```

```
        public Rectange(double l, double w)
        {
            length = l;
            width = w;
        }
        public override double Area()
        {
            return length * width;
        }
    }
    class Circle : Shape
    {
        private double radius;
        public Circle(double r)
        {
            radius = r;
        }
        const double PI = 3.14;
        public override double Area()
        {
            return PI * radius * radius;
        }
    }
    class Program
    {
        static void Main(string[] args)
        {
            // 用 Rectange 类创建对象
            Rectange rectange = new Rectange(10.5, 5.5);
            Console.WriteLine(" 矩形面积是： " + rectange.Area());
            // 用 Circle 类创建对象
            Circle circle = new Circle(4);
            Console.WriteLine(" 圆形面积是： " + circle.Area());
            Console.ReadLine();
        }
    }
}
```

运行结果如下：

　　　矩形面积是：57.75
　　　圆形面积是：50.24

【程序分析】本例是一个典型的抽象类应用实例。定义了形状抽象类，抽象类中定义了求形状面积的抽象方法 Area()；定义了矩形类和圆形类分别继承自 Shape 形状类。在子类中需要使用 override 修饰符对抽象方法重写并具体实现。

3.3　接口

　　生活中经常会听到"接口"的概念，比如电脑主机上会有不同的接口，这些接口通过线路可以和鼠标、键盘、显示器、路由器等连接，使电脑可以正常连接使用。即使电脑品牌不同，数据连线厂商不同，但各个接口都会遵从一定的标准统一设计制作，所以，我们会发现不同品牌的电脑线路可以通用，我们的 USB 设备可以在所有电脑上插入 USB 接口使用。接口在工业生产中给生产方提供了标准，在面向对象程序设计和软件工程中，也同样运用了接口的思想。

在面向对象程序设计的过程中，接口的关键字是 interface，可以简单理解为一种协议，用于定义需要在子类中遵守的规范，其本身不能进行实例化操作。在面向对象的系统开发过程中，提倡面向接口编程，即关注对象之间的协作和交互，而不是关注对象内部的具体实现。接口可以包含方法、属性、事件和索引器，但不能包含字段。类和结构可以像继承基类那样继承接口。C# 不允许多重继承类，但是可以多重继承接口，即一个类可以实现多个接口，而且一个接口也可以继承其他接口。

接口只定义标准，不提供它所定义的成员的实现，所以这些成员的实现要从继承该接口的子类中实现。若要实现接口成员，子类中的对应成员必须为公共的、非静态成员，而且与接口成员保持定义相同。

1．接口的定义

在 C# 中，定义接口的基本格式为：

```
[ 修饰符 ] interface 接口名 [: 继承的基接口列表 ]
{
  //接口成员：方法原型声明、属性、事件、索引器
}
```

其中，修饰符为 new、public、private、protected、internal。使用 new 修饰符表示覆盖了继承的同名成员，只能出现在嵌套接口声明中。接口成员只能是公共成员，不加访问修饰符。

> **注意：**
>
> 　　类可以继承和实现接口，但是接口只能继承其他接口，不能继承类。在 C# 中定义接口时，习惯上会设置接口名的首字母为大写"I"，用作接口标识。

例如，下列程序段定义了一个接口：

```
interface ImyInterface
{
  string Name              //可读写的姓名属性，只定义，不实现
  {
    get; set;
  }
  char Sex                 //可读写的性别属性，只定义，不实现
  {
    get; set;
  }
  void  Show();            //显示定义的姓名和性别
}
```

2. 接口的实现

接口的实现可以通过类继承来实现，在声明类时，用 ":" 继承接口名。

例 3.13 实现 ImyInterface 接口。

项目：Demo_3_13

```csharp
using System;
namespace Demo_3_13
{
    interface ImyInterface
    {
        // 定义可读写姓名属性
        string Name
        {
            get;
            set;
        }
        // 定义可读写性别属性
        char Sex
        {
            get;
            set;
        }
        // 定义显示姓名和性别的方法
        void Show();
    }
    // 定义 Person 类，继承 ImyInterface 接口
    class Person : ImyInterface
    {
        string name;
        char sex;
        // 实现接口 Name 属性
        public string Name
        {
            get { return name; }
            set { name = value; }
        }
        // 实现 Sex 属性
        public char Sex
        {
            get { return sex; }
            set { sex = value; }
        }
        // 实现接口的 Show() 方法
        public void Show()
        {
            Console.WriteLine(" 姓名： " + name);
            Console.WriteLine(" 性别： " + sex);
        }
    }
```

```
class Program
{
    static void Main(string[] args)
    {
        Person person = new Person();            // 使用 Person 类创建对象
        ImyInterface person2 = new Person();     // 使用接口继承类的对象创建 person2 接口
        person.Name = " 张三 ";
        person.Sex = 'F';
        person.Show();
        person2.Name = " 李四 ";
        person2.Sex = 'M';
        person2.Show();
        Console.ReadLine();
    }
}
```

运行结果如下：

姓名：张三
性别：F
姓名：李四
性别：M

【程序分析】程序中定义了 ImyInterface 接口，定义了 Person 类继承 ImyInterface 接口。在 Person 类中，对接口中的属性和方法分别实现。在实现 Show() 方法时，没有加 override 修饰符，因为并不是对接口中 Show() 方法的重写。在主函数中，创建了对象（person），也可以创建接口（person2）访问派生类的属性和方法。

3. 一个类实现多个接口和显式接口成员实现

一个类可以继承多个接口，在继承多个接口时，接口名之间用"，"分隔。在类实现多个接口时，类需要提供对所有接口成员的实现。如果在多个接口中，包含名称相同的成员，在类中则需要对接口中同名的成员分别实现，这有可能导致对接口的实现不正确，这时可以显式地实现接口成员。所谓显式接口成员实现，是在类中通过使用接口名称加点运算符的方式命名该类成员。

例 3.14　显式实现多个接口成员。

项目：Demo_3_14

```
using System;
namespace Demo_3_14
{
    // 定义接口 1
    interface ImyInterface1
    {
        int Sum();
    }
    // 定义接口 2
    interface ImyInterface2
    {
```

```
        int Sum();
      }
      // 定义类实现接口
      class Test: ImyInterface1, ImyInterface2
      {
        int x;
        int y;
        int z;
        public Test(int i, int j)
        {
          this.x = i;
          this.y = j;
        }
        public Test(int i, int j, int k)
        {
          this.x = i;
          this.y = j;
          this.z = k;
        }
        // 实现接口 ImyInterface1 的 Sum() 方法
        int ImyInterface1.Sum()
        {
          return x + y;
        }
        int ImyInterface2.Sum()
        {
          return x + y + z;
        }
      }
      class Program
      {
        static void Main(string[] args)
        {
          ImyInterface1 test1 = new Test(5, 10);          // 创建接口 1 对象
          Console.WriteLine(" 接口 1 对象的和为： " + test1.Sum());
          ImyInterface2 test2 = new Test(4, 8, 10);          // 创建接口 2 对象
          Console.WriteLine(" 接口 1 对象的和为： " + test2.Sum());
          Console.ReadLine();
        }
      }
    }
```

运行结果如下：

```
    接口 1 对象的和为：15
    接口 2 对象的和为：22
```

【程序分析】本例中，定义的两个接口中都有 Sum() 成员，在类中实现两个接口的 Sum() 成员时，用了显式接口成员实现的方法。在 Sum() 前分别加上 "ImyInterface1." 和 "ImyInterface2."，用来分别实现两个接口的 Sum() 方法。

> **注意：**
>
> 　　（1）显式接口成员属于接口，而不是属于类的成员，所以不能直接使用类的对象访问，要使用接口对象访问。因此，程序中只创建了接口对象，而没有创建类对象。
>
> 　　（2）显式接口成员实现不能使用访问修饰符，也不能使用 abstract、virtual、override 和 static 修饰符。

在 3.2.3 节介绍抽象类和抽象方法时，也表示抽象类不能创建实例对象，抽象方法不能包含具体实现，那抽象类和接口又有哪些区别呢？

（1）两者功能不同。抽象类主要用于系列对象的基类，共享系列的某些主要特征；而接口主要应用于类，这些类本质功能不同，但可以依靠接口建立联系，实现某些相同的任务。

（2）继承方式不同。抽象类属于类的继承，子类在继承抽象类时只能继承一个抽象类；而类可以同时继承多个接口。

（3）定义形式不同。抽象类除了包含抽象成员，还可以包含非抽象成员的实现；而接口不能包含实现。抽象类可以包含字段、构造函数、常量等；而接口不能包含这些成员。

（4）访问权限不同。抽象类中的非抽象成员可以为私有成员或受保护成员；而接口的成员必须是公共成员。

3.4　委托与事件

委托和事件在 .NET Framework 中的应用非常广泛，由于委托和事件的概念比较抽象，对于初学 C# 的人来说想很快理解它们并不容易。在本节中，我们将通过简单的案例来讲解什么是委托、为什么要使用委托、事件的由来、.NET Framework 中的委托和事件的功能。

3.4.1　委托

委托是包含具有相同返回值和签名的有序方法的类型。委托类似于函数指针，但函数指针只能引用静态方法，而委托既能引用静态方法，也能引用实例方法。

委托的使用分为三个步骤：委托声明、委托实例化、委托调用。

（1）委托的声明。委托声明的语法格式如下：

　　　delegate 返回类型 委托名 (形参列表);

该语句表示本委托可以包含具备该返回类型和规定参数集的方法。委托实质上是一种类型，所以委托的声明必须放在所有方法之外。

（2）委托对象的实例化。委托对象的实例化语法格式如下：

委托名变量 = new 委托名 (方法名 1);

该语句表示实例化一个委托，并把第一个方法（方法名 1）放进来。

委托实例化以后，可以使用 +=、-= 运算符为委托增加、减少相同返回值和签名。

（3）委托对象的调用。委托对象的调用语法格式如下：

委托名 (实参列表);

委托对象的调用跟调用方法一样。使用同一实参集，依次调用委托中的所有方法，返回值为最后一个方法的返回值。

下面我们将通过一个具体的案例来讲解委托的定义和使用方法。

例 3.15 委托的具体使用方法举例。

项目：Demo_3_15

在 Visual Studio 2012 中新建一个控制台应用程序 Demo_3_15，在应用程序中添加一个类，类名为 AddDemo，在类中创建两个方法，类及方法的代码如下：

```
class AddDemo
    {
      public static int AddPlus(int m, int n)
      {
        return (m + n) * (m + n);
      }
      public int Add(int m, int n)
      {
        return (m + n);
      }
    }
```

在控制台应用程序的主类文件（主函数所在类）中声明委托，并进行类的实例化，代码如下：

```
class Program
    {
      delegate int MyDel(int x, int y);          // 声明委托
      static void Main(string[] args)
      {
        AddDemo ad1 = new AddDemo();          // 实例化 AddDemo 类
        int result;
        MyDel mydel = new MyDel(ad1.Add);     // 实例化委托，Add 为非静态方法的方法名
        mydel += AddDemo.AddPlus;             // 在委托中加入静态方法 AddPlus
        result = mydel(2, 6);                 // 调用委托，返回值为 8×8=64
        Console.Write("result=" + result);
        Console.ReadKey();
      }
    }
```

【说明】本例主要讲解了委托的声明、委托的实例化、委托的调用三步。需要注意的是：在实例化委托时，需要使用类中的非静态方法（类的实例方法）且只需要使用方法名，方法名后面不要带括号。在委托中使用"+="运算符号添加一个方法（静

态方法）。加入静态方法时也只需要使用方法名即可，这同一般对象的方法调用不同。委托方法的返回值为最后添加方法的返回值，如上例的返回值为 8×8=64，如果不使用"+="运算符添加一个方法，则返回值为 2+6=8。

3.4.2　事件

C# 中有很多事件，如鼠标的事件 MouserMove、MouserDown 等，键盘的事件 KeyUp、KeyDown、KeyPress 等。引发事件的对象称为事件发送方，捕获事件并对其作出响应的对象叫作事件接收方。对接收的事件作出响应的程序称为事件响应方法，当事件发生时，会触发其响应方法的执行。

那么，事件和处理方法之间是怎么联系起来的呢？委托就是它们之间的桥梁，事件发生时，委托会知道，然后将事件传递给处理方法，再由处理方法进行相应的处理。例如，在 WinForm 中最常见的是按钮的 Click 事件，它是这样委托的：

```
this.button1.Click += new System.EventHandler(this.button1_Click);
```

单击按钮后就会触发 button1_Click 方法进行处理。EventHandler 就是系统类库里已经声明的一个委托。

事件的处理过程也分为三个步骤：定义事件、订阅事件、触发事件。

（1）定义事件。事件是类的成员，需要在发行者类的内部定义，定义事件的格式如下：

```
event 委托名 事件名;
```

可见，事件是一种委托类型的成员，是一种特殊的委托。在定义时，就规定了本事件响应方法的返回值、参数类型、个数、顺序。

（2）订阅事件。在订阅者对象的事件中，增加发行者事件的委托，就表示该订阅者订阅了那个事件，并用此委托中的方法进行事件处理，并且可以在委托中增加新的方法，其语法格式如下：

```
订阅对象名.事件名 += new 发行者类名.委托名(处理方法名);
```

以上语句表示本订阅者订阅了委托中所代表的事件，以及默认的第一个处理方法。需要注意的是，类名后面没有括号。

【说明】发出事件的对象称为发行者，发行者必须提供事件和触发事件的代码。订阅该事件的对象称为订阅者，一个事件可以有多个订阅者。

（3）触发事件。发行者需要发出触发事件的代码，则在订阅了此事件的订阅者上，所有在委托中的方法都会被执行。

下面我们通过一个"警察抓小偷"的小游戏案例来演示事件的处理过程。

例 3.16　事件处理过程举例。

项目：Demo_3_15

在 Visual Studio 2012 中新建一个控制台应用程序 Demo_3_15，在应用程序中分别添加 Robber、Police、People 类。通过 Help 方法引发事件 PeopleRun。引发事件的语法与调用方法的语法相同，引发该事件时，将调用订阅事件的对象的所有委托。下面演示平民喊"抓小偷"到"小偷逃跑"再到"警察追小偷"的动作，完整代码如下：

```csharp
using System;
namespace Demo_3_16
{
    public class Robber                      // 小偷类
    {
        public string RunAway()              // 逃跑
        {
            return " 逃跑 ";
        }
    }

    public class Police                      // 警察类
    {
        public string Chase()                // 命令停下
        {
            return " 站住，不要跑 ";
        }
    }

    public class People                      // 平民类
    {
        public delegate string PeopleDele();     // 定义一个委托
        public event PeopleDele PeopleEvent;     // 定义一个事件
        public string Help()                     // 触发的事件
        {
            return PeopleEvent();
        }
    }

    class Program
    {
        public static string h_peopleevent()     // 声明一个默认处理方法
        {
            return " 抓小偷，抓小偷 ";
        }
        static void Main(string[] args)
        {
            Robber r = new Robber();
            Police p = new Police();
            People h = new People();

            //h 平民对象作为订阅者，订阅了事件 PeopleEvent，默认处理方法为 h_peopleevent
            h.PeopleEvent += new People.PeopleDele(h_peopleevent);
            Console.Write("People： " + h.Help() + "\n");        // 平民 h 触发事件

            h.PeopleEvent += r.RunAway;                          // 在事件中添加处理方法 RunAway
            Console.Write("Robber： " + r.RunAway() + "\n"); // 小偷 r 触发事件

            h.PeopleEvent += p.Chase;                            // 在事件中添加处理方法 Chase
```

```
        Console.Write("Police：" + p.Chase() + "\n");        // 警察 p 触发事件

        Console.ReadKey();
      }
    }
  }
```

运行结果如下：

```
People：抓小偷，抓小偷
Robber：逃跑
Police：站住，不要跑
```

【程序分析】People 类为事件发布者，Police、Robber 类为事件订阅者，引发事件的方法为 Help();。一个事件可以有多个订阅者，事件的发布者也可以是事件的订阅者。

本例中，平民遇到小偷，发出了触发事件的要求。由于他自己事先已经订阅了此事件，在事件委托中也可以添加其他处理方法，而且这些处理方法都可以被执行一次。

委托和事件是 C# 中的重要概念，此概念比较抽象，初学者需要反复揣摩练习。设计者在编码时在委托中加入处理方法（即事件响应方法），则当事件被触发时，该方法将被执行，设计功能才能得以实现，即事件驱动机制得以运行。这个知识点在物联网中的应用较多，如在传感器技术中，当传输的参数数据满足一定条件就会触发一个事件，该事件事先定义好的方法将被执行，如控制电源在一定条件下的自动开、关功能。

3.5　应用实例：人员工资管理

继承和多态在系统开发过程中广泛使用。灵活使用这些特性，可以更好地提高程序的可读性。本例中，设计了一个简单的人员工资管理类，用于计算高级经理、经理和普通雇员的工资信息。

首先，定义了接口 ISalary，表示要进行工资管理，类都继承自该接口，接口中只定义了求工资的方法 Earnings()。

定义了 Employee 抽象类，由 Employee 类直接派生出了 Manager 类和 Workers 类，由 Manager 类又派生出了 SeniorManager 类，它们之间的关系如图 3-3 所示。

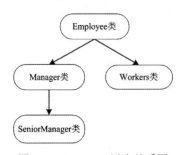

图 3-3　Employee 派生关系图

在 Employee 类中，定义了字段 name，定义了无参构造函数和有参构造函数初始化 name 的值，定义了 Name 属性获取 name 的值。定义抽象方法 ShowInfo()，用于输出人员信息。

Manager 类继承自抽象类 Employee 和接口 ISalary，增加了 salary 工资字段，调用基类构造函数初始化姓名和工资的值，实现了接口中的 Earnings() 方法，重写了 ShowInfo() 方法输出经理的信息。

SeniorManager 类继承自 Manager 类，增加了 meritPay 绩效工资字段，实现 Earnings() 方法时，对基类同名的 Earnings() 方法进行隐藏，所以使用了 new 关键字。初始化字段值时，调用它的直接基类（Manager 类）的构造函数。重写 ShowInfo() 方法输出高级经理的信息。

Workers 类继承自 Employee 类，定义 name 字段，重新定义 Name 属性设置和获取 name 的值。属性名 Name 和基类属性同名，所以使用了 new 关键字隐藏基类属性。在 Workers 类的 ShowInfo() 方法中，输出 name 时，不是基于基类的 Name 属性，而是依靠 Workers 类自己的 Name 属性，所以不用 base 方法调用基类属性了。人员工资管理类图如图 3-4 所示。

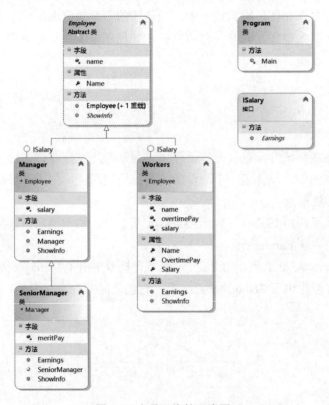

图 3-4　人员工资管理类图

在主函数里分别创建了一个 Manager 类型的对象和一个 SeniorManager 类型的对象，并分别输出它们的信息。另外，创建了一个 Workers 类型的数组（表示数组的每个元素都是 Workers 类型的对象），使用了无参构造函数初始化每个对象，并依次设置了每个对象的属性值，最后输出所有 Workers 的信息。

　　本例提供了使用接口、抽象、继承和多态的基本思路，简化了数据内容，读者可以在此基础上进一步扩充人员信息，完善类的设计。

　　完整代码如下：

```
namespace Demo3
{
    // 接口：工资管理
    interface ISalary
    {
        double Earnings();
    }
    // 抽象类
    abstract class Employee
    {
        private string name;
        public Employee()
        { }
        public Employee(string name)
        {
            this.name = name;
        }
        public string Name
        {
            get { return name; }  // 属性只有 get 代码器
        }
        public abstract void ShowInfo();
    }

    // 定义 Manager 继承自 Employee 类和 ISalary 接口
    class Manager : Employee, ISalary
    {
        protected double salary;
        public Manager(string name, double salary)
            : base(name)
        {
            this.salary = salary;
        }
        public double Earnings()
        {
            return salary;
        }
        public override void ShowInfo()
        {
            Console.WriteLine(" 经理信息如下：");
            Console.WriteLine(" 经理姓名：" + base.Name);
```

```
            Console.WriteLine(" 经理工资： " + Earnings());
        }
    }
    // 定义 SeniorManager 类，继承自 Manager 类
    class SeniorManager : Manager
    {
        private double meritPay;
        public SeniorManager(string name, double salary, double meritPay)
            : base(name, salary)
        {
            this.meritPay = meritPay;
        }
        public new double Earnings()
        {
            return salary + meritPay;
        }
        public override void ShowInfo()
        {
            //base.showInfo();
            Console.WriteLine(" 高级经理信息如下： ");
            Console.WriteLine(" 高级经理姓名： " + base.Name);
            Console.WriteLine(" 高级经理工资： " + Earnings());
        }
    }
    class Workers : Employee, ISalary
    {
        private string name;
        public new string Name
        {
            get { return name; }
            set { name = value; }
        }

        private double salary;
        public double Salary
        {
            get { return salary; }
            set { salary = value; }
        }
        private double overtimePay;
        public double OvertimePay
        {
            get { return overtimePay; }
            set { overtimePay = value; }
        }
        public double Earnings()
        {
            return salary + overtimePay;
        }
```

```
public override void ShowInfo()
{
    Console.WriteLine(" 姓名： " + Name);
    Console.WriteLine(" 工资： " + Earnings());
}
}
class Program
{
    static void Main(string[] args)
    {
        SeniorManager seniorManager = new SeniorManager(" 李四 ", 10000, 5000);
        seniorManager.ShowInfo();
        Console.WriteLine("-----------------------------");
        Manager manager = new Manager(" 张三 ", 10000);
        manager.ShowInfo();
        Console.WriteLine("-----------------------------");
        Workers[] workers = new Workers[3];
        for (int i = 0; i < 3; i++)
        workers[i] = new Workers();
        workers[0].Name = "Lily";
        workers[0].Salary = 5000;
        workers[0].OvertimePay = 2000;
        workers[1].Name = "Wangli";
        workers[1].Salary = 4000;
        workers[1].OvertimePay = 1000;
        workers[2].Name = "Zhaowu";
        workers[2].Salary = 4200;
        workers[2].OvertimePay = 2000;
        Console.WriteLine(" 雇员信息如下： ");
        for (int i = 0; i < 3; i++)
        {
            workers[i].ShowInfo();
        }
        Console.ReadLine();
    }
}
}
```

运行结果如下：

```
高级经理信息如下：
高级经理姓名：李四
高级经理工资：15000
-----------------------------
经理信息如下：
经理姓名：张三
经理工资：10000
-----------------------------
雇员信息如下：
姓名：Lily
```

工资：7000

姓名：Wangli

工资：5000

姓名：Zhaowu

工资：6200

 **本章小结**

本章介绍了面向对象程序设计的核心思想，详细讲解了 C# 中类的定义，包括类的常见成员（常量、字段、属性、方法）的声明。这些都是面向对象程序设计中基础且重要的部分。另外，介绍了面向对象程序设计的重要特性，包括继承和多态、接口、委托和事件的概念和应用形式。通过学习本章，读者应具备面向对象编程的基本思想，能用 C# 语言基于对象进行编程实践，并为深入学习 C# 数据库开发奠定扎实的基础。

习题

一、选择题

1. 关于类和对象的说法，不正确的是（　　）。

    A. 类是一种系统提供的数据类型

    B. 对象是类的实例

    C. 类和对象的关系是抽象和具体的关系

    D. 任何对象只能属于一个具体的类

2. 关于析构函数的描述，不正确的是（　　）。

    A. 析构函数中不可以包含 return 语句

    B. 一个类只能有一个析构函数

    C. 用户可以定义有参析构函数

    D. 析构函数在对象被撤销时会被自动调用

3. 以下不属于类的访问权限的是（　　）。

    A. public　　　　B. protected　　　　C. static　　　　D. private

4. 有关派生类的描述，不正确的是（　　）。

    A. 派生类可以继承基类的构造函数

    B. 派生类可以隐藏和重载基类的成员

    C. 派生类不能访问基类的私有成员

    D. 派生类只能有一个直接基类

5. 关于继承和接口，以下说法正确的是（　　）。

    A. C# 允许多接口实现，但不允许多重继承

B．C# 既允许多接口实现，也允许多重继承

C．C# 不允许多接口实现，但允许多重继承

D．C# 既不允许多接口实现，也不允许多重继承

6．下列方法中，（　　）是抽象方法。

A．static void Func(){}　　　　　　　B．virtual void Func(){}

C．abstract void Func()　　　　　　　D．override void Func()

7．下列关于抽象类和接口的描述，不正确的是（　　）。

A．它们的派生类只能继承一个基类，即只能直接继承一个抽象类，但可以继承任意多个接口

B．抽象类中可以定义成员实现，但是接口不可以

C．抽象类中可以包含字段、析构函数、构造函数、静态成员，接口不可以

D．抽象类不可以继承自接口

8．在定义类时，如果希望类的某个方法能够在派生类中进行进一步修改，以处理不同的派生类的需求，则应将方法声明为（　　）。

A．sealed 方法　　　　　　　　　　　B．virtual 方法

C．public 方法　　　　　　　　　　　D．override 方法

9．调用重载方法时，系统根据（　　）选择具体的方法。

A．方法名　　　　　　　　　　　　　B．参数的个数和类型

C．参数名和参数个数　　　　　　　　D．方法的返回值类型

10．在类的定义中，类的（　　）定义描述了该类对象的行为特征。

A．类名　　　　　B．方法　　　　　C．所属命名空间　　　D．属性

二、编程题

1．编写程序：定义三角形类，求三角形的面积和周长。

2．编写程序：定义整型数组类，求不同长度整型数组的最大值。

3．定义交通工具类 Vehicle，派生出汽车类 car、卡车类 truck，并重写虚拟方法 show() 显示各交通工具的基本信息。交通类定义如下：

```
class Vehicle
{
  public virtual void show(){}
}
```

4．在第 3 题的基础上，修改 Vehicle 类为抽象类。

随手笔记

第4章

Windows 程序设计基础

学习目标

- 了解 Windows 窗体应用程序的框架。
- 熟练掌握 Windows 窗体应用程序的常用控件和高级控件的使用方法。
- 熟练掌握菜单编程的设计方法。
- 了解窗体之间数据传递的方法。

Windows 应用程序一般都有一个或多个窗体提供用户与应用程序交互。Windows 窗体应用程序通常包含文本框、标签、按钮等控件。一般的 Windows 应用程序都有许多窗体，有的用于获取用户输入的数据，有的用于显示数据、查询数据并显示操作结果。本节将介绍 Windows 应用程序框架的构成和创建过程。

4.1.1   Windows 窗体及特点

Windows 窗体就是我们在使用 Windows 操作系统时看到的各种操作界面或窗口。Windows 操作系统的最大特点就是用户可以通过窗体来进行各种操作、设置、配置，如桌面的设置及菜单、字体、颜色背景、网卡参数等各种设置，都是以窗口的形式呈现给用户，如图 4-1 所示。

图 4-1   Windows 操作系统中的窗体

【说明】①窗体是 Windows 操作系统中最常见的对象；②窗体是 Windows 系统的优势所在，通过窗体操作计算机非常简单、方便、灵活；③窗体是 Windows 应用程序的主要构成部分。

在操作计算机时，随时都会接触到各种不同的 Windows 窗体，这些窗体的外观和功能都很相似，如都具有窗体边框、标题、最大化、最小化和关闭按钮等。我们还会发现，窗体上的各种操作元素经常重复出现，如信息输入框、按钮、下拉列表等。总之，Windows 应用程序一般都由一个或多个窗体提供用户与应用程序交互，如 QQ、微信的登录窗口和聊天窗口都是由窗体构成。

窗体、窗体控件都是 GUI 的构成元素，对程序设计人员而言，使用 .NET Framework 提供的 Windows 窗体及窗体控件，会让 Windows 窗体应用程序开发变得非常简单。Windows 窗体程序也常简称为 WinForm，开发人员（或初学者）可以使用 C#

中的"WinForm 应用程序项目"来创建应用程序的用户界面，编写少量程序即可实现丰富的功能。

在 C# 中的 System.Windows.Forms 命名空间中定义了创建 WinForm 应用程序时所需要的类。Windows 窗体的重要特性如下：

（1）Windows 窗体简单易学、功能强大，可以用于设计各种窗体和可视化控件，创建丰富的基于 Windows 的图形用户界面应用程序。

（2）Windows 窗体提供了一套丰富的控件，设计人员可以直接使用，同时也可以定义自己的个性化控件（用户自定义控件）。

（3）Windows 窗体具有快捷的数据显示和操作功能，Windows 窗体对数据库处理提供全面支持，可以快速访问数据库中的数据，并将结果显示在窗体上，也可以在窗体上操作数据。

4.1.2 创建 Windows 窗体应用程序

本节中我们将以一个简单的 Windows 窗体的创建为例来介绍 Windows 应用程序的创建过程。用 C# 创建一个 Windows 应用程序的步骤如下：

（1）启动 Microsoft Visual Studio 2012。

（2）单击菜单项中的"文件"，选择"新建"中的"项目"选项，弹出"新建项目"对话框，如图 4-2 所示。

图 4-2　Visual Studio 2012 新建项目窗口

选择窗口左侧的"模板"（选择设计语言）下的"Visual C#"，展开"Visual C#"列表，选中"Windows"选项，然后在右侧选中"Windows 窗体应用程序"。在下面的"名称"栏中输入应用程序的名称，在"位置"栏中选择应用程序的存放位置，之后单击"确定"按钮。完成后会显示如图 4-3 所示的设计界面。

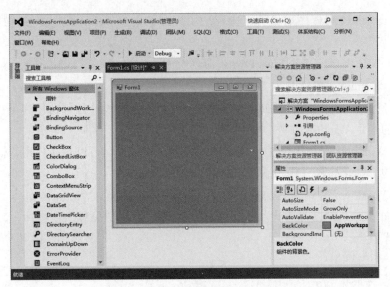

图 4-3　VS 2012 窗体项目窗口结构

在图 4-3 中，我们可以看到 Visual Studio 2012 开发平台显示的组成结构和控制台应用程序的不同。开发平台正中间是一个空白的窗体，是设计区域，如图 4-4 所示。

在设计窗体的左侧会看到 Windows 窗体工具栏，这里面列出了 Windows 窗体设计常用的控件，如图 4-5 所示。我们可以将工具箱里的控件直接添加到空白窗体里完成设计。

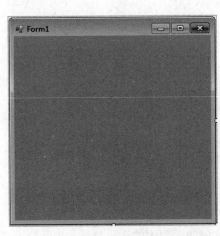

图 4-4　窗体设计

图 4-5　Windows 窗体工具箱

在空白窗体右侧上下有两个窗体栏：右上边是解决方案资源管理器，用于管理本项目的各程序文件；右下边是属性栏，用于设置窗体及窗体中各控件的外观及属性，如图 4-3 所示（后面的内容中会对这两个窗口进行讲解）。现在我们可以来执行一下这个窗体应用程序，虽然我们没有编写一行代码，但是 VS 开发平台可以自动生成大量代码，可以显示这个空白窗体。单击 VS 工具栏上的"启动"按钮（也可以按 F5 键），程序执行后的显示结果如图 4-4 所示。

4.1.3　Windows 应用程序的文件夹结构

创建 Windows 窗体应用程序后，对于初学者需要了解开发平台自动生成的文件和文件夹。开发平台右上边的解决方案资源管理器是用于显示和管理这些文件的，我们将通过解决方案资源管理器来介绍这些文件的功能和作用，如图 4-6 所示。

图 4-6　解决方案资源管理器

在创建 Windows 窗体应用程序时，平台将自动创建一个名为 From1 的空白窗体，并且 VS 2012 自动为这个窗体生成三个文件：From1.cs、From1.Designer.cs 和 Program.cs。

From1.cs 是窗体设计文件，单击该文件可以进入设计模式，已添加的控件及设置效果都可以直观地显示。单击 From1.cs 文件前面的展开符号就会展开到 From1. Designer.cs 文件。From1.Designer.cs 文件中存放了窗体的设计代码，如在窗体中添加一个按钮，VS 2012 就会自动生成代码并存放到这个文件里面。一般建议不要手动去改写该文件里面的内容。

Program.cs 文件是应用程序的主程序文件，主类和 Main 方法就在这个文件中。Program.cs 文件里面的代码都是 VS 2012 自动生成的，一般不需要修改里面的代码，其中 Main 方法中的第三行代码需要了解一下。

```
static void Main()
{
    Application.EnableVisualStyles();
```

```
Application.SetCompatibleTextRenderingDefault(false);
Application.Run(new Form1()); // 实例化一个 Form1 窗体，并作为程序主入口运行
}
```

4.1.4　窗体的常用属性

我们可以通过设置窗体的属性来改变窗体的外观，如文本框的宽度、高度，按钮的大小、背景图片，窗体的背景颜色或背景图片等。窗体及各控件的属性可以通过右下侧的属性窗口来设置。窗体的常用属性见表 4-1。

表 4-1　窗体的常用属性

属性	说明
Name	用来获取或设置窗体的名称
WindowState	用来获取或设置窗体的窗口状态
StartPosition	用来获取或设置运行时窗体的起始位置
Text	该属性是一个字符串属性，用来设置或返回在窗口标题栏中显示的文字
ControlBox	用来获取或设置一个值，该值指示在该窗体的标题栏中是否显示控制框
MaximumBox	用来获取或设置一个值，该值指示是否在窗体的标题栏中显示最大化按钮
MinimizeBox	用来获取或设置一个值，该值指示是否在窗体的标题栏中显示最小化按钮
BackColor	用来获取或设置窗体的背景色
AcceptButton	用来获取或设置一个值，该值是一个按钮的名称，当用户按 Enter 键时就相当于单击了窗体上的该按钮

窗体的属性还有许多，在此不一一介绍，初学者可以通过修改各个属性并运行程序来观察该属性的设置效果。

4.2　常用 Windows 窗体控件

4.2.1　按钮控件（Button）

Windows 窗体中的 Button 控件允许用户通过单击来执行操作。Button 控件既可以显示文本，又可以显示图像。按钮控件提供了用户与应用程序进行交互的功能，如用户输入账号密码后单击按钮可以提交数据给程序处理；当按钮被单击时，它看起来像是被按下，然后被释放。

按钮上显示的文本包含在 Text 属性中。如果文本超出了按钮宽度，则换到下一行。但是如果控件无法容纳文本的总体高度，则将剪裁文本。Button 控件还可以使用 Image 和 ImageList 属性显示图像。

当用户单击按钮时，即调用 Click 事件处理程序。可将代码放入 Click 事件处理程序来执行所选择的任意操作。Button 控件的常用属性和事件见表 4-2。

表 4-2 Button 控件的常用属性及事件

属性	说明
Name	按钮控件的对象名称
Text	显示在按钮上的文本
事件	说明
Click()	单击按钮时执行的操作或处理的事件

在此我们看到一个新的名词——事件。那么，什么是事件呢？当我们使用鼠标、键盘时，计算机会对我们的操作作出反应，又如使用计算机看电影时，我们单击播放器中的播放、暂停、快进按钮，播放器会对我们的操作作出反应，这其实就是事件。简单地说，当用户进行某一操作时，计算机或软件进行回应的动作叫作事件。

Button 按钮控件有一个非常重要的事件：单击按钮事件——Click 事件。当用户单击按钮后，程序做出的回应动作就是这个 Click 事件。为了做出回应，我们需要为按钮的 Click 事件编写事件方法（处理代码）。下面我们以一个简单的例子来演示按钮及按钮的 Click 事件。

例 4.1 控件及事件应用举例。

窗体设计效果如图 4-7 所示，为"确定"按钮添加 Click 事件，如何添加呢？双击该按钮可以直接生成按钮的 Click 事件方法，我们需要编写如下程序代码。

```
// 这里省略了命名空间的引用代码
namespace WindowsFormsApplication2
{
  public partial class Form1 : Form
  {
    public Form1()
    {
      InitializeComponent();
    }
    private void button1_Click(object sender, EventArgs e)          // 自动生成
    {
      label2.Text =" 你的姓名是："+ this.textBox1.Text;          // 程序员编写内容
    }
  }
}
```

程序执行后，显示的结果如图 4-7 所示；输入姓名，单击"确定"按钮后所得的结果如图 4-8 所示。

【说明】本例介绍了一种为按钮添加 Click 事件方法的常用方法，即通过双击按钮控件添加事件。也可以通过选择属性窗口里的事件按钮 ⚡，然后在按钮事件列表中选择 Click 事件，并在事件名称后的文本框中双击鼠标。这种方法也经常用于查询一个窗体控件有哪些事件。

图 4-7　Button 按钮控件

图 4-8　Button 按钮事件执行效果

4.2.2　标签控件（Label）

标签是 Windows 窗体应用程序中最常用、最简单的控件，主要用于在窗体上增加文字说明，比如为文本框、列表框等添加标签文字等，以便程序用户能根据标签文字的提示进行正确操作。标签控件常用的属性、方法和事件见表 4-3。

表 4-3　Label 常用属性及方法

属性	说明
Name	标签控件的对象名称
Text	设置或显示在标签上的文本
Image	指定标签上将显示的图像
方法	说明
Hide()	隐藏标签，使该标签不可见
Show()	显示标签，使该标签可见

【说明】标签对象主要用于提供文字说明，因此尽管可以响应 Click、DblClick 等事件，但这些事件在程序设计中很少使用。

4.2.3　文本框控件（TextBox）

在 WinForm 应用程序开发中，TextBox 控件是最常用的控件之一。文本框的主要用途是接受用户输入文本、数据，用户可以输入任何字符，也可以限制用户只输入数值，以实现应用程序与用户的交互。

TextBox 控件提供了三种样式的输入：单行、多行和密码。输入内容比较多时，设置其 Multiline 属性为 True，可以调整 TextBox 的宽度，实现多行输入。如果文本框的内容比较保密，设置 PasswordChar 属性为"*"，输入的内容就会以"*"显示。文本框的主要属性、方法见表 4-4。

表 4-4　TextBox 控件常用属性及方法

属性	说明
Name	文本框控件的对象名称
Text	文本框里显示的文本,获取用户输入的数据
MaxLength	指定文本框中输入的最大字符数
Multiline	表示是否可在文本框中输入多行文本
PasswordChar	作为密码框时,文本框中显示的字符
ReadOnly	设置文本框内容是否只读
ScrollBars	指定文本框内容比较多时,是否显示滚动条
方法	说明
TextChanged()	当文本框中内容发生改变时触发的事件
Clear()	清除文本框内的所有文本
AppendText()	在文本框内现有文本的末尾追加文本

扫码看视频

例 4.2　使用文本框控件（TextBox）设计一个简单的窗体。

在窗体上添加两个 Label 标签控件,将 Label1 的 Name 属性设置为 lblUserName,Text 属性值设置为"用户名",将 Label2 的 Name 属性设置为 lblPasswd,Text 属性值设置为"密码",并分别在两个标签的右侧各添加一个 TextBox 控件,将其 Name 属性值分别设置为 txtUserName 和 txtPasswd。选中 Name 属性值为 txtPasswd 的文本框控件,在属性栏中设置其 PasswordChar 属性为"*",设计效果图如图 4-9 所示。运行该应用程序并输入测试内容后的效果如图 4-10 所示。

图 4-9　文本框控件　　　　　图 4-10　文本框控件效果

这个窗体设计的例子比较简单,主要讲解了 TextBox 控件常用属性的应用,读者也可以在窗体构造方法中添加代码测试动态获取用户在文本框中输入的内容。

4.2.4　单选按钮控件（RadioButton）

在 WinForm 应用程序开发中,单选按钮控件 RadioButton 为用户提供由两个或多个互斥选项组成的选项集。当用户选中某单选按钮时，同一组中的其他按钮将不能被同时选中，如用户性别的选择。单选按钮控件的常用属性及其说明见表 4-5。

表 4-5　RadioButton 常用属性及方法

属性	说明
Name	单选按钮控件的对象名称
Text	用来设置或返回单选按钮控件显示的文本
Checked	单选按钮是否被选中，返回值为 true，则被选中；返回值为 false，则未选中
Appearance	用来设置单选按钮控件的外观，当其取值为 Button 时，将使单选按钮的外观像命令按钮一样
AutoCheck	如果 AutoCheck 属性被设置为 true（默认），那么当选择该单选按钮时，将自动清除该组中所有其他单选按钮
方法	说明
Click()	单击单选按钮时，把单选按钮的 Checked 属性值设置为 true，同时发生 Click 事件
CheckedChanged()	当 Checked 属性的值发生变化时发生

【说明】可以使用分组控件（GroupBox）对单选按钮控件进行分组，即将多个单选按钮添加到一个组中。由于单选按钮控件（RadioButton）的使用比较简单、容易掌握，在此不举例讲解。

4.2.5　复选框控件（CheckBox）

复选框控件（CheckBox）也称为多选框控件，主要用于用户进行多项选择功能，也可将多个 CheckBox 控件放到 GroupBox 控件内形成一组，这一组内的 CheckBox 控件可以多选、不选或都选。该控件可以用来选择一些可共存的特性，如一个人的兴趣爱好。CheckBox 复选框控件的常用属性及其方法见表 4-6。

表 4-6　CheckBox 常用属性及方法

属性	说明
Name	复选框控件的对象名称
Text	复选框控件旁边显示的文本标题
Checked	布尔变量，为 true 表示复选框被选中，为 false 表示未被选中
方法	说明
Click()	单击复选框控件时产生的事件
CheckedChanged()	复选框选中或未被选中状态改变时产生的事件

例 4.3　设计一个简单的 CheckBox 复选框控件应用窗体。

打开 Microsoft Visual Studio 2012，新建一个窗体应用程序，窗体中增加四个

CheckBox 控件，用来选择用户的个人爱好，用鼠标单击 CheckBox 控件，改变爱好选择，用 Label 控件显示所选择的爱好。实现步骤如下：添加 Label 控件到窗体，将其 Text 属性设置为"你的爱好是："，添加一个 GroupBox 控件到窗体，并将其 Text 属性设置为"个人爱好"。添加四个 CheckBox 控件到 GroupBox 中，Text 属性分别设置为音乐、舞蹈、旅游、网络。设计界面如图 4-11 所示。同时，如果需要测试用户的选择情况，我们可以添加一个 Button 按钮，并编写其 Click 处理事件来显示用户勾选内容，代码如下所示。

```
public partial class Form1: Form
{
    public Form1()
    {
        InitializeComponent();
    }
    private void button1_Click(object sender, EventArgs e)
    {
        String  S1 = " 你的爱好是：";
        if (checkBox1.Checked)
            S1 = S1 + checkBox1.Text;
        if (checkBox2.Checked)
            S1 += checkBox2.Text;
        if(checkBox3.Checked)
            S1+= checkBox3.Text;
        if (checkBox4.Checked)
            S1 += checkBox4.Text;
        label1.Text = S1;
    }
}
```

测试应用程序后的效果图如图 4-12 所示。

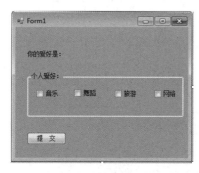

图 4-11　复选框控件

图 4-12　复选框控件效果

【说明】在此例中，我们通过添加一个 Button 按钮，并编写其 Click 处理事件来获取用户所选中的复选框的文本，其实也可以通过复选框控件的 CheckedChanged() 方法来编写事件获取用户的选项，这种方法我们将在后面章节的综合案例中介绍。

4.2.6 组合框控件（ComboBox）

组合框控件（ComboBox）是将文本框和列表框的功能融合在一起的一种控件。ComboBox 控件中有一个文本框，可以在文本框中输入字符，其右侧有一个向下的箭头，单击此箭头可以打开一个列表框，可以从列表框选择希望输入的内容，但一次只允许选择一项。ComboBox 组合框也是 WinForm 应用程序开发中常用的控件之一，如在 Windows 系统的控制面板上设置语言或位置时有很多选项，用来进行选择的控件就是组合框控件，它为我们的日常操作提供了很多方便。ComboBox 组合框控件的常用属性及其方法见表 4-7。

表 4-7　ComboBox 常用属性及方法

属性	说明
Name	组合框控件的对象名称
DropDownStyle	确定下拉列表组合框类型：为 Simple 表示文本框可编辑，列表部分永远可见；为 DropDown 是默认值，表示文本框可编辑，必须单击箭头才能看到列表部分；为 DropDownList 表示文本框不可编辑，必须单击箭头才能看到列表部分
Items	存储 ComboBox 中的列表内容，是 ArrayList 类对象，元素是字符串
SelectedItem	所选择条目的内容，即下拉列表中选中的字符串，如一个也没选，该值为空。属性 Text 也是所选择的条目的内容，是常用属性
SelectedIndex	是常用属性，编辑框所选列表条目的索引号，列表条目索引号从 0 开始。如果编辑框未从列表中选择条目，该值为 −1
方法	说明
SelectedIndexChanged()	被选索引号发生改变时触发的事件

例 4.4　设计一个简单的 ComboBox 组合框控件应用窗体。

打开 Microsoft Visual Studio 2012，新建一个窗体应用程序，窗体中增加三个 ComboBox 组合框控件，将它们的 DropDownStyle 属性值分别设置为 Simple、DropDown、DropDownList，对比观察它们的效果，如图 4-13 所示。此案例主要介绍 ComboBox 组合框控件的三种不同显示外观，主要通过改变 DropDownStyle 属性值来实现。

图 4-13　ComboBox 控件

4.2.7 列表框控件（ListBox 和 CheckedListBox）

列表选择控件跟前面介绍过的组合框控件 ComboBox 外观上相似，都是通过列出所有供用户选择的选项，用户可以从选项中选择一个或多个选项，只是组合框不允许选多项。VS 2012 中的列表框控件有 ListBox 和 CheckedListBox 两种类型，这两种列表框控件的区别在于，在 CheckedListBox 列表框控件的每个列表项前面都带有一个复选框，用户可以通过选择列表项前面的复选框来选中该项。CheckedListBox 复选控件本身具有多选功能，无需设置其 SelectionMode 属性即可多选，在两种控件其他方面区别不大。列表选择控件的常用属性及方法见表 4-8。

表 4-8　列表框控件常用属性及方法

属性	说明
Name	列表选择控件的对象名称
Items	存储 ListBox 中的列表内容，是 ArrayList 类对象，元素是字符串
SelectedItem	返回所选择的项的内容，即列表中选中的字符串。如允许多选，该属性返回选择的索引号最小的项；如一个也没选，该值为空
SelectedIndex	是常用属性，所选择的列表项的索引号，第一项索引号为 0。如允许多选，该属性返回任意一个选择的条目的索引号，如一个也没选，该值为 –1
SelectedIndices	返回所有被选条目的索引号集合，是一个数组类对象
SelectionMode	确定可选的项数，以及选择多项的方法。属性值可以有 none（可以不选或选一个）、one（必须且必选一个）、MultiSimple（多选）或 MultiExtended
Sorted	表示选项是否以字母的顺序排序，默认值为 false，不允许
方法	说明
Add()	用来向列表框中增添一个新的列表项
Remove()	用来从列表框中删除一个列表项
SelectedIndexChanged()	被选项索引号发生改变时触发的事件

例 4.5　设计一个简单的 CheckedListBox 列表选择控件应用窗体。

打开 Microsoft Visual Studio 2012，新建一个窗体应用程序，在窗体中添加一个 CheckedListBox 列表选择控件，添加一个标签用于获取用户的选择结果，添加一个 Button 按钮，并编写其 Click 处理事件，代码如下所示。运行效果如图 4-14 所示。

```
public partial class Form1: Form
{
  public Form1()
  {
    InitializeComponent();
  }
  private void button1_Click(object sender, EventArgs e)
  {
    string txt=" 你期望工作的城市是：";
```

```
// 通过循环获取用户选择的多项的文本
foreach (object s1 in checkedListBox1.CheckedItems)
{
    txt += s1.ToString()+' ';
}
label2.Text = txt;
    }
}
```

图 4-14　CheckedListBox 列表控件

【说明】在此例中，我们通过 CheckedListBox 列表控件实现多项列表选择，也可以使用 ListBox 列表框控件来实现这种功能。当使用 ListBox 列表框控件时需要将其 SelectionMode 属性值设置为 MultiSimple（多选）或 MultiExtended。

4.2.8　富文本控件（RichTextBox）

在 WinForm 应用程序开发中，富文本控件 RichTextBox 可以看成是普通文本框 TextBox 的升级版，富文本控件可以像普通文本框 TextBox 控件一样使用，但它在接受用户输入文本、数据的同时还可以进行文本格式设置，是带有格式设置的文本框控件，如可以设置字体的颜色、字体样式等格式，比普通的文本框控件更为美观。下面介绍 RichTextBox 控件的常用属性和使用方法，见表 4-9。

表 4-9　RichTextBox 常用属性

属性	说明
Multiline	控制富文本控件是否显示滚动条：true 为是，false 为否；默认为 true（此项属性在 TextBox 也可实现）
WordWrap	用于指示多行文本框控件在必要时是否换行到下一行的开始，当属性为 true 时，不论 ScrollBars 属性值是什么，都不会显示水平滚动条
Font	用于设置文本框控件中的文本的字体
ForeColor	用于设置文本框控件中的文本的颜色

例 4.6　设计一个简单的富文本控件 RichTextBox 应用窗体。

　　打开 Microsoft Visual Studio 2012，新建一个窗体应用程序，在空白窗体上添加合适的控件：包括三个标签控件，显示有格式字体的 RichTextBox 文本框；用于设置不同颜色、字体的两个 Button 按钮；用于选择字体颜色和字体的两个组合框控件，设计及测试效果图如图 4-15 所示。

图 4-15　RichTextBox 文本框

　　两个 Button 按钮的 Click 处理事件的代码如下所示：

```
private void button1_Click(object sender, EventArgs e)
// 设置文本颜色的 Button 按钮 Click 处理事件
{
        switch (comboBox1.SelectedIndex)
        {
                case 0:
                        richTextBox1.SelectionColor = Color.Red;
                        break;
                case 1:
                        richTextBox1.SelectionColor = Color.Blue;
                        break;
                case 2:
                        richTextBox1.SelectionColor = Color.Green;
                        break;
                case 3:
                        richTextBox1.SelectionColor = Color.Yellow;
                        break;
        }
}
private void button2_Click(object sender, EventArgs e)
// 设置文本字体的 Button 按钮 Click 处理事件
{
        switch (comboBox2.SelectedIndex)
        {
                case 0:
                        richTextBox1.SelectionFont = new Font(" 楷体 ", 16, FontStyle.Bold);
                        break;
```

```
            case 1:
                richTextBox1.SelectionFont = new Font(" 隶书 ", 20, FontStyle.Bold);
                break;
            case 2:
                richTextBox1.SelectionFont = new Font(" 宋体 ", 16, FontStyle.Bold);
                break;
        }
    }
```

【说明】在此例中，窗体中间的控件就是富文本控件（RichTextBox），外观上像普通文本框 TextBox 控件一样，可以接受用户输入，但它在接受用户输入文本、数据的同时还可以进行文本格式设置，是带有格式设置的文本框控件。

4.2.9 日期时间控件（DateTimePicker）

DateTimePicker 是常用的一个日期选择器，使用这个控件可以轻松地获取当前选择的日期，主要用于用户注册时间、出生年月日的选择等相关应用。下面，我们将通过一个简单的例子来介绍 DateTimePicker 的使用方法。方法步骤如下：

打开 Microsoft Visual Studio 2012，新建一个窗体应用程序，在空白窗体上添加一个 DateTimePicker 控件，双击 DateTimePicker 控件进入事件，当选择的日期变化时触发该事件。接下来我们将介绍 DateTimePicker 控件的一个常用事件 ValueChanged()，此事件是在用户改变选择日期、时间时触发，在 DateTimePicker 控件的 ValueChanged()事件中添加需要触发的操作。

DateTimePicker 控件的 Value 属性介绍：

Value 表示当前 DateTimePicker 控件的日期时间值（显示系统时间）。

ToString("yyyy/MM/dd HH:mm:ss") 表示格式化日期显示格式。其中，yyyy 表示年份；MM 表示月份；dd 表示日；HH 表示 24 小时制格式（hh 表示 12 小时制格式）；mm 表示分钟；ss 表示秒。设计及测试效果如图 4-16 所示。

图 4-16 日期时间控件应用

DateTimePicker 控件的 ValueChanged() 事件处理代码如下:

```
// 当用户改变日期、时间时以对话框的形式提示
private void dateTimePicker1_ValueChanged(object sender, EventArgs e)
{
        MessageBox.Show(" 你选择的日期时间是:
            "+dateTimePicker1.Value.ToString("yyyy/MM/dd HH:mm:ss"));
}
```

【说明】如果只希望获取用户选择的年份、月份或日期,可以利用 DateTimePicker 控件的 Value 属性的 Year、Month 和 Day 三个值来分别获取, 如 DateTimePicker1. Value.Year.ToString()、DateTimePicker1.Value.Month.ToString() 和 DateTimePicker1. Value.Day.ToString()。

4.2.10　滚动条控件(HScrollBar 和 VScrollBar)

滚动条控件比较常见,Windows 窗体中很多都有滚动条。前面讲的列表框和组合框设置了相应属性后,如果列表项内容较多也会出现滚动条。WinForm 中滚动条分为水平滚动条(HScrollBar)和垂直滚动条(VScrollBar)两种。滚动条中有一个滚动块,用于标识滚动条当前滚动的位置。我们可以拖动滚动条,也可以用鼠标单击滚动条某一位置使滚动块移动。滚动条控件的常用属性和使用方法见表 4-10。

表 4-10　滚动条控件的常用属性

属性	说明
Value	滚动条的数值,反映当前移动块的位置。初始值设定后,运行时停留在这个位置。运行时拉动滚动条,由 Scroll 事件的 e.NewValue 参数传递过来
Maximum	Value 的最大值, 一般为 100
Minimum	Value 的最小值, 即端点的数值
SmallChange	每次单击移动的数值, 一般为 1
LargeChange	移动块的长度, 一般为 10

【说明】滚动条控件比较常见,操作及使用都比较容易,在此将同下一个控件图片框一起通过案例进行介绍。

4.2.11　图片框控件(PictureBox)

图片框控件(PictureBox)常用于图形设计和图像处理程序,又称为图形框。PictureBox 控件用于显示位图、GIF、JPEG、图元文件或图表格式的图形,所显示的图片由 Image 属性确定,该属性可在运行时或设计时设置。该控件的 SizeMode 属性控制图像在图片框中的显示位置和大小,其属性值为 PictureBoxSizeMode 枚举值,当其属性值为 Normal(默认值)时,图像置于图片框的左上角,凡是因尺寸过大而不适合图片框的部分都将被裁减掉。图片框控件的常用属性和使用方法见表 4-11。

表 4-11　PictureBox 控件常用属性

属性	说明
Image	在 PictureBox 上显示的图片，可以在程序运行时用 Image.FromFile 函数加载
BorderStyle	emun 型，none 表示无边框；FixedSingle 表示单线边框；Fixed3D 表示立体边框
SizeMode	emun 型，表示图片大小的显示模式：Normal 表示图像被置于空间左上角，图像超出部分将被剪切；AutoSize 表示自动调整图片框大小；CenterImage 表示居中显示图片；StretchImage 表示拉伸或收缩图像，以适合图片框的大小；Zoom 表示图像大小按其原有的大小比例缩放

由于 PictureBox 控件的使用比较简单，在此同滚动条控件一起举例介绍其使用方法。方法步骤如下：打开 Microsoft Visual Studio 2012，新建一个窗体应用程序，在空白窗体上添加一个 Panel 控件，调整 Panel 控件的大小为希望显示图片窗口的大小，之后在 Panel 中添加一个 PictureBox 控件，并拖放 PictureBox 调整其大小，一般要求图片的高度、宽度大于 Panel 的高度和宽度，这样才能应用滚动条去控制图片的显示。最后添加一个水平滚动条 HScrollBar 控件和一个垂直滚动条 VScrollBar 控件。窗体的设计界面如图 4-17 所示。

图 4-17　PictureBox 控件应用

在此例中，使用 VScrollBar、HScrollBar 和 PictureBox 控件显示图片，实现滚动条的效果。实现代码如下：

（1）在 Load 事件中添加代码：

```
hScrollBar1.Maximum = pictureBox1.Width-this.panel1.Width;
vScrollBar1.Maximum = pictureBox1.Height-panel1.Height;
```

（2）给 vScrollBar 控件添加 Scroll 事件代码：

```
pictureBox1.Top = -vScrollBar1.Value;
```

（3）给 hScrollBar 控件添加 Scroll 事件代码：

```
pictureBox1.Left = -hScrollBar1.Value;
```

4.2.12 分组框控件（GroupBox）

分组框控件（GroupBox）又称为分组框，GroupBox 是对窗体上其他控件进行分组的控件，可以设置每个组的标题。分组框控件属于容器控件，一般不对该控件编码。GroupBox 控件常常用于逻辑地组合一组控件，如将 RadioButton 和 CheckBox 控件显示在一个框架中，其上有一个标题。

GroupBox 控件的用法非常简单，先把它拖放到窗体上，再把所需的控件拖放到分组框中即可（其顺序不能颠倒，不能把组框放在已有的控件上面）。其结果是父控件是分组框，而不是窗体，所以在任意时刻，可以选择多个 RadioButton。但在分组框中，一次只能选择一个 RadioButton。

这里解释一下父控件和子控件的关系。把一个控件放在窗体上时，窗体就是该控件的父控件，而该控件是窗体的子控件。而把一个 GroupBox 放在窗体上时，它就成为窗体的子控件。因为 GroupBox 本身可以包含控件，所以它就是这些控件的父控件，其结果是移动 GroupBox 时，其中的所有控件也会移动。

在前面 4.2.5 节中 CheckBox 复选框控件的应用举例中已经介绍过 GroupBox 控件的使用方法和效果，参见图 4-11。

4.3　高级控件

4.3.1 计时器控件（Timer）

扫码看视频

Timer 控件又称定时器控件或计时器控件，该控件的主要作用是按一定的时间间隔周期性地触发一个名为 Tick 的事件，因此在该事件的代码中可以放置一些需要每隔一段时间重复执行的程序段（如定时操作、显示时间等）。在程序运行时，定时器控件是不可见的，设计时若将定时器控件拖放到窗体上，它并不显示在窗体上而是显示在窗体的下方。Timer 控件的常用属性及方法见表 4-12。

表 4-12　Timer 控件属性及方法

属性及方法	说明
Enabled	用来设置定时器是否正在运行：值为 true 时，定时器运行；值为 false 时，定时器不运行
Interval	用来设置定时器两次 Tick 事件发生的时间间隔，以毫秒为单位，如它的值设置为 1000，则将每隔 1 秒发生一个 Tick 事件
Start()	用来启动定时器，调用的一般格式为 Timer 控件名 .start();
Stop()	用来停止定时器，调用的一般格式为 Timer 控件名 .stop();
Tick 事件	定义定时器控件响应事件只有 Tick，每隔 Interval 时间后将触发一次该事件

Timer 控件是一个比较容易掌握的控件，其属性和方法比较少，应用也比较简单。在此通过一个简单的显示系统时间的例子来介绍 Timer 控件的应用。方法步骤如下：打开 Microsoft Visual Studio 2012，新建一个窗体应用程序，在空白窗体上添加两个 label 控件：一个用于显示文本标题"显示系统时间"，一个用于获取并显示系统时间（将此标签的 AutoSize 属性设置为 false，其 BorderStyle 属性设置为 Fixed3D，这样方便调整标签的大小和外观）；最后添加一个 Timer 控件（注意：将 Timer 控件拖放到窗体上时，它并不显示在窗体上而是显示在窗体的下方），选中 Timer 控件设置两个重要属性：Enabled 设置为 True，Interval 属性设置为 1000（在实际开发中可以根据需要来设置间隔时间）。窗体的设计界面如图 4-18 所示。

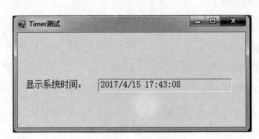

图 4-18　Timer 控件应用

具体的实现代码如下：

（1）在启动窗体时，需要先启动定时器控件，代码如下：

```
private void Form1_Load(object sender, EventArgs e)
{
        timer1.Start();      // 启动定时器
}
```

（2）为 Timer 控件添加 Tick 事件。代码如下：

```
private void timer1_Tick(object sender, EventArgs e)
{
        label2.Text = DateTime.Now.ToString();
}
```

【说明】在此例中，使用 Timer 控件可以使时间动态地显示，也就是一秒钟显示一次以达到动态变化的过程。有些需要实现窗体间定时跳转功能的也可以使用 Timer 控件来实现。

4.3.2　进度条控件（ProgressBar）

ProgressBar 控件又称进度条控件，该控件在水平栏中显示适当长度的矩形来指示进程的进度。当执行进程时，进度条用颜色在水平栏中从左向右进行填充。进程完成时，进度条被填满。当某进程运行时间较长时，如果没有视觉提示，用户可能会认为应用程序不响应，通过在应用程序中使用进度条，就可以告诉用户应用程序正在执行冗长的任务且应用程序仍在响应。ProgressBar 控件的常用属性及方法见表 4-13。

表 4-13　ProgressBar 控件属性及方法

属性及方法	说明
Maximum	用来设置或返回进度条能够显示的最大值，默认值为 100
Minimum	用来设置或返回进度条能够显示的最小值，默认值为 0
Value	用来设置或返回进度条的当前值的位置
Step	用来设置或返回一个值，该值用来决定每次调用 PerformStep 方法时，Value 属性增加的幅度。例如，如果要复制一组文件，则可将 Step 属性的值设置为 1，并将 Maximum 属性的值设置为要复制的文件总数
Increment()	用来按指定的数量增加进度条的值，调用格式为 progressBar 对象 .Increment(n);
PerformStep()	用来按 Step 属性值增加进度条的 Value 属性值，调用格式为 progressBar 对象 . PerformStep();

　　例 4.7　设计一个简单的带有进度条控件的应用窗体，通过改变进度条的当前值以实现进度显示效果。

　　打开 Microsoft Visual Studio 2012，新建一个窗体，在窗体中添加一个 ProgressBar 控件（可以按照表 4-13 来修改属性：最大值、最小值和当前值，在此例中都采用默认值，也可以根据需要自由更改），之后在 ProgressBar 控件后面再添加一个 Button 按钮控件，将其 Text 属性值设置为"显示进度变化"，窗体的设计及测试效果如图 4-19 所示。

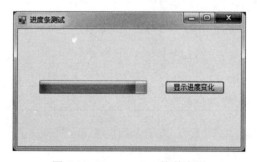

图 4-19　ProgressBar 控件应用

　　双击按钮进入单击事件，并在事件添加一个使进度条当前值递增的代码段。Value 属性值表示进度条 ProgressBar 的当前值。具体的实现代码如下：

```
private void button1_Click(object sender, EventArgs e)
{
        int i;
        for (i = 1; i < 100; i++)
        {
                progressBar1.Value = i;   // 将 i 的值设置为进度条当前值
                System.Threading.Thread.Sleep(500);
        }
}
```

　　【说明】在此使用进程休眠：System.Threading.Thread.Sleep(500)，因为 for 循环

速度非常快,肉眼看不出变化过程,所以在这里加了一个每隔500毫秒休眠一次的代码。这样就可以看到进度条在递增了。ProgressBar 控件能响应很多事件,但一般很少使用。

4.3.3 选项卡控件(TabControl)

在 WinForm 应用程序中,选项卡控件用于将相关的控件集中在一起,放在一个页面中用以显示多种综合信息。选项卡控件通常用于显示多个选项卡,其中每个选项卡中均可包含其他控件(选项卡类似一个容器)。选项卡相当于多窗体控件,可以通过设置多页面方式容纳其他控件。由于该控件的集约性,使得在相同的操作面积可以执行多页面的信息操作,因此被广泛应用于 Windows 窗体设计与开发中,深受 WinForm 应用程序设计人员的喜爱。选项卡控件的常用属性及方法见表 4-14。

表 4-14　选项卡控件常用属性

属性	说明
Alignment	控制标签在标签控件的显示位置,默认的位置为控件的顶部
Appearance	控制选项卡标签的显示方式,标签可以显示为一般的按钮或带有平面样式
HotTrack	如果这个属性设置为 true,则当鼠标指针滑过控件上的标签时,其外观就会改变
Multiline	指定是否可以显示多行选项卡,属性设置为 true,就可以有几行标签
RowCount	返回当前显示的标签行数
SelectedIndex	当前所选选项卡页的索引值,默认值为 –1
SelectedTab	当前选定的选项卡页,如果未选定,则值为 Null 引用
TabCount	检索选项卡控件中的选项卡数目
TabPages	控件中的 TabPage 对象集合,使用这个集合可以添加和删除 TabPage 对象

我们将通过一个简单的例子来介绍选项卡控件的应用。由于选项卡控件(TabControl)属于容器型控件,主要用于将其他控件按页分类组织与管理,在此只介绍其设计效果。设计效果如图 4-20 所示。

图 4-20　TabControl 窗体的设计效果

方法步骤如下：打开 Microsoft Visual Studio 2012，新建一个窗体，在窗体中添加一个 TabControl 控件（该控件在工具箱的"容器"类控件中）。将 TabControl 控件添加到窗体中，其默认只有两个页面（tabPage1、tabPage2），此时用鼠标选中 TabControl 控件，可以通过 TabePages 属性来增加或减少页面数量，并对各页面的文本、背景等进行相关设置。当一个选项卡页面设计好后即可在该页面中添加其他控件，如图 4-20 所示。选中"自助用餐"选项卡后，在其中添加各种控件并设计效果，设计好一个页面之后即可设计下一个选项卡页面。

TabControl 窗体的设计及测试效果如图 4-20 所示。

4.3.4　树形视图控件（TreeView）

树形视图（TreeView）控件也称树形菜单，TreeView 控件以树视图的方式展示给用户，为用户提供便捷的文本菜单导航功能。TreeView 控件的 Node 属性表示 TreeView 控件的树节点集，树节点集中的每个树节点包括本身的树节点集，可以使用 Add()、Remove()、RemoveAt() 方法添加、删除节点。TreeView 控件主要的属性和事件见表 4-15。

表 4-15　TreeView 控件常用属性及方法

属性	说明
Nodes	TreeView 控件中的根节点中的具体内容集合
ShowLines	是否显示根节点与子节点之间的连接线，默认为 true
StateImageList	树型视图用以表示自定义状态的 ImageList 控件
Scrollable	树形菜单窗口中是否出现滚动条
事件	说明
AfterCheck()	在选中或取消属性节点时触发该事件
AfterCollapse()	在折叠节点后触发该事件
BeforeCheck()	选中或取消树节点复选框时触发该事件
BeforeCollapse()	在折叠节点前触发该事件

例 4.8　设计一个简单的 TreeView 控件的应用窗体。

扫码看视频

（1）打开 Microsoft Visual Studio 2012，新建一个窗体，在窗体中添加一个 TreeView 控件。将 TreeView 控件添加到窗体中（修改控件名，以"tvw"为前缀，这是命名规范）。

（2）单击 TreeView 控件右上角的黑色三角，打开 TreeView 任务栏，单击"编辑节点"选项，打开"TreeNode 编辑器"。TreeNode 编辑器的界面如图 4-21 所示。注意：在 TreeNode 编辑器中添加节点时，先要弄清楚添加的是根还是子级节点。

（3）单击"添加根"按钮，将在左边的窗格中添加一个根节点，右边出现属性面板，可以修改属性值。设置 Text 属性值为节点显示的文本，Name 属性值为节点的标识。

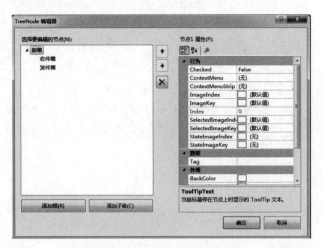

图 4-21　TreeNode 编辑器界面

（4）如果希望在该根节点下添加子节点，单击"添加子级"按钮，左边窗格中就会显示一个节点，可以同样在属性面板中进行设定。

（5）选中某节点，单击 TreeNode 中的"↑"或"↓"按钮，可以实现节点的上升或下降，单击"确定"按钮，创建完成窗体。单击窗面的"+"或"-"号，可以展示或折叠树的节点。

TreeView 控件的设计及测试效果如图 4-22 所示。

图 4-22　TreeView 控件的设计效果

【说明】在 TreeView 控件中添加节点时，一定要先添加根节点，再添加子节点。也可以通过编程添加节点，如向名为 tvwTree 的 TreeView 控件添加根节点，代码如下所示：

```
TreeNode node = new TreeNode(" 根节点文本 ");
this.tvwTree.Nodes.Add(node);
```

向该 node 根节点添加子节点的示例代码如下所示：

```
TreeNode objnode1=new TreeNode(" 子节点 1");
TreeNode objnode2=new TreeNode(" 子节点 2");
node.Nodes.Add(objnode1);
node.Nodes.Add(objnode2);
```

4.4　菜单编程

前几节主要介绍了 WinForm 应用程序设计中常用的各种基本控件、高级控件的使用方法和应用举例，在实际应用中窗体的设计不只是这些基本控件，一般一个窗体程序会有一个"主菜单"来提供所有功能的选项，还会有一些"右键菜单"为专属的区域和控件提供快捷功能。本节将主要介绍窗体开发时所要使用的菜单控件、右键菜单和快捷键的设计方法。

4.4.1　菜单程序简介

在 WinForm 应用程序设计中，菜单是必不可少的组成元素，其中包含了应用程序所支持的各种最常用操作，如"打开文件""保存文件""编辑""帮助"等，这些操作都可以放到菜单栏中。给窗体程序设置添加一个菜单栏使得窗体界面整洁，既方便用户操作，还可以提高操作效率；当单击某个菜单中的功能按钮，有时会弹出提示框，提示用户操作。我们通常把常用的功能添加到菜单栏中，这样比较直观地方便用户使用。例如，我们正在学习和使用的 IDE 平台 Microsoft Visual Studio 2012 的主菜单（部分）如图 4-23 所示。

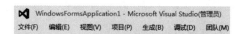

图 4-23　Visual Studio 2012 的主菜单

在 WinForm 窗体中，可以添加的菜单有两种：主菜单（MenuStrip）和上下文菜单（ContextMenuStrip）。应用程序主菜单如图 4-23 所示。上下文菜单也称为右键菜单，如在记事本的文本编辑窗口单击右键出现的菜单，如图 4-24 所示。

图 4-24　记事本的右键菜单

4.4.2　菜单控件

为方便程序员创建菜单，Visual Studio 2012 提供了菜单设计器工具，可以快速地向菜单中添加菜单项及设置菜单属性。

1. 主菜单控件 MenuStrip

扫码看视频

从工具箱的"菜单和工具栏"中选择 MenuStrip 控件（菜单控件），将其拖放到窗体中，菜单控件会显示在设计器的下方，如图 4-25 所示。此时在窗体的顶部会出现一个带下拉按钮的提示框，提示设计人员输入菜单项。说明：这里我们可以一次添加各个菜单项，也可以选择某一菜单项后为其添加子菜单项（也就是二级菜单）。具体设计效果可以参见本节案例项目 Demo_4_1。

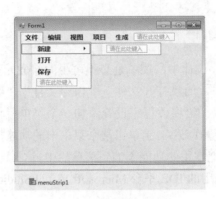

图 4-25　主菜单设计效果

其中，右箭头表示可以在该菜单项上添加子菜单，所以每一个菜单项都可以添加多个子菜单项；而子菜单本身也可以继续添加子菜单。

2. 上下文菜单控件 ContextMenuStrip

扫码看视频

上下文菜单 ContextMenuStrip 也称为右键菜单。与主菜单 MenuStrip 控件相比，两者的设计完全相同，都是由多个菜单项组成；不同的是，上下文菜单不会在窗体的顶部显示，而是在需要时响应窗体的右键单击事件，让右键菜单在鼠标单击的位置弹出。

在上例 Demo_4_1 主菜单设计窗体上添加一个 ContextMenuStrip 控件，添加右键菜单后选中此右键菜单，给它添加三个菜单项，添加后的效果如图 4-26 所示。

上下文菜单控件 ContextMenuStrip 添加及设置好后，我们可以通过给窗体添加一个 MouseClick 事件，来编程测试该右键菜单的效果。选中窗体，添加一个 MouseClick 事件，事件处理程序的代码如下：

```
private void Form1_MouseClick(object sender, MouseEventArgs e)
{
    if (e.Button == MouseButtons.Right)              // 单击鼠标右键
    {
        contextMenuStrip1.Show (this,e.X,e.Y);       // 弹出右键菜单
    }
}
```

以上案例启动窗体调试后，在窗体中单击右键，效果如图 4-27 所示。

图 4-26　上下文菜单设计效果

图 4-27　右键菜单效果

4.4.3　菜单控件的应用

在 Visual Studio 2012 中，每个菜单项都是一个独立的控件，都可以响应一个独立的事件过程。一般来说，都响应鼠标的单击 Click 事件。接下来我们将在前面菜单窗体设计的基础上来介绍菜单控件的应用。选中案例 Demo_4_1 中主菜单项"文件"中的子项，如"退出"，给此子项添加一个 Click 事件，事件的处理代码如下：

```
private void MenuItemExit_Click(object sender, EventArgs e)
{
        if (MessageBox.Show(" 你确定要退出吗？ ", " 退出提示 ", MessageBoxButtons.YesNo,
MessageBoxIcon.Question, MessageBoxDefaultButton.Button2) == DialogResult.Yes)
        {
                Application.Exit();
        }
}
```

启用测试项目，当单击"文件"菜单项中的"退出"子项时，运行效果如图 4-28 所示。

图 4-28　菜单控件事件应用

4.4.4　菜单访问键和快捷键

在窗体中添加菜单控件，并设置好各菜单项之后，就可以为各菜单项设置访问键和快捷键：这个操作既可以在代码中通过设置属性来修改，也可以在设计视图模式下设置其 ShortcutKeys 属性来修改，如图 4-29 所示。设置方法为：选中一个菜单项，如"新建"项，在属性面板中选择 ShortcutKeys 属性项，设置访问键的"修饰符"，这里选择的是 Ctrl，"键"选择的是 N，设置好之后就可以看见"新建"菜单项后面出现 Ctrl+N，这样访问键就设置好了。

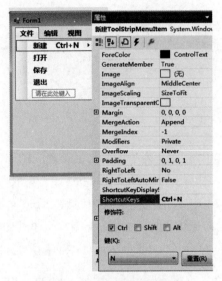

图 4-29　菜单快捷键属性窗口

此外，还可以为菜单项添加快捷键，只要在菜单项的 Text 属性中添加"&"符号就可以了。例如，在"文件"菜单项的 Text 属性值"文件"的后面加上"（&F）"符号，该菜单项就会以"文件（F）"的形式显示，形成的快捷键为 Alt+F 组合键。

注意不要直接在汉字前面使用"&"符号，如"& 文件"会显示为"文件"，这样用户无法使用键盘输入指定的快捷键。

如果要在子菜单项直接添加分隔线，只需要把 Text 属性值设置成"-"（半角减号），子菜单项与项之间就会以分隔线的形式显示在菜单上。

4.5　窗体创建与数据传递

在 WinForm 应用程序项目中，经常需要在不同窗体之间进行数据传递和通信，窗体间数据传递的类型和传递方式较多，最常见的是父子窗体之间的数据传递，如用户登录的 ID 值，各个窗体都需要获取该值。我们将通过案例来介绍窗体间数据传递的特点和实现方式。

4.5.1　窗体的创建

启动 Visual Studio 2012，新建一个 WinForm 窗体应用程序项目 Demo_4_2，将当前窗体设为主窗体，窗体名为 MainForm，在主窗体中添加一个 ListView 控件、一个"添加" Button 控件和一个"删除" Button 控件，MainForm 窗体的设计效果如图 4-30 所示。

在项目 Demo_4_2 中再添加一个新窗体 Form2，在 Form2 窗体中添加两个 TextBox 控件、一个"确定" Button 控件和一个"取消" Button 控件，目的是将 TextBox 控件中用户输入的数据传递到 MainForm 窗体中的 ListView 控件中。窗体 Form2 的设计效果如图 4-31 所示。

图 4-30　数据传递窗体设计

图 4-31　数据提交窗口设计

4.5.2　窗体间的数据传递

创建好以上两个窗体后，接下来我们将通过编写代码来实现两个窗体间数据的传递。两个窗体间的操作流程是：当单击 MainForm 窗体上的"添加"按钮时弹出 Form2 窗体，在 Form2 窗体的两个 TextBox 中输入数据后，单击"确定"按钮，数据回传到主窗体 MainForm 中的 ListView 中。

扫码看视频

在 Form2.cs 中编写如下代码：

```
namespace Demo_4_2
{
  public delegate void MyDelegate(string Item1, string Item2);
  // 创建一个委托，委托实质上是一个类
  public partial class Form2 : Form
  {
    public MyDelegate myDelegate;          // 创建一个委托对象
    public Form2()
    {
      InitializeComponent();
    }
    // 单击按钮时，执行委托事件，获取两个控件值
    private void btnOk_Click(object sender, EventArgs e)
```

```
            {
                myDelegate(this.IDTxtBox.Text, this.NameTxtBox.Text);
                this.Dispose();
            }
        }
```

为主窗体 MainForm 中的"添加"按钮添加 Click 事件代码：

```
private void button1_Click(object sender, EventArgs e)
{
    Form2 f2 = new Form2();                  // 创建 Form2 窗体对象 f2
    f2.myDelegate += new MyDelegate(Add);    //f2 执行委托事件 Add()
    f2.Owner = this;
    f2.Show();
}
//Add() 方法事件用于将文本添加到 listView1 中
public void Add(string Item1, string Item2)
{
    this.listView1.Items.Add(Item1);
    this.listView1.Items[listView1.Items.Count-1].SubItems.Add(Item2);
}
```

为主窗体 MainForm 中的"删除"按钮添加 Click 事件代码：

```
private void button2_Click(object sender, EventArgs e)
{
    int i = 0;
    if (listView1.SelectedItems.Count > 0)
    {
        i = listView1.SelectedItems[0].Index;
        listView1.Items[i].Remove();     // 从 listView1 中移除选中的 Items 项
    }
}
```

启用测试项目，当单击主窗体中的"添加"按钮时，打开窗体 Form2。在 Form2 窗体中输入文本，单击"确定"按钮，返回主窗体，数据被传递到主窗体的 listView1 中，运行效果如图 4-32 所示。

图 4-32　窗体间数据传递测试效果

【说明】窗体之间的数据传递还有其他几种方式，如将需要接收数据的窗体声明为全局静态变量，如声明为 Program 类的静态成员，这样就可以在传递数据的窗体中访问接收数据的窗体；也可以通过共同访问数据库实现窗体间数据共享；还可以在发送数据的窗体中声明有返回类型的方法，或者通过属性来将数据传递给接收数据的窗体。总之，窗体间数据传递方法比较多，需要根据实际的应用项目来选择合适的方法。

4.6　应用实例：个人简历系统

在本章中我们先学习了 Windows 窗体应用程序的概念、特点，然后一一介绍了 Windows 窗体设计中常用的十几种控件的属性和方法，通过实际应用举例进行讲解。通过本章节内容的学习，大家基本能够设计完成一些满足实际应用的 Windows 窗体。在本节最后，我们将综合运用前面所学习过的常用 Windows 控件来设计一个个人简历系统的窗体。

任务：使用 Windows 窗体常用控件设计制作个人简历系统的窗体，并编程实现其功能。该窗体的设计效果如图 4-33 所示。

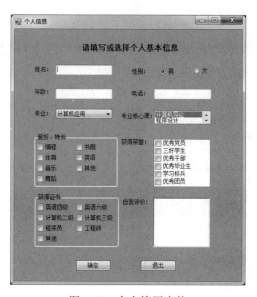

图 4-33　个人简历窗体

应用实例的代码如下：

```
namespace WindowsFormsApplication1
{
    public partial class Form1 : Form
    {
        public Form1()
        {
            InitializeComponent();
        }
```

```
// 声明数组保存专业名称、各专业的核心课程
string[] spec = new string[5] { "计算机应用", "软件技术", "网络技术", "物联网", "计
算机信息管理" };
string[] cour1 = new string[] { "计算机导论", "程序设计", "数据库", "局域网组建",
"数据结构", "数字逻辑" };
string[] cour2 = new string[] { "计算机基础", "程序设计", "数据库", "Java 程序设计",
"JSP 网站设计", "高级编程" };
string[] cour3 = new string[] { "计算机基础", "路由器配置", "无线网络安全", "OPP",
"协议分析", "组网与维护" };
string[] cour4 = new string[] { "计算机应用", "物联网导论", "传感器技术", "物联网
技术", "RFID 技术", "电子电路" };
string[] cour5 = new string[] { "计算机基础", "数据库", "C# 程序设计", "网页设计",
"数据结构", "网络操作系统" };

private void Form1_Load(object sender, EventArgs e)
{
    radioMale.Checked = true;
    comboBox1.DataSource = spec;
    comboBox1.SelectedIndex = 0;
    listBox1.DataSource = cour1;
}

// 专业变化，实现核心课程动态变化
private void comboBox1_SelectedIndexChanged(object sender, EventArgs e)
{
    switch (comboBox1.SelectedIndex)
    {
        case 0:
            listBox1.DataSource = cour1;
            break;
        case 1:
            listBox1.DataSource = cour2;
            break;
        case 2:
            listBox1.DataSource = cour3;
            break;
        case 3:
            listBox1.DataSource = cour4;
            break;
        case 4:
            listBox1.DataSource = cour5;
            break;
    }
}

// 自定义方法，检查用户填写信息是否为空
private bool checkInfo()
{
    bool check = true;
    if (txtName.Text.Trim() == "" || txtAge.Text.Trim() == "" || txtPhone.Text.Trim() == "")
    {
        check = false;
```

```
                MessageBox.Show(" 姓名、年龄、电话信息必须填写！ ");
            }
            return check;
        }


// 自定义方法，获取所填信息
private string Information()
{
    string msg = "";                        // 完整信息
    string base_info = "";                  // 基本信息
    string hobby = "";                      // 爱好、特长
    string honors = "";                     // 获得荣誉
    string spec_info = "";                  // 专业信息
    string certifi = " 获得证书：";          // 获得证书
    string evaluation = "";                 // 自我评价

    // 基本信息
    base_info += txtName.Text.Trim();
    if (radioMale.Checked)
        base_info += ", 男 ";
    else
        base_info += ", 女 ";
    base_info += ",   " + txtAge.Text.Trim() + " 岁，电话 ";
    base_info += txtPhone.Text.Trim() +", ";
    // 爱好、特长
    foreach (Control ct1 in groupBox1.Controls)
    {
        CheckBox chk = (CheckBox)ct1;
        if (chk.Checked == true)
        {
            hobby += "<" + chk.Text + ">";
        }
    }
    hobby = " 爱好、特长：" + hobby + "。\n";
    // 专业和核心课程
    spec_info = " 所学专业：" + comboBox1.Text + "\n 专业核心课程包括：";
    foreach (object course in listBox1.Items)
    {
        spec_info += "<" + course.ToString() + ">";
    }
    spec_info += "。\n";
    // 获得荣誉
    if(checkedListBox1.CheckedItems.Count != 0)
    {
        foreach (object intr in checkedListBox1.CheckedItems)
        {
            honors += "<" + intr.ToString() + ">";
        }
        honors = " 获得荣誉：" + honors + "。\n";
    }
    // 获得证书
    foreach (Control cert1 in groupBox2.Controls)
```

```
        {
            CheckBox chk = (CheckBox)cert1;
            if (chk.Checked == true)
            {
                certifi += "<" + chk.Text + ">";
            }
        }
        certifi += "。\n";
        evaluation += " 自我评价： " + richTextBox1.Text.Trim();
        msg += base_info + hobby + spec_info + honors + certifi + evaluation;
        return msg;
    }

    private void btnOK_Click(object sender, EventArgs e)
    {
        if (checkInfo())
        {
            MessageBox.Show(Information(), txtName.Text + " 的个人信息 ");
        }
    }

    private void btnQuit_Click(object sender, EventArgs e)
    {
        this.Close();
    }
}
}
```

项目调试运行后的效果如图 4-34 所示。

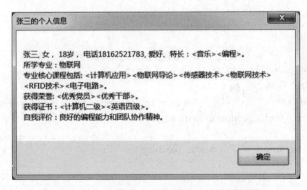

图 4-34　填写个人信息提交后的效果图

本章小结

　　本章主要内容是介绍 Windows 窗体应用程序的概念；学习如何创建图形用户界面（GUI）程序，掌握各种常见的 Windows 窗体应用设计；详细介绍了窗体设计中常用的十几种控件的属性和方法，并通过具体的案例来对每一种控件进行实例讲解；

最后介绍了窗体之间数据传递的方法。通过本章的学习使我们初步掌握 Windows 窗体应用程序的基础知识和一些常用基本控件的使用，掌握编写少量代码即可提供丰富 Windows 窗体应用的功能。

 习题

一、选择题

1. 假设已经设计好一个窗体 Form1，（　　）命令可以显示这样的窗体。

    A．Form1.Show();

    B．Form1.Load();

    C．Form1frm; frm=newForm1(); frm.Load();

    D．Form1frm; frm=newForm1(); frm.Show();

2. （　　）命令可以将一个控件停靠到窗体的右边。

    A．button1.Dock=DockStyle.Right;

    B．button1.Dock=Right;

    C．button1.Anchor=AnchorStyles.Right;

    D．button1.Anchor=Right;

3. 在 WinForms 窗体中，为了禁用一个名为 btnOpen 的 Button 控件，下列做法正确的是（　　）。

    A．btnOpen.Enable=true;　　　　　　　B．btnOpen.Enable=false;

    C．btnOpen.Visible=false;　　　　　　D．btnOpen.Visible=true;

4. 在 WinForms 窗体控件文本框（TextBox）的属性中，（　　）属性控制该文本框中可以输入的最大字符数。

    A．Max　　　　　B．Multiline　　　　C．Maxlength　　　　D．MaximizeBox

5. 在 WinForms 窗体中，有关 ListView 控件，运行下面的代码之后，下列说法错误的是（　　）。

```
this.listView1.SelectedItems[1].Text = "AA"
```

    A．将选择的列表中第一项文本值修改为 AA

    B．将选择的列表中第二项文本值修改为 AA

    C．当没有选择任何项的时候，程序出错

    D．当选择只有一项的时候，程序出错

6. 在 WinForms 程序中，如果复选框控件的 Checked 属性值设置为 True，表示（　　）。

    A．该复选框不被选中　　　　　　　　　B．该复选框被选中

    C．不显示该复选框的文本信息　　　　　D．显示该复选框的文本信息

7. 树形视图 TreeView 类包含在以下（　　　）命名空间中。

    A．System.Windows.Drawing   B．System.Windows.Forms.Controls

    C．System.Windows.Forms   D．以上都不对

8. 除了 Splitter，以下还能充当分隔条的组件是（　　　）。

    A．FlowLayoutPanel   B．Panel

    C．SplitContainer   D．TableControl

9. 展开树形视图控件 TreeView 会触发的事件是（　　　）。

    A．AfterCollapse   B．AfterExpand

    C．BeforeCollapse   D．BeforeExpand

二、编程题

创建一个简单 WinForms 窗体应用程序实现数字竞猜小游戏，要求先设计出窗体，并通过编写简单的程序实现窗体的功能，窗体设计参考界面如图 4-35 所示。程序功能要求：启动程序，当单击"开始游戏"按钮后开始游戏，在文本框中输入一个 1 ～ 100 的整数，之后单击"竞猜"按钮，系统将输入的数和随机生成的数进行大小比较，通过对话框提示用户竞猜的数太大还是太小，系统对用户的竞猜进行计时，最后单击"结束游戏"按钮结束系统运行。

图 4-35　数字竞猜游戏界面

第5章

对话框与多文档编程

学习目标

- 掌握各种常用的对话框控件的应用，如消息框、打开文件对话框、保存文件对话框、字体对话框、颜色对话框、页面设置对话框、打印预览对话框和打印对话框等。
- 掌握多文档编程——MDI 窗体设计技术。

5.1　对话框

在 Windows 窗体应用程序设计中，除了用到基本的控件外，有时还经常需要用到各种对话框控件。对话框主要是以一种 Windows 窗口的形式给用户提供消息，供用户来选择和设置以实现应用程序和用户的交互。如在操作过程中遇到错误或程序异常，经常会使用对话框给用户提示。

在 Windows 窗体编程中常用的对话框主要有以下几种，它们分别是消息框、选择文件对话框、保存文件对话框、颜色对话框、打印预览对话框和字体选择对话框。本节将结合实例来一一讲解这些常用对话框的用法。

5.1.1　消息框

在 WinForm 中，MessageBox 消息对话框位于 System.Windows.Forms 命名空间中。一般情况下，一个消息对话框包含信息提示文字内容、消息对话框的标题文字、用户响应的按钮及信息图标等内容。WinForm 中允许开发人员根据自己的需要设置相应的内容，创建符合自己要求的信息对话框。

MessageBox 消息对话框只提供了一个 Show() 方法，用来把消息对话框显示出来。此方法提供了不同的重载版本，用来根据自己的需要设置不同风格的消息对话框。此方法的返回类型为 DialogResult（枚举类型），包含用户在此消息对话框中进行的操作。

在 Show() 方法的参数中使用 MessageBoxButtons 来设置消息对话框显示的按钮的个数及内容，此参数也是一个枚举值，其成员见表 5-1。

表 5-1　MessageBoxButtons 枚举类型

属性	说明
AbortRetryIgnore	在消息框对话框中提供"中止""重试"和"忽略"三个按钮
OK	在消息框对话框中提供"确定"按钮
OKCancel	在消息框对话框中提供"确定"和"取消"两个按钮
RetryCancel	在消息框对话框中提供"重试"和"取消"两个按钮
YesNo	在消息框对话框中提供"是"和"否"两个按钮
YesNoCancel	在消息框对话框中提供"是""否"和"取消"三个按钮

在实际的窗体设计中，可以指定表 5-1 中的任何一个枚举值所提供的按钮，单击任何一个按钮都会对应 DialogResult 中的一个值。

在 Show() 方法中使用 MessageBoxIcon 枚举类型定义显示在消息框中的图标类型，其可能的取值和形式见表 5-2。

表 5-2 消息框中的图标类型

属性	图标形式	说明
Asterisk 或 Information		圆圈中有一个字母 i 组成的提示符号图标
Error、Stop 或 Hand		红色圆圈中有白色 X 所组成的错误警告图标
Exclamation 或 Warning		黄色三角中有一个！所组成的符号图标
Question		圆圈中有一个问号组成的符号图标
None		没有任何图标

除上面表格中的参数之外，消息框还有一个 MessageBoxDefaultButton（枚举类型）的参数，指定消息对话框的默认按钮。

例 5.1 设计一个简单的窗体实现消息对话框的使用。

新建一个窗体应用程序，并从工具箱中拖拽到窗口里一个按钮，把按钮和窗口的 Text 属性修改为"测试消息对话框"，双击该按钮，弹出运行测试对话框，设计界面如图 5-1 所示。

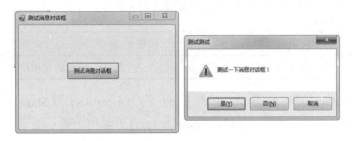

图 5-1 消息框及消息对话框的运行测试

测试时单击"测试消息对话框"按钮后弹出如图 5-1 右侧所示的对话框，观察此消息框上有一个警告的小图标，另带三个按钮（"是""否""取消"）。实际应用中需要什么样的图标及按钮个数，我们都可以从表 5-1、5-2 的枚举值中进行选择。具体代码可以参见 Demo_5_1，部分代码如下所示：

```
private void button1_Click(object sender, EventArgs e)
{
    DialogResult dr;
     dr = MessageBox.Show(" 测试一下消息对话框！ ", " 测试测试 ", MessageBoxButtons.
YesNoCancel,
         MessageBoxIcon.Warning, MessageBoxDefaultButton.Button1);
    if (dr == DialogResult.Yes)
        MessageBox.Show(" 你选择的为"是"按钮 ", " 系统提示 1");
    else if (dr == DialogResult.No)
        MessageBox.Show(" 你选择的为"否"按钮 ", " 系统提示 2");
    else if (dr == DialogResult.Cancel)
        MessageBox.Show(" 你选择的为"取消"按钮 ", " 系统提示 3");
    else
        MessageBox.Show(" 你没有进行任何操作！ ", " 系统提示 4");
}
```

5.1.2 打开文件对话框（OpenFileDialog）

扫码看视频

OpenFileDialog 控件又称打开文件对话框，主要用来弹出 Windows 中标准的"打开文件"对话框。OpenFileDialog 控件的常用属性见表 5-3。

表 5-3　OpenFileDialog 控件属性

属性	说明
InitialDirectory	用来获取或设置文件对话框显示的初始目录，默认值为空字符串（""）
Filter	文件名筛选器，筛选需要打开的文件类型。如筛选图片时"*.GIF|*.BMP|*.JPG|所有文件 (*.*)|*.*"，文件类型间用"|"分隔开
FilterIndex	用来获取或设置文件对话框中当前选定筛选器的索引，第一个筛选器的索引为 1
RestoreDirectory	布尔型，设定是否重新回到关闭此对话框时的当前目录
FileName	获取在打开文件对话框中选定的文件名的字符串，文件名既包含文件路径也包含扩展名
Multiselect	用来获取或设置一个值，该值指示对话框是否允许选择多个文件，默认值为 false
ShowHelp	设定在对话框中是否显示"帮助"按钮
Title	获取或设置对话框的标题，默认值为空字符串，系统将使用默认标题"打开"

OpenFileDialog 控件的常用方法有两个：OpenFile() 和 ShowDialog() 方法。OpenFile() 主要用于打开文件对话框，ShowDialog() 方法用于显示通用对话框，其一般调用形式如下：

通用对话框对象名.ShowDialog();

运行时，如果单击对话框中的"确定"按钮，则返回值为 DialogResult.OK；否则，返回值为 DialogResult.Cancel。其他对话框控件均具有 ShowDialog 方法，以后不再重复介绍。

例 5.2　设计一个打开文件及显示文件内容的窗体。

先在窗体上添加一个 Label 菜单，菜单项设置为"打开文件"；在窗体上添加一个 RichTextBox 控件，用于显示打开的文件内容；最后在窗体上添加一个 OpenFileDialog 控件（注：该控件添加后显示在窗体下方，控件名为 openFileDialog1）。设计效果如图 5-2 所示，具体代码及设计案例可以参考 Demo_5_2。

选中"打开文件"菜单项，添加一个 Click 事件，事件的功能代码如下。在代码中我们将使用 openFileDialog1 控件对象，并用此对象去访问 OpenFileDialog 的几个常用属性，如 InitialDirectory、Filter、FilterIndex 和 RestoreDirectory，这里还需要调用 ShowDialog() 方法来判断是否单击了"确定"按钮。

```
private void openFileMenu_Click(object sender, EventArgs e)
{
    OpenFileDialog openFileDialog1 = new OpenFileDialog();
    openFileDialog1.InitialDirectory = "c:\\"; // 定义此对话框的初始化目录
```

```
// 定义此对话框文件过滤类型
openFileDialog1.Filter = "txt files(*.txt)|*.txt|All files (*.*)|*.*";
// 此对话框缺省过滤类型为第二个
openFileDialog1.FilterIndex = 2;
openFileDialog1.RestoreDirectory = true;
if (openFileDialog1.ShowDialog() == DialogResult.OK)
{
    fName = openFileDialog1.FileName;
    File fileOpen = new File(fName);
    //isFileHaveName = true;
    richTextBox1.Text = fileOpen.ReadFile();
    richTextBox1.AppendText("");
}
}
```

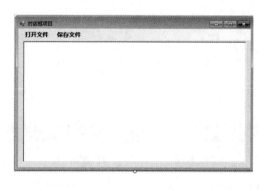

图 5-2　OpenFileDialog 控件应用

【说明】为了能够弹出打开文件对话框（OpenFileDialog），而且能够成功地看到打开的文件内容，我们添加了一个 RichTextBox 控件用于显示打开的文件内容。为了读取打开的文件内容，需要一个读文件的 File 类，在类中定义读取内容的方法。

```
namespace Demo_5_2
{
    public class File
    {
        string fileName;
        public File(string fileName)
        {
            this.fileName = fileName;
        }
        public string ReadFile()
        {
            StreamReader sr = new StreamReader(fileName, Encoding.Default);
            string result = sr.ReadToEnd();
            sr.Close();
            return result;
        }
        public void WriteFile(string str)
```

```
            {
                StreamWriter sw = new StreamWriter(fileName, false, Encoding.Default);
                sw.Write(str);
                sw.Close();
            }
        }
    }
```

经运行调试，当单击窗体菜单栏中的"打开文件"按钮时，就弹出打开文件对话框控件对象 openFileDialog1，如图 5-3 所示。

图 5-3　打开文件对话框

在打开文件对话框中选择一个文本文件，单击"打开"按钮就会将文件内容显示在控件对象 richTextBox1 中，如图 5-4 所示。

图 5-4　成功打开文件

5.1.3　保存文件对话框（SaveFileDialog）

WinForm 应用程序设计提供了保存文件对话框（SaveFileDialog）控件，以便用户定位和输入要保存文件的名称。保存文件对话框可以显示一个预先配置的对话框，用户可以使用该对话框将文件保存到指定的位置。

扫码看视频

在窗体中添加保存文件对话框控件（SaveFileDialog）时，该控件会显示在窗体的下边。SaveFileDialog 控件的大部分属性与 OpenFileDialog 类似，只有少数不同，在此不再介绍。

例 5.3　通过 SaveFileDialog 控件来实现保存文件操作。

在例 5.2 的基础上通过添加一个 SaveFileDialog 控件来操作演示。首先在窗体的菜单增加一个"保存文件"菜单项，在窗体上添加一个 SaveFileDialog 控件用于保存文件（注：该控件添加后显示在窗体下方，控件名为 saveFileDialog1）。设计效果如图 5-2 所示。具体代码及设计案例可以参考 Demo_5_2。

选中"保存文件"菜单项，添加一个 Click 事件，事件的功能代码如下，在代码中我们将通过使用 saveFileDialog1 控件对象，并用此对象去访问 SaveFileDialog 的几个常用属性。

```
private void SaveFile_MenuItem_Click(object sender, EventArgs e)
{
    saveFileDialog1.Filter = " 文本文件 |*.*|C# 文件 |*.cs| 所有文件 |*.*";
    saveFileDialog1.FilterIndex = 2;
    saveFileDialog1.RestoreDirectory = true;
    if (saveFileDialog1.ShowDialog() == DialogResult.OK)
    {
        fName = saveFileDialog1.FileName;
        File fSaveAs = new File(fName);
        fSaveAs.WriteFile(richTextBox1.Text);
    }
}
```

经运行调试，当单击窗体菜单栏中的"打开文件"按钮成功打开一个文件之后，再单击"保存文件"按钮就会打开如图 5-5 所示的文件保存对话框（另存为对话框）。填写要保存文件的名称，选择"保存类型"，单击"保存"按钮就可以成功保存文件。

图 5-5　另存为对话框

5.1.4　字体对话框（FontDialog）

WinForm 中的字体对话框（FontDialog）主要用于打开系统中安装的字体对话框，

开发设计人员可以在 Windows 应用程序中将其用作简单的字体选择解决方案，而不是配置自己的对话框（调用及显示 Windows 系统中的字体对话框，如图 5-6 所示）。

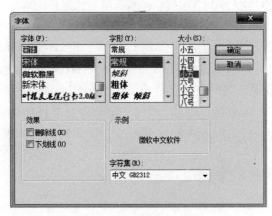

图 5-6　字体对话框

默认情况下，字体对话框显示字体、字形和大小的列表框、删除线和下划线等效果的复选框、脚本（是指给定字体可用的不同字符脚本）的下拉列表和字体外观等选项。FontDialog 控件的常用属性见表 5-4。

表 5-4　字体对话框控件属性

属性	说明
AllowScriptChange	指示用户能否更改"脚本"组合框中指定的字符集，以显示除了当前所显示字符集以外的字符集，如果用户能更改"脚本"组合框中指定的字符集，则为 true
FixedPitchOnly	表示指定对话框是否只允许选择固定间距的字体
Font	获取或设置选定的字体
FontMustExist	指示当前用户选择不存在的字体或样式时，对话框是否报告错误信息
MaxSize	指示可选择字体的最大磅值
MinSize	指示可选择字体的最小磅值
ShowApply	指示对话框是否包含"应用"按钮
ShowColor	指示对话框是否显示颜色选择
ShowEffects	指示对话框是否包含允许用户指定删除线、下划线和文本颜色选项的控件
Color	获取或设置指定字体的颜色

字体对话框（FontDialog）的一个常用方法是 ShowDialog()，默认的所有者运行通用对话框。该方法的返回值类型为 DialogResult，如果用户在对话框中单击"确定"按钮，则为 DialogResult.OK，否则为 DialogResult.Cancel。

例 5.4　FontDialog 控件的操作与应用。

在例 5.3 的基础上通过添加一个 FontDialog 控件来操作演示其应用方法。首先在窗体的菜单中增加一个"字体设置"菜单项，在窗体上添加一个 FontDialog 控件用于打开字体对话框，设计效果如图 5-7 所示。具体代码及设计案例可以参考 Demo_5_2。

图 5-7　字体设置对话框设计界面

选中"字体设置"菜单项，添加一个 Click 事件，事件的功能代码如下：

```
private void FontMenuItem_Click(object sender, EventArgs e)
{

    fontDialog1.Color=richTextBox1.ForeColor;
    fontDialog1.AllowScriptChange=true;
    fontDialog1.ShowColor=true;
    if(fontDialog1.ShowDialog()!=DialogResult.Cancel)
    {
      richTextBox1.SelectionFont=fontDialog1.Font;          // 将当前选定的文字改变字体
    }
}
```

测试：启动应用程序后，在富文本框中输入测试文本，用鼠标选中文字，单击"字体设置"菜单项，弹出如图 5-6 所示的字体设置对话框 fontDialog1。选择字体、字形和字号后，单击"确定"按钮，得到的效果如图 5-8 所示。

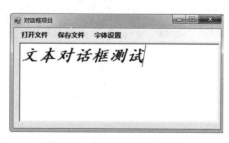

图 5-8　字体对话框的应用

5.1.5　颜色对话框（ColorDialog）

WinForm 中的颜色对话框（ColorDialog）主要用于打开系统中安装的颜色框，开发设计人员可以在 Windows 应用程序中将其用作简单的颜色设置解决方案，打开及调用 Windows 系统中的颜色对话框，如图 5-9 所示。

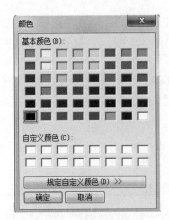

图 5-9　颜色对话框

颜色选择对话框 ColorDialog 的常用属性见表 5-5。

表 5-5　颜色对话框属性

属性	说明
AllowFullOpen	设定用户是否可以使用自定义颜色
ShowHelp	设定在对话框中是否显示"帮助"按钮
Color	颜色对话框选择的颜色

例 5.5　颜色选择对话框 ColorDialog 的操作与应用。

在例 5.4 的基础上通过添加一个 ColorDialog 控件来操作演示其应用方法。首先在窗体的菜单中增加一个"颜色设置"菜单项，在窗体上添加一个 ColorDialog 控件用于打开颜色对话框，设计效果如图 5-10 所示。具体代码及设计案例可以参考 Demo_5_2。

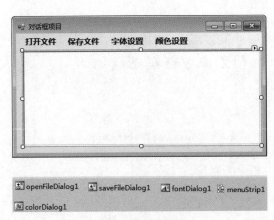

图 5-10　颜色设置窗体

选中"颜色设置"菜单项，添加一个 Click 事件，事件的功能代码如下所示：

```
private void ColorMenuItem_Click(object sender, EventArgs e)
```

```
        {
            // 以下四个颜色对话框控件属性值也可以直接通过属性窗口来设置
            colorDialog1.AllowFullOpen = true;
            colorDialog1.FullOpen = true;
            colorDialog1.ShowHelp = true;
            colorDialog1.Color = Color.Black;
            colorDialog1.ShowDialog();
            richTextBox1.SelectionColor = colorDialog1.Color;
        }
```

测试：启动应用程序后，在富文本框中输入测试文本，用鼠标选中文字，单击"颜色设置"菜单项，弹出如图 5-9 所示的颜色对话框 colorDialog1。选择某种颜色或自定义一种颜色再选中，单击"确定"按钮，得到的效果如图 5-11 所示。

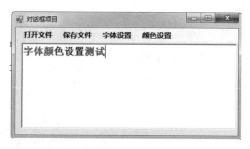

图 5-11　颜色设置测试效果

5.1.6　页面设置对话框（PageSetupDialog）

WinForm 窗体中的 PageSetupDialog 控件是一个页面设置对话框，用于在 Windows 应用程序中设置打印页面的详细信息。PageSetupDialog 控件对话框的外观如图 5-12 所示。

图 5-12　页面设置对话框

用户使用 PageSetupDialog 对话框能够设置纸张大小（类型）、纸张来源、纵向与横向打印、上下左右的页边距等。

【说明】在使用 PageSetupDialog 对话框时，首先需要设置该控件的 Document 属性为指定的 PrintDocument 类对象（即要同 PrintDocument 控件一起使用才能起作用），用来把页面设置保存到 PrintDocument 类对象中。

例 5.6 PageSetupDialog 控件的操作与应用。

在例 5.5 的基础上通过添加一个 PageSetupDialog 控件来操作演示页面设置窗体的使用方法。首先在窗体的菜单中再增加一个"页面设置"菜单项，在窗体上添加一个 PageSetupDialog 控件用于打开页面设置对话框，另需添加一个 PrintDocument 控件用来保存页面设置，窗体设计效果如图 5-13 所示。具体代码及设计案例可以参考 Demo_5_2。

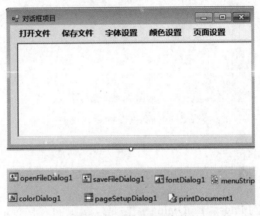

图 5-13　页面设置窗体

选中"页面设置"菜单项，添加一个 Click 事件，事件的功能代码如下：

```
private void PageSetMenuItem_Click(object sender, EventArgs e)
{
    pageSetupDialog1.Document = printDocument1;
    pageSetupDialog1.ShowDialog();
}
```

测试：启动应用程序后，单击"页面设置"菜单项，弹出如图 5-12 所示的页面设置对话框进行各种设置。如果单击"确定"按钮，pageSetupDialog1 对话框中所做的页面设置被保存到 PrintDocument 类的对象 printDocument1 中；如果单击"取消"按钮，不保存这些修改，维持原来的值。当调用 PrintDocument.Print 方法来实际打印文档时，引发 PrintPage 事件，该事件处理函数的第二个参数 e 提供了这些设置信息。

5.1.7　打印预览及打印对话框

WinForm 窗体中打印预览对话框主要用于在 Windows 应用程序中预览待打印页面的效果。PrintPreviewDialog 对话框的外观如图 5-14 所示。

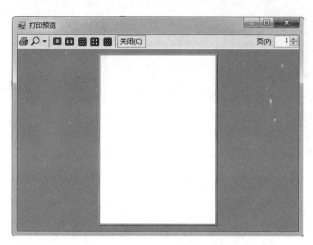

图 5-14 打印预览对话框

打印对话框 PrintDialog 是 WinForm 窗体中用于设置打印机的对话框，主要用于文件打印前设置打印的名称（选择打印机）、打印的范围、份数等。PrintDialog 对话框的外观如图 5-15 所示。

图 5-15 打印对话框

下面通过案例来介绍 PrintPreviewDialog 和 PrintDialog 对话框的使用方法。

例 5.7 PrintPreviewDialog 和 PrintDialog 对话框的操作与使用方法。

通过在案例 5.6 的基础上在窗体中添加一个 PrintPreviewDialog 控件和一个 PrintDialog 控件来操作演示打印预览及打印窗体的使用方法。先在案例 5.6 窗体的菜单中再增加两个菜单项为"打印预览"和"打印"，在窗体上添加一个 PrintPreviewDialog 控件用于打开打印预览对话框，再添加一个 PrintDialog 控件用于打开打印对话框，窗体设计效果如图 5-16 所示。具体代码及设计案例可以参考 Demo_5_2。

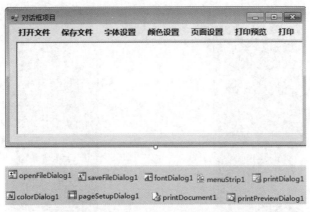

图 5-16　打印及打印预览窗体设计

选中"打印预览"菜单项，添加一个 Click 事件，事件的功能代码如下：

```
private void PrintViewMenuItem_Click(object sender, EventArgs e)
{
    printPreviewDialog1.Document = this.printDocument1; // 指定打印文档对象
    printPreviewDialog1.FormBorderStyle = FormBorderStyle.Fixed3D;
    printPreviewDialog1.ShowDialog();
}
```

再选中"打印"菜单项，添加一个 Click 事件，事件的功能代码如下：

```
private void PrintMenuItem1_Click(object sender, EventArgs e)
{
    if (printDialog1.ShowDialog() != DialogResult.Cancel)
    {
        printDocument1.Print(); // 调用系统打印方法
    }
}
```

【说明】在案例 Demo_5_2 中通过菜单项来将七种对话框放在一个窗体中设计及操作演示。每个菜单项对应一种对话框控件。需要查看完整的项目代码可以直接打开 Demo_5_2。此案例中只对七种常见对话框控件进行基本功能介绍和编程示例，如需进行高级设置和编程可以参考相关书籍。

5.2　多文档编程

所谓多文档编程即指多窗体设计（Multiple-Document Interface，MDI），即可以在一个界面中同时对多个文档进行操作。多文档窗体最典型的例子如 Microsoft Excel 2010 制表程序。在 Microsoft Excel 中，可以同时打开多个工作簿进行操作，对一个新打开的工作簿进行操作时，不会影响也不需要关闭原来已打开的工作簿，如图 5-17 所示。

在日常使用中极少有图 5-17 所示的效果。通常我们会将 Excel 窗体最大化运行。我们很容易地在右上角发现两个关闭按钮，如图 5-18 所示。其中，外侧（即上方）的一个关闭按钮，可以理解为"关闭 Excel 程序"，内侧（即下方）的关闭按钮，可以理解成"关闭 Excel 文档"。这一点，大家可以自行尝试一下。实际上，仔细观察一下现在使用的 VS 2012，你会发现什么？在控件工具箱、文档大纲工具箱、属性面板、解决方案资源管理器、代码窗口，每个"部分"都有一个独立的关闭按钮。这说明，VS 开发平台本身就是一个 MDI 程序。

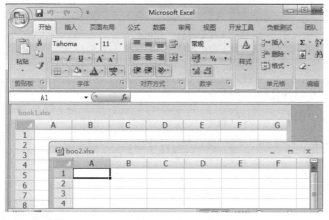

图 5-17　多窗体应用　　　　　　　　　　　图 5-18　多关闭窗口

我们观察到：无论是外层窗体还是内层窗体，都拥有自己完整的功能结构，在编写这样的窗体时，是各自独立完成的。那么，我们又如何才能把窗体做成这样的"嵌套"关系呢？这就是我们本节所要讲的内容。

5.2.1　创建主窗体（即 MDI 窗体）

多文档应用程序（MDI）需要能同时打开多个子文档，所以多文档应用程序需要有一个窗体作为容器来存放其他多个"子窗体"，这个容器窗体通常就是主窗体（也称父窗体），如 Microsoft Word。其实多文档应用程序的主窗体和前面所介绍的普通窗体没有什么不同，只是把普通窗体的 IsMdiContainer 属性设置为 true，该窗体就设置成了 MDI 的主窗体，如图 5-19 所示（设置后窗体背景色变深）。

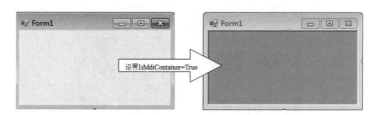

图 5-19　设置窗体为主窗体

主窗体创建好之后，可以为主窗体添加子窗体。可以把多文档窗体的子窗体理解为显示在主窗体容器中的普通窗体。MDI 主窗体相关的属性、方法和事件见表 5-6。

表 5-6　MDI 主窗体的属性、方法和事件

属性	说明
MdiChildren	获取当前主窗体下所有的子窗体对象
MdiParent	获取或设置 MDI 子窗体的父窗体
ActiveMdiChild	获取当前活动（正在操作）的 MDI 子窗体
方法	说明
ActivateMdiChild	激活某一子窗体
LayoutMdi	在 MDI 父窗体中排列多个 MDI 子窗体
事件	说明
Close	关闭窗体时触发的事件
Closing	正在关闭窗体时触发的事件
MdiChildActivate	激活或关闭 MDI 子窗体时将会触发的事件

5.2.2　为主窗体添加处理方法

扫码看视频

新建一个 WinForm 窗体项目，将当前窗体设置为主窗体后，在项目中再添加一个普通窗体（ChildForm），设置其属性为 MdiParent，当前窗体对象是父窗体（MDI 容器，如何设置前一节已经介绍过），在主窗体上添加一个菜单项"新建"，当"新建"菜单项被单击的时候响应如下代码。具体代码及设计案例可以参考 Demo_5_3。

```
private void MenuNew_Click(object sender, EventArgs e)
{
    ChildForm chilfrm = new ChildForm();        // 创建子窗体对象
    chilfrm.MdiParent = this;                   // 为子窗体设置父窗体，this 指父窗体
    chilfrm.Show();                             // 显示子窗体
}
```

需要注意的是，我们以前所使用的各种属性，均可以在属性面板中生成，而无需写代码。但是，MdiParent 属性的设置必须通过代码来完成（属性面板中没有此属性项）。以上代码运行时的效果如图 5-20 所示。

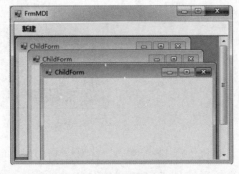

图 5-20　MDI 多窗体效果图

5.2.3 创建子窗体

扫码看视频

在 MDI 主窗体创建完成之后，再创建子窗体，子窗体的创建相对比较容易，只需要将一个子窗体的 MdiParent 属性值设置为当前已经存在的 MDI 主窗体即可。但这里需要注意，MdiParent 属性并不在属性面板中，而需要通过编写代码的方式来实现。

子窗体显示时，子窗体只能在父窗体的可视区域内进行移动、改变大小、关闭等操作。如果子窗体包含有菜单，默认情况下子窗体本身并不显示菜单，这个菜单将会合并到主窗体中显示。当然也可以通过修改子窗体菜单的 ArrowMerge 属性为 false 来禁止默认合并到主窗体中去。

通过设为某个窗体的 MdiParent 属性来确定该窗体是那个窗体的子窗体。语法如下：

    public Form MdiParent{get;set;}

通过设为某个窗体的 MdiLayout 属性来确定子窗体在主窗体中的排列位置。语法如下：

    public void LayoutMdi(MdiLayout value)

这里 value 是 MdiLayout 的枚举值之一，用来定义 MDI 子窗体的布局，MdiLayout 的枚举值有三种，见表 5-7。

表 5-7　MdiLayout 的枚举值

枚举值	说明
Cascade	子窗体在主窗体中层叠排列
TileHorizontal	子窗体在主窗体中水平排列
TileVertical	子窗体在主窗体中垂直排列

例 5.8　MDI 子窗体三种布局的实现与应用。

设计一个控制子窗体显示的窗体项目，先将当前窗体设置为主窗体，在主窗体上添加四个菜单，菜单项分别设置为"打开子窗体""水平平铺""垂直平铺"和"层叠排列"。在项目中再添加三个子窗体，设计效果如图 5-21 所示。具体代码及设计案例可以参考 Demo_5_4。

图 5-21　子窗体及排列方式

选中"打开子窗体"菜单项，添加一个 Click 事件，事件的功能代码如下：

```
private void OpenSubFrmMenuItem_Click(object sender, EventArgs e)
{
    Sub_Frm1 sf1 = new Sub_Frm1();        // 创建子窗体 1 对象
    sf1.MdiParent = this;                  // 为子窗体设置父窗体，this 指父窗体
    sf1.Show();                            // 显示子窗体

    Sub_Frm2 sf2 = new Sub_Frm2();
    sf2.MdiParent = this;
    sf2.Show();

    Sub_Frm3 sf3 = new Sub_Frm3();
    sf3.MdiParent = this;
    sf3.Show();
}
```

设置子窗体在主窗体中的各种排列方式，分别为水平平铺、垂直平铺、层叠排列，对应事件的功能代码如下：

```
private void HorizonMenuItem_Click(object sender, EventArgs e)
{
    LayoutMdi(MdiLayout.TileHorizontal);    // 水平排列子窗体
}
private void VerticalMenuItem_Click(object sender, EventArgs e)
{
    LayoutMdi(MdiLayout.TileVertical);      // 垂直排列子窗体
}
private void CascadeMenuItem_Click(object sender, EventArgs e)
{
    LayoutMdi(MdiLayout.Cascade);           // 层叠排列子窗体
}
```

启动项目调试，依次单击"打开子窗体""水平平铺"菜单项后，测试效果如图 5-22 所示。其他排列在此没有一一测试，读者可以自行查看排列效果。

图 5-22　子窗体水平排列

5.2.4　为子窗体添加处理方法

当在主窗体中同时打开多个子文档，需要关闭其中某一个子窗体时，只需要在

选中它的情况下，通过单击界面右上角的"关闭"按钮来完成；也可以通过 Form 的 ActiveMdiChild 来获取当前活动的子窗体 ChildForm，然后通过调用 ChildForm 的 Close() 方法来关闭它。

以例 5.8 中的项目为基础，选择其中的一个子窗体 Sub_Form1，该子窗体的设计效果如图 5-23 所示，这里主要为其设计一个简单菜单，并为子窗体添加处理方法。具体代码及案例的完整设计可以参考 Demo_5_5。

图 5-23　子窗体设计效果

【说明】设计时需要注意，如果希望打开子窗体后父、子窗体菜单合并，就需要将父、子窗体菜单的 AllowMerge 属性都设置为 true，不希望合并菜单则设置为 false，在此案例中设置为不合并。

（1）"编辑"菜单中的"复制"子菜单项处理方法。代码如下：

```
private void 复制 ToolStripMenuItem_Click(object sender, EventArgs e)
{
    richTextBox1.Copy();
}
```

（2）"编辑"菜单中的"粘贴"子菜单项处理方法。代码如下：

```
private void 粘贴 ToolStripMenuItem_Click(object sender, EventArgs e)
{
    richTextBox1.Paste();
}
```

（3）"编辑"菜单中的"剪切"子菜单项处理方法。代码如下：

```
private void 剪切 ToolStripMenuItem_Click(object sender, EventArgs e)
{
    richTextBox1.Cut();
}
```

（4）"编辑"菜单中的"删除"子菜单项处理方法。代码如下：

```
private void 删除 ToolStripMenuItem_Click(object sender, EventArgs e)
{
    richTextBox1.Cut();            // 通过剪切间接实现删除功能
}
```

5.2.5　关联子窗体与主窗体

多文档应用程序设计中，经常需要解决主窗体同子窗体间的数据传递，以及如何在子窗体中操作主窗体上的控件，或者在主窗体中操作子窗体上的控件，这时需要将主窗体同子窗体关联。解决这类问题需要在主窗体中创建子窗体时保留所创建的子窗体对象，同时注意两个关键点：①将主窗体的 IsMdiContainer 属性设置为 true；②将子窗体的 MdiParent 属性设置为当前主窗体。

在 Demo_5_4 中"打开子窗体"菜单项响应事件中，代码如下：

```
Sub_Frm1 sf1 = new Sub_Frm1();      // 创建子窗体对象
sf1.MdiParent = this;                // 为子窗体设置父窗体，this 指父窗体
sf1.Show();                          // 显示子窗体
```

5.3 应用实例：多文档编辑器

在本节中，我们将以一个综合实例来演示多文档程序的实现方法。综合实例的功能要求如下：

（1）设计一个多文档应用程序，主窗体的菜单栏包含"文件""编辑""查看"和"窗口"四个菜单项。

（2）单击"文件"菜单项中的"新建"子项，在主窗口的空白区创建一个子窗口。

（3）单击"文件"菜单项中的"打开"子项，则可以打开一个已有的文档，并在新的子窗口中显示该文档内容。

（4）使用"编辑"菜单项中的"复制""剪切""粘贴"子项命令可以进行对应的操作。

（5）使用"窗口"菜单中的子项命令可以排列多个子窗口。

此实例的主窗体及界面、菜单设计效果如图 5-24 所示。完整设计案例可以参考 Demo_5_6。

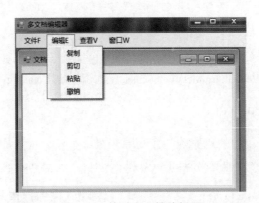

图 5-24　简易多文档编辑器

设计过程及实现代码如下：

（1）新建一个 WinForm 窗体项目，Form1 设置为主窗体，将其 IsMdiContainer 属性设置为 true，WindowState 属性设置为 Maximized。在窗体上依次添加 menuStrip、 openFileDialog、saveFileDialog 控件，修改窗体标题，制作窗体菜单，设计效果如图 5-25 所示。

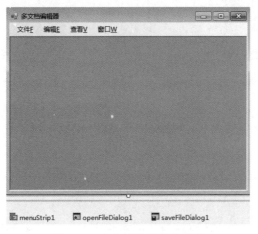

图 5-25　多文档编辑器父窗体

（2）在项目中再添加一个新的 Windows 窗体，将其 name 属性设置为 FrmDocument，在窗体上添加一个 richTextBox 控件，设计效果如图 5-26 所示。

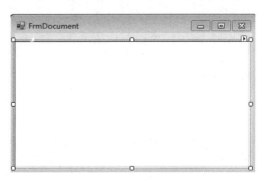

图 5-26　多文档编辑器子窗体

（3）主窗体 Form1 的代码如下：

```
namespace Demo_5_6
{
  public partial class Form1 : Form
  {
    private int n = 1;        // 记录打开的第 n 个文档
    public Form1()
    {
      InitializeComponent();
    }
    // 窗体加载后默认显示子窗体
    private void Form1_Load(object sender, EventArgs e)
    {
      FrmDocument frmdoc = new FrmDocument(this, " 文档 " + n);    // 创建子窗体对象
```

```
            frmdoc.richTextBox1.SelectionChanged += new EventHandler(richTextBox1_
SelectionChanged);
        frmdoc.FormClosed += new FormClosedEventHandler(text_FormClosed);
        n++;
        frmdoc.Show();        // 显示子窗体
    }
    private void richTextBox1_SelectionChanged(object sender, EventArgs e)
    {
        FrmDocument frmdoc = this.ActiveMdiChild as FrmDocument;
    }
    private void text_FormClosed(object sender, FormClosedEventArgs e)
    {
        close();
    }
    // 定义的方法（事件）委托事件，当关闭窗口时提示是否需要保存文档
    private void close()
    {
        DialogResult a = MessageBox.Show(" 是否保存 ", " 关闭提示 ", MessageBoxButtons.
YesNoCancel, MessageBoxIcon.Question);
        if (DialogResult.Cancel == a)              // 不保存
        {
            return;
        }
        if (this.MdiChildren.Length == 1)
        {
            n = 1;
        }
        if (DialogResult.Yes == a)                 // 保存
        {
            save();
        }
    }
    // 自定义保存文档方法
    private void save()
    {
        try
        {
        FrmDocument frmdoc = this.ActiveMdiChild as FrmDocument;
        if (frmdoc.path != "")
        {
            frmdoc.richTextBox1.SaveFile(frmdoc.path);
        }
        else
        {
        saveFileDialog1.Filter = "Word 文档 |*.doc";          // 指定文件类型
        if (this.saveFileDialog1.ShowDialog() == DialogResult.OK)
        {
            string savePath = saveFileDialog1.FileName;
            frmdoc.richTextBox1.SaveFile(savePath, RichTextBoxStreamType.PlainText);
        }
```

```
            }
        }
        catch
        {
            MessageBox.Show(" 存储错误 ");
        }
    }
```

（4）"文件"菜单项中的"新建"子项功能实现代码如下：

```
private void Menu_New_Click(object sender, EventArgs e)
{
    FrmDocument frmdoc = new FrmDocument(this, " 文档 " + n);  // 创建子窗体对象
        frmdoc.richTextBox1.SelectionChanged += new EventHandler(richTextBox1_
SelectionChanged);
    frmdoc.FormClosed += new FormClosedEventHandler(text_FormClosed);
    n++;
    frmdoc.Show();            // 显示子窗体
}
```

（5）"文件"菜单项中的"打开"子项功能实现代码如下：

```
private void Menu_Open_Click(object sender, EventArgs e)
{
    if (this.openFileDialog1.ShowDialog() == DialogResult.OK)
    {
        openFileDialog1.Multiselect = false;
        string path = openFileDialog1.FileName;    // 打开文件的路径
        FrmDocument frmdoc = new FrmDocument(this, openFileDialog1.SafeFileName, path);
            frmdoc.richTextBox1.SelectionChanged += new EventHandler(richTextBox1_
SelectionChanged);
        frmdoc.FormClosed += new FormClosedEventHandler(text_FormClosed);
        // 将内容显示在 richTextBox1
        frmdoc.richTextBox1.LoadFile(path, RichTextBoxStreamType.PlainText);
            frmdoc.Show();
    }
}
```

（6）"编辑"菜单项中的"复制""粘贴""剪切""撤销"各子菜单项功能实现代码如下：

```
// 复制子菜单项
private void Menu_Copy_Click(object sender, EventArgs e)
{
    FrmDocument frmdoc = (FrmDocument)this.ActiveMdiChild; // 当前窗口为活动窗口
    if (frmdoc.richTextBox1.Text != "")
    {
        frmdoc.richTextBox1.Copy();
    }
}
// 剪切子菜单项
private void Menu_Cut_Click(object sender, EventArgs e)
{
    FrmDocument frmdoc = (FrmDocument)this.ActiveMdiChild; // 当前窗口为活动窗口
    frmdoc.richTextBox1.Cut();
```

```
        }
        // 粘贴子菜单项
        private void Menu_Past_Click(object sender, EventArgs e)
        {
            FrmDocument frmdoc = (FrmDocument)this.ActiveMdiChild; // 当前窗口为活动窗口
            frmdoc.richTextBox1.Paste();
        }
        // 撤销子菜单项
        private void Menu_Undo_Click(object sender, EventArgs e)
        {
            FrmDocument frmdoc = (FrmDocument)this.ActiveMdiChild; // 当前窗口为活动窗口
            frmdoc.richTextBox1.Undo();
        }
```

（7）"窗口"菜单项中的"水平平铺""垂直平铺""层叠排列"各子菜单项功能实现代码如下：

```
        private void 水平平铺 ToolStripMenuItem_Click(object sender, EventArgs e)
        {
            LayoutMdi(MdiLayout.TileHorizontal);
        }
        private void 垂直平铺 ToolStripMenuItem_Click(object sender, EventArgs e)
        {
            LayoutMdi(MdiLayout.TileVertical);
        }
        private void 层叠排列 ToolStripMenuItem_Click(object sender, EventArgs e)
        {
            LayoutMdi(MdiLayout.Cascade);
        }
```

（8）子窗体 FrmDocument 的功能实现代码如下：

```
        namespace Demo_5_6
        {
            public partial class FrmDocument : Form
            {
                public string path { get; set; }

                // 三个构造器
                public FrmDocument()
                {
                    InitializeComponent();
                }
                // 新建时没有路径
                public FrmDocument( Form1 parent, string name)
                {
                    InitializeComponent();
                    this.MdiParent = parent;
                    this.Text = name;
                    path = "";
                }
                // 保存时需要原路径
                public FrmDocument( Form1 parent, string name, string textPath)
```

```
        {
            InitializeComponent();
            this.MdiParent = parent;
            this.Text = name;
            path = textPath;
        }
    }
}
```

本章小结

在第 4 章介绍完 Windows 窗体基本控件的基础上，本章主要讲述 Windows 窗体
设计中的常见对话框和多文档编程。其中，对话框操作包括打开文件对话框、保存文
件对话框、字体对话框、颜色对话框、页面设置对话框、打印预览对话框和打印对话
框等；多文档编程包括创建主窗体和子窗体、为窗体添加处理方法和关联主窗体和子
窗体等。

 习题

一、选择题

1．在 Windows 应用程序中的窗体中有一个名为 btnClose 的按钮控件，在该控件
的 Click 事件的处理程序中添加所示代码，用户单击 btnClose 按钮后，程序将（　　）。

```
        Application.Exit();
        MessageBox.Show(" 再见 ");
```

   A．直接退出

   B．关闭当前窗体，程序并不退出

   C．关闭当前窗体并显示消息框后，程序退出

   D．显示消息框，程序并不退出

2．以下（　　）属性可以将窗体设置成多文档容器窗体。

   A．IsMdiParent   B．MdiParent

   C．IsMdiContainer   D．MdiContainer

3．以下（　　）属性可以将窗体设置成多文档子窗体。

   A．IsMdiParent   B．MdiParent

   C．MdiContainer   D．以上都不对

4．把活动的 MDI 子窗体的标题设为"活动子窗体"的方法是（　　）。

   A．this.MdiChild.Caption=" 活动子窗体 ";

   B．this.MdiChild.Text=" 活动子窗体 ";

C．this.ActiveMdiChild.Caption=" 活动子窗体 ";

D．this.ActiveMdiChild.Text=" 活动子窗体 ";

5．在 Windows 应用程序中可以构建一个包含多个子窗体的主窗体，称为 MDI 窗体。以下关于 MDI 窗体的特点描述错误的是（ ）。

A．启动一个 MDI 应用程序时，首先显示父窗体

B．每一个应用程序界面只能有一个 MDI 父窗体

C．MDI 子窗体可以在 MDI 父窗体外随意移动

D．关闭 MDI 父窗体时，所有子窗体会自动关闭

二、编程题

Windows 操作系统的"资源管理器"是一个用于浏览当前系统磁盘中文件信息的应用程序，模仿制作一个小型的资源管理器并含有搜索窗体。提示：需要先创建一个窗体作为主窗体，窗体上的树视图控件用于显示磁盘中的文件夹信息，如图 5-27 和图 5-28 所示。

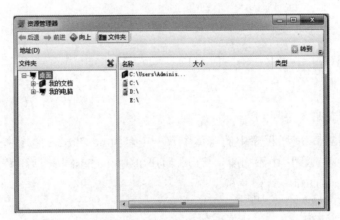

图 5-27　模拟资源管理器设计效果图

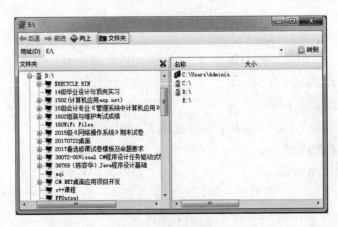

图 5-28　运行效果图

第6章

文件

学习目标

- 了解文件流类的常用属性和方法。
- 掌握通过文件流的读／写类进行二进制文件和文本文件的读写。
- 掌握使用文件类进行文件的创建、修改、删除、移动和设置属性等操作。
- 掌握使用目录类进行目录的创建、删除和移动等操作。

6.1 文件流类

本节介绍 C# 类常用的文件流类 Stream 类和 FileStream 类，主要介绍这两个类的作用和常见的属性与方法。

6.1.1 Stream 类

流（Stream）是字节序列的抽象，这些字节可能来自于文件、TCP/IP 套接字或内存。在 .NET 中，通过 Stream 类适当地表示流。Stream 类提供了字节序列的通用视图。

Stream 类常用属性见表 6-1。

表 6-1 Stream 类的常用属性

属性	说明
CanRead	获取指示当前流是否支持读取的值
CanSeek	获取指示当前流是否支持查找功能的值
CanWrite	获取指示当前流是否支持写入功能的值
Length	获取用字节表示的流的长度
Position	获取或设置当前流中的位置

Stream 类的常用方法见表 6-2。

表 6-2 Stream 类的常用方法

方法	说明
BeginRead	开始异步读操作
BeginWrite	开始异步写操作
Close	关闭当前流并释放与之关联的所有资源（如套接字和文件句柄）
EndRead	等待挂起的异步读取完成
Read	从当前流读取字节序列，并将此流中的位置提升读取的字节数
Seek	设置当前流的位置
SetLength	设置当前流的长度
Write	向当前流写入字节序列，并在此流的当前位置提示写入的字节数
WriteByte	将一个字节写入流内的当前位置，并将流内的位置向前推移一个字节

Stream 是所有流的抽象基类，每种具体的存储介质都可以通过 Stream 的派生类来实现。流基本上涉及如下操作：

（1）读取：读取是从流到数据结构（如字节数组）的数据传输。

（2）写入：写入是从数据结构到流的数据传输。

（3）查找：查找是对流内的当前位置进行查询和修改。

Stream 类的主要派生关系如图 6-1 所示。这些派生类的简单说明如下：

（1）FileStream 类。FileStream 类是从 Stream 类继承而来的实体类，它用于将数据以流的形式写入或读出文件。

（2）MemoryStream 类。MemoryStream 类是从 Stream 类继承而来的实体类，它用于向内存中写入和读取数据。

（3）BufferedStream 类。BufferedStream 类是从 Stream 类继承而来的实体类，它用于向另一种类型流提供额外的内存缓冲区。

（4）DeflateStream 类。DeflateStream 类中提供了使用 Deflate 算法压缩和解压缩的方法。该类不能使用 DeflateStream 类压缩大于 4GB 的文件。

（5）GzipStream 类。GzipStream 类使用 Gzip 数据格式进行压缩和解压缩文件的方法。该类不能用于解压缩大于 4GB 的文件。

（6）NetworkStream 类。NetworkStream 类提供了在组织模式下通过 Stream 套接字发送和接收数据的方法。

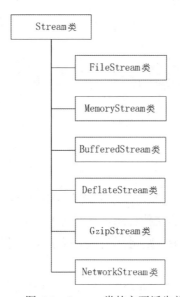

图 6-1　Stream 类的主要派生关系

Stream 类代表了通用的文件流，可以支持同步与异步操作，还可以从指定位置读取数据。Stream 对象常用的方法是 Read() 和 Write() 方法。Read() 方法用于从当前流中读取字节块，Write() 方法用于将字节块写入流。

例 6.1　用 Stream 类复制某个二进制文件的内容，并将内容写入另一个二进制文件。

项目：Demo_6_1

```
using System;
using System.IO; // 引入命名空间
namespace Demo_6_1
{
    class Program
```

扫码看视频

```
{
    static void Main(string[] args)
    {
        try
        {
            const int BUFFER_SIZE = 819;
            byte[] buffer=new byte[BUFFER_SIZE];
            int bytesRead;
            string filePath = @"C:\1.txt";
            string filePath_backup = @"C:\2.txt";
            Stream s_in = File.OpenRead(filePath); // 打开一个现有文件读取
            // 打开一个现有文件或创建一个新文件写入
            Stream s_out = File.OpenWrite(filePath_backup);
            //Read 方法从流中读取字节块并将该数据写入给定的缓冲区中
            while ((bytesRead = s_in.Read(buffer, 0, BUFFER_SIZE)) > 0)
            {
                // 将字节块写入流
                s_out.Write(buffer,0,bytesRead);
            }
            s_in.Close();
            s_out.Close();
        }
        catch(Exception ex)
        {
            Console.WriteLine(ex.ToString());
        }
    }
}
}
```

【说明】如果在运行例 6.1 之前，C 盘中只有文件 1.txt，没有文件 2.txt，则运行完例 6.1 之后，C 盘中会创建新的文件 2.txt，并且内容和 1.txt 一致。如果在运行例 6.1 之前，C 盘同时存在 1.txt 和 2.txt，则运行完实例之后，会打开文件 2.txt，将 1.txt 复制到 2.txt 中。

首先使用 File 类中的静态方法 OpenRead() 打开执行读取操作的文件。此外，这段代码也使用静态方法 OpenWrite() 打开执行写入操作的文件。这两个方法都返回 FileStream 对象。

为了将一个文件的内容复制到另一个文件中，可以使用 Stream 类中的 Read() 方法，读取文件的内容并放入字节数组中。Read() 返回从流（在该示例中是某个文件）中读取的字节数，如果没有其他可以读取的字节，则返回 0。Stream 类的 Write() 方法将存储在字节数组中的数据写入流（在该示例中是另一个文件）。最后，关闭这两个 Stream 对象。

除了 Read() 和 Write() 方法之外，Stream 对象也支持以下方法：

- ReadByte()：从流中读取字节，将流中的位置前进一个字节，如果达到流的末尾，则返回 -1。

- WriteByte()：将字节写入流中的当前位置，并将流中的位置前进一个字节。
- Seek()：设置当前流中的位置。

例 6.2　将文本写入某个文本文件，读取从第 4 个位置到第 9 个位置之间的 6 个字节，然后查找文件中第 4 个位置，并且读取接下来的 6 个字节。

项目：Demo_6_2

```
using System;
using System.IO;
using System.Text;

namespace Demo_6_2
{
    class Program
    {
        static void Main(string[] args)
        {
            try
            {
                const int BUFFER_SIZE = 8192;
                string text = "The Stream class is defined in the System.IO namespace.";
                byte[] data = ASCIIEncoding.ASCII.GetBytes(text);
                byte[] buffer = new byte[BUFFER_SIZE];
                string filePath = @"C:\1.txt";
                //OpenWrite() 方法，写入信息到文件中
                Stream s_out = File.OpenWrite(filePath);
                s_out.Write(data, 0, data.Length);
                s_out.Close();
                //OpenRead() 方法，打开文件进行读取
                Stream s_in = File.OpenRead(filePath);
                //Seek() 方法设置当前流的长度在第 4 个位置
                s_in.Seek(4, SeekOrigin.Begin);
                // 读接下来的 6 个字节
                int bytesRead = s_in.Read(buffer, 0, 6);
                Console.WriteLine(ASCIIEncoding.ASCII.GetString(buffer, 0, bytesRead));
                s_in.Close();
                s_out.Close();
            }
            catch (Exception ex)
            {
                Console.WriteLine(ex.ToString());
            }
            Console.ReadLine();
        }
    }
}
```

运行结果如下：

Stream

【说明】"s_in.Seek(4, SeekOrigin.Begin);"这行代码设置当前流的长度在第 4 个

位置，也就是当前流从"S"开始。"s_in.Read(buffer, 0, 6);"表示读接下来的 6 个字节，所以输出结果为"Stream"。

6.1.2　FileStream 类

FileStream 类用于对文件进行读写操作，FileStream 实例表示在磁盘或网络路径上指向文件的流。要构造 FileStream 类的实例，需要以下四个信息：

扫码看视频

（1）要访问的文件。

（2）文件打开的模式。文件打开的模式可以用 FileMode 枚举来表示，FileMode 的枚举成员见表 6-3。使用每个枚举成员会发生什么，取决于指定的文件是否存在。除非特别说明，否则流就指向文件的开头。

表 6-3　FileMode 的枚举成员

枚举成员	文件存在	文件不存在
Append	打开文件，流指向文件的末尾，只能与枚举 FileAccess.Write 联合使用	创建一个新文件，只能与枚举 FileAccess.Write 联合使用
Create	删除该文件，然后创建新文件	创建新文件
CreateNew	抛出异常	创建新文件
Open	打开现有的文件，流指向文件的开头	抛出异常
OpenOrCreate	打开文件，流指向文件的开头	创建新文件
Truncate	打开现有文件，清除其内容。流指向文件的开头，保留文件的初始创建日期	抛出异常

（3）文件的访问方式。文件的访问方式可以用 FileAccess 枚举来表示。FileAccess 的枚举成员见表 6-4。

对文件进行不是 FileAccess 枚举成员指定的操作会导致抛出异常。此属性的作用是基于用户的身份验证级别，改变用户对文件的访问权限。在 FileStream 构造函数不使用 FileAccess 枚举参数的版本中，使用默认值 FileAccess. ReadWrite。

表 6-4　FileAccess 的枚举成员

枚举成员	说明
Read	打开文件，用于只读
Write	打开文件，用于只写
ReadWrite	打开文件，用于读写

（4）共享访问。共享访问是独占访问文件，还是允许其他流同时访问文件。共享方式用 FileShare 枚举表示。FileShare 的枚举成员见表 6-5。

表 6-5　FileShare 的枚举成员

枚举成员	说明
None	谢绝共享当前文件，文件关闭前，打开该文件的任何请求都将失败
Read	允许随后打开文件读取
Write	允许随后打开文件写入
ReadWrite	允许随后打开文件读取或写入
Delete	允许随后删除文件
Inheritable	使文件句柄可由子进程继承

FileStream 有很多构造函数，其中三个最简单的构造函数示例如下：

（1）public FileStream(string path, FileMode mode);：使用文件名和文件的打开模式（FileMode 的枚举成员）构造 FileStream 类的实例。例如以下的代码，在 C 盘下创建了文件 1.txt。未指定文件的访问方式，则该文件是可读写的。

```
FileStream fs1 = new FileStream(@"C:\1.txt", FileMode.Create);
```

（2）public FileStream(string path, FileMode mode, FileAccess access);：使用文件名、文件的打开模式（FileMode 的枚举成员）和文件的访问模式（FileAccess 的枚举成员）构造 FileStream 类的实例。例如以下的代码，在 C 盘下创建了文件 1.txt，该文件为只写的。

```
FileStream fs2 = new FileStream(@"C:\1.txt", FileMode.Create,FileAccess.Write);
```

（3）public FileStream(string path, FileMode mode, FileAccess access, FileShare share);：使用文件名、文件的打开模式（FileMode 的枚举成员）、文件的访问模式（FileAccess 的枚举成员）和共享访问（FileShare 的枚举成员）构造 FileStream 类的实例。例如以下的代码，打开文件 C:\1.txt，该文件为只读，不允许任何方式共享。

```
FileStream fs3 = new FileStream(@"C:\1.txt", FileMode.Open, FileAccess.Read,FileShare.
None);
```

FileStream 类被设计用于操作文件，它支持异步和同步读写操作。前面介绍了使用 Stream 对象读写文件。下面的例题将介绍使用 FileStream 类实现读写文件。

例 6.3　用 FileStream 类实现把某个文件的内容写入另一个文件。

项目：Demo_6_3

```
using System;
using System.IO;
namespace Demo_6_3
{
  class Program
  {
    static void Main(string[] args)
    {
      try
      {
        const int BUFFER_SIZE = 8;
        byte[] buffer = new byte[BUFFER_SIZE];
```

```
            int bytesRead;

            string filePath = @"C:\1.txt";
            string filePath_backup = @"C:\2.txt";
            FileStream fs_in = File.OpenRead(filePath);
            FileStream fs_out = File.OpenWrite(filePath_backup);
            while ((bytesRead = fs_in.Read(buffer, 0, BUFFER_SIZE)) > 0)
            {
                fs_out.Write(buffer, 0, bytesRead);
            }
            fs_in.Dispose();
            fs_out.Dispose();
            fs_in.Close();
            fs_out.Close();
        }
        catch (Exception ex)
        {
            Console.WriteLine(ex.ToString());
        }
    }
}
```

【说明】注意与例 6.1 的代码进行对比。本例的运行效果与之前的例 6.1 相同。将 C 盘 1.txt 文件的内容复制到 2.txt。

如果文件的尺寸较大，该程序将花费相当长的时间执行，因为它使用了阻塞的 Read() 方法。更好的方法是使用异步读取方法 BeginRead() 和 EndRead()。

BeginRead() 开始异步读取 FileStream 对象。调用的每个 BeginRead() 方法必须有配对的 EndRead() 方法，EndRead() 方法等待挂起的异步读取操作完成。为了同步从流中读取数据，可以如往常一样调用 BeginRead() 方法，向该方法提供读取的缓冲区、开始读取的偏移量、缓冲区的尺寸及在读取操作完成时调用的回调委托。也可以将自定义对象提供给明显不同的异步操作（为了简化起见，此处只传入 null）。

下面的程序显示了如何将某个文件的内容异步复制到另一个文件中。

例 6.4　使用异步方式将某个文件的内容复制到另一个文件中。

项目：Demo_6_4

```
using System;
using System.IO;

namespace Demo_6_4
{
    class Program
    {
        static FileStream fs_in;
        static FileStream fs_out;
```

```csharp
const int BUFFER_SIZE = 8192;
static byte[] buffer=new byte[BUFFER_SIZE];
static void Main(string[] args)
{
    try
    {
        string filePath = @"C:/1.txt";
        string filePath_backup = @"C:/2.txt";

        // 打开 1.txt 进行读取，打开或创建文件 2.txt 进行写入
        fs_in = File.OpenRead(filePath);
        fs_out = File.OpenWrite(filePath_backup);

        Console.WriteLine("Copying file...");
        // 开始异步读操作
        IAsyncResult result = fs_in.BeginRead(buffer, 0, BUFFER_SIZE, new AsyncCallback
(readCompleted), null);

        // 打印 Continue with the execution
        for (int i = 0; i < 100; i++)
        {
            Console.WriteLine("Continuing with the execution...{0}", i);
            System.Threading.Thread.Sleep(250);
        }
    }
    catch (Exception ex)
    {
        Console.WriteLine(ex.ToString ());
    }
    Console.ReadLine();
}

static void readCompleted(IAsyncResult result)
{
    // 对于较小的文件，读取操作可以快速完成，因此可以插入 Sleep() 语句以模仿读
取较大的文件
    System.Threading.Thread.Sleep(500);

    // 读取数据
    int bytesRead = fs_in.EndRead(result);

    // 写入另一文件中
    fs_out.Write(buffer,0,bytesRead);

    if (bytesRead > 0)
    {
```

```
        result = fs_in.BeginRead(buffer, 0, BUFFER_SIZE, new AsyncCallback(readCompleted),
null);
        }
        else
        {
        // 读取结束
        fs_in.Dispose();
        fs_out.Dispose();
        fs_in.Close();
        fs_out.Close();
        Console.WriteLine("File copy done!");
        }
        }
        }
        }
```

【说明】本例采用异步方式将 1.txt 内容复制到 2.txt 中。对于较小的文件，读取操作可能快速完成，因此可以插入 Sleep() 语句以模仿读取较大的文件。

6.2　文件流的读 / 写类

对于文件流 FileStream 的读和写，.NET 根据文件格式的不同提供了两组不同的操作类，每组类中提供了文件流的读和写两个类。

（1）读 / 写二进制文件的类：BinaryReader 和 BinaryWriter。

（2）读 / 写文本文件的类：StreamReader 和 StreamWriter。

6.2.1　BinaryReader 类和 BinaryWriter 类

1．BinaryReader 类

BinaryReader 类用来从数据流中读取字符串或基本的数据类型，创建该类对象的实例时需要指定关联的流对象。例如：

```
        FileStream fs = new FileStream(@"C:\1.txt", FileMode.Open, FileAccess.Read);
        BinaryReader reader = new BinaryReader(fs);
```

BinaryReader 类封装了读写字符串和基本数据类型的方法，如 ReadChar()、ReadBytes()、ReadBoolean()、ReadDouble()、ReadInt32() 等方法，这些方法从流的当前位置读取数据，并根据读取的字符串长度或数据类型移动指针到相应的位置。例如：

```
        Byte[] buffer=reader.ReadBytes(10);        // 从流中读取 10 个字节
        bool bread=reader.ReadBoolean();
        double double1=reader.ReadDouble();
        char[] chsRead=reader.ReadChars(10);        // 从流中读取 10 个字符
```

在使用 BinaryReader 读取数据之前，用户可以用它的 PeekChar() 方法来检测是否为可读的数据，这一方法返回流的下一个字符但并不实际读取它，如果已经到达了流

的末尾或流已关闭，则返回 –1。例如：

```
int n;
while (reader.PeekChar() != -1)
{
        n = reader.ReadInt32();
}
```

读完数据后要用 BinaryReader 的 Close() 方法关闭 BinaryReader 对象并释放底层的流。用户可以通过 BinaryReader 的 BaseStream 属性来访问它关联的 FileStream 流对象。

2．BinaryWriter 类

BinaryWriter 类用来从流中写入字符串或基本的数据类型，创建该类对象的实例是需要指定关联的对象。例如：

```
FileStream fs=new FileStream(@"C:\2.txt", FileMode.OpenOrCreate, FileAccess.Write);
BinaryWriter writer=new BinaryWriter(fs);
```

BinaryWriter 类用 Write() 方法向流中写入基本数据或字符串。例如：

```
writer.Write("hello world");
writer.Write(true);
int n = 10;
writer.Write(n);
```

我们可以用 Seek() 方法来移动流指针对指定的位置。例如：

```
long position=writer.Seek(4,SeekOrigin.Begin);
```

写完后，就调用 Flush() 方法来把缓冲区中的数据写入到流中并清空缓冲区，最后要用 Close() 方法来关闭流。

3．二进制文件的读 / 写举例

例 6.5　读 / 写二进制文件。

项目：Demo_6_5

（1）在默认窗体上设计一个 RichTextBox 控件和两个 Button 控件，设计效果如图 6-2 所示。

图 6-2　读 / 写二进制文件设计图

（2）当单击"读取二进制文件"Button 控件时，相关代码如下：

```
// 读取二进制文件
```

```
private void button1_Click(object sender, EventArgs e)
{
    FileStream fs = File.OpenRead(@"C:\1.txt");
    BinaryReader br = new BinaryReader(fs);
    int index = 0;
    richTextBox1.Text = null;
    do
    {
        try
        {
            index = br.ReadByte();            // 读入一个字节
            richTextBox1.Text += index.ToString() + "\n";
        }
        catch
        {
            break;                            // 读取出现异常，跳出循环
        }
    } while (true);
    br.Close();
    fs.Close();
}
```

【说明】使用 BinaryReader 类读取数据。首先打开文件，从中读取数据。使用 ReadByte() 方法每次读入一个字节，并把该字节的数据值显示在 richTextBox1 中。运行效果如图 6-3 所示。

图 6-3　读取二进制文件运行效果图

（3）当单击"写入二进制文件"Button 控件时，相关代码如下：

```
// 写入二进制文件
private void button2_Click(object sender, EventArgs e)
{
    byte[] bytes = { 65, 66, 67, 68, 69, 70, 71, 72 };
    FileStream fs = new FileStream(@"C:\1.txt", FileMode.OpenOrCreate, FileAccess.Write);
    BinaryWriter bw = new BinaryWriter(fs);
    foreach (byte bnext in bytes)
```

```
    {
        bw.Write(bnext); // 每次写入一个字节
    }
    bw.Close();
    fs.Close();
}
```

【说明】使用 BinaryWriter 类写入数据。在此例中首先定义一个 byte 类型的数组，包含要写入文件的数据，实际上是字符的 ASCII 码；接着定义一个 FileStream 对象，然后使用 Write 方法向文件中写入数据，每次写入一个字节。

单击按钮之前，1.txt 中的文本信息如图 6-4 左图所示，单击"写入二进制文件"之后，1.txt 的文本信息如图 6-4 右图所示。

图 6-4　写入二进制文件运行效果图

6.2.2　StreamReader 类和 StreamWriter 类

StreanReader 类通过 Encoding 类进行字符和字节的转换，从 Stream 类中读取字符。StreanWriter 类通过 Encoding 类将字符转换成字节，向 Stream 类写入字符。

如果知道某个文件包含文本，通常可以使用 StreanReader 和 StreanWriter 类方便地读写它们。这两个类可以根据流的内容，自动检测出停止读取文本较方便的位置。文本文件的编码格式可能是 ASCII、UNICODE、UTF7 和 UTF8，不管是哪种编码格式，这两个类都能正确读写，不需要关注编码的细节。

1. StreamReader 类

使用 StreamReader 类读取文本文件要比 FileStream 更简单，不需要指定模式和访问类型，也不需要指定共享许可。最简单的构造函数只带一个文件名参数。

```
StreamReader sr = new StreamReader(@"C:\1.txt");
```

下面的示例解释了如何将 StreamReader 关联到 FileStream 中：

```
FileStream fs = new FileStream(@"C:\1.txt", FileMode.Open);
StreamReader sr = new StreamReader(fs);
```

StreamReader 提供多种方法来读取文件：

（1）ReadLine() 方法。该方法一次读取一行字符，但返回的字符串不包括回车换行符。如果到了文件末尾，则返回 null。

```
string nextLine = sr.ReadLine();
```

（2）Read() 方法。此方法每次读取一个字符，返回的是代表这个字符的一个正数，当读到文件末尾时返回的是 –1。

```
int nextChar = sr.Read();
```

Read() 方法还有一个重载方法，"int Read(char[] buffer,intindex,int count);"可以从文件流的第 index 个位置开始读，到 count 个字符，把它们存到 buffer 中，然后返回一个正数，内部指针后移一位，保证下次从新的位置开始读。

```
char[] charArray = new char[100];                    // 读入 100 字节
int nCharsRead = sr.Read(charArray,0,100);
```

上面代码中的 nCharsRead 为实际读出的字节数，它可能小于 100。

（3）ReadToEnd() 方法。从当前位置读到文件末尾，返回一个字符串。此方法适用于小文件的读取。

```
string rest = sr.ReadToEnd();
```

与 FileStream 一样，应在使用后用 Close() 方法关闭 SteamReader。

2. StreamWriter 类

StreamWriter 类的工作方式与 StreamReader 类似，但 StreamWriter 只能用于写入文件。最简单的构造函数只带一个文件名参数。

```
StreamWriter sw = new StreamWriter(@"C:\2.txt");
```

也可以将 StreamWriter 关联到一个文件流上，以获得打开文件的更多控制选项。

```
FileStream fs = new FileStream(@"C:\2.txt",FileMode.CreateNew,FileAccess.Write,FileShare.Read);
StreamWriter sw = new StreamWriter(fs);
```

StreamWriter 类提供了 Write() 方法的以下四个重载方法来写入流：

● 写入字符：public override void Write(char value);

● 写入字符数组：public override void Write(char[] buffer);

● 写入字符串：public override void Write(string value);

● 写入指定字符块：public override void Write(char[] buffer, int index, int count);

写入一个字符串并自动加一个换行符：WriteLine();

把缓冲区中的数据写入到流中并清空缓冲区：Flush();

与其他类一样，应在使用后用 Close() 方法关闭 StreamWriter。

3. 文件文本读 / 写实例

文本文件是一种常用的文件格式，如何处理文本文件也成为编程的一个重点，其内容是如何读取文本文件内容与如何向文本文件写入内容。

例 6.6　读 / 写文本文件。

扫码看视频

项目：Demo_6_6

（1）在默认窗体上设计一个 RichTextBox 控件和两个 Button 控件，设计效果图与例 6.5 类似。

（2）当单击"读取文本文件"Button 控件时，相关代码如下：

```
// 读取文本文件
private void button1_Click(object sender, EventArgs e)
{
    FileStream fs = new FileStream(@"c:\2.txt", FileMode.Open, FileAccess.Read);
    StreamReader sr = new StreamReader(fs);
    sr.BaseStream.Seek(0, SeekOrigin.Begin);
    richTextBox1.Text = " ";
    string strline = sr.ReadLine();
    while (strline != null)
    {
        richTextBox1.Text += strline + "\n";
        strline = sr.ReadLine();
    }
    sr.Close();
}
```

运行效果如图 6-5 所示。

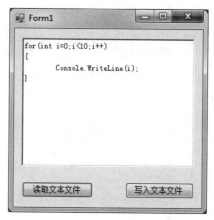

图 6-5　读取文本文件运行效果图

【说明】使用 StreamReader 类的 ReadLine() 方法，就可以读取数据流的当前行数据。读取 c:\2.txt 中的内容，并在 richTextBox1 中显示出来。

（3）当单击"写入文本文件"Button 控件时，相关代码如下：

```
// 写入文本文件
private void button2_Click(object sender, EventArgs e)
{
    FileStream fs = new FileStream(@"c:\2.txt", FileMode.OpenOrCreate, FileAccess.Write);
    StreamWriter sw = new StreamWriter(fs);
    sw.Flush();
    sw.BaseStream.Seek(0, SeekOrigin.Begin);      // 从文件开头写入
    sw.Write(richTextBox1.Text);                  // 把 richTextBox1 中的内容写入文件
    sw.Flush();
```

```
        sw.Close();
    }
```

【说明】使用 StreamWriter 类的 Write() 方法，就可以轻松实现文本文件内容的写入操作。如果 C 盘存在 2.txt，则把 richTextBox1 中的内容写入到 2.txt 中；如果不存在，则创建此文件，然后再写入文本数据。

从上面的例题可以看出，不管是 StreamReader 类，还是 StreamWriter 类，最后都应该调用 Close() 方法关闭。

6.3　文件类和目录类

在进行程序设计过程中，接触最多的就是文件。为了便于对文件和目录进行操作，.NET 提供了文件类和目录类。

6.3.1　文件类

在命名空间 System.IO 中提供的文件操作类有 File 类和 FileInfo 类，这两个类的功能基本相同。File 类通常与 FileStream 类协助完成对文件的创建、删除、复制、移动、打开等操作。所有 File 类的方法都是静态的，不需要实例化即可调用。而 FileInfo 类和 File 类是紧密相关的，FileInfo 类的所有方法都是实例方法。

File 类的常用方法见表 6-6。

表 6-6　File 类的常用方法

方法	说明
AppendAllText	将指定的字符串追加到文件中，如果文件不存在则创建该文件
AppendText	创建一个 StreamWriter 对象，它将 UTF-8 编码文本追加到现有文件
Copy	复制指定文件
Create	创建指定文件
CreateText	创建一个文本文件，返回一个 StreamWriter 对象
Delete	删除文件
Exists	判断指定文件是否存在
Move	移动指定文件
Open	打开文件

下面对 File 类中的部分方法作简要说明。

1. 打开文件：File.Open() 方法

该方法的声明如下：

```
public static FileStream Open(string path, FileMode mode)
```

打开存放在 C 目录下名称为 1.txt 的文件，并在该文件中写入 hello，代码如下：

```
private void OpenFile()
{
FileStream textFile = File.Open(@"c:\1.txt", FileMode.Append);
    byte[] Info = { (byte)'h', (byte)'e', (byte)'l', (byte)'l', (byte)'o' };
    textFile.Write(Info, 0, Info.Length);
    textFile.Close();
}
```

2. 创建文件：File.Create() 方法

该方法的声明如下：

```
public static FileStream Create(string path)
```

下面演示如何在 C 盘根目录下创建名称为 2.txt 的文件。由于 File.Create 方法默认向所有用户授予对新文件的完全读 / 写访问权限，所以文件是用读 / 写访问权限打开的，必须关闭后才能由其他应用程序打开。为此，需要使用 FileStream 类的 Close() 方法将所创建的文件关闭。

```
private void MakeFile()
{
        FileStream newText = File.Create(@"c:\2.txt");
        newText.Close();
}
```

3. 删除文件：File.Delete() 方法

该方法声明如下：

```
public static void Delete(string path);
```

下面演示如何删除 C 盘根目录下的 2.txt 文件，代码如下：

```
private void DeleteFile()
{
        File.Delete(@"c:\2.txt");
}
```

4. 复制文件：File.Copy() 方法

该方法声明如下：

```
public static void Copy(string sourceFileName, string destFileName, bool overwrite);
```

将 c:\1.txt 复制到 c:\2.txt，由于 Copy() 方法的 overwrite 参数设为 true，所以如果 2.txt 文件已存在的话，将会被复制过去的文件所覆盖。

```
private void CopyFile()
{
        File.Copy(@"c:\1.txt", @"c:\2.txt", true);
}
```

5. 移动文件：File. Move() 方法

该方法声明如下：

```
public static void Move(string sourceFileName, stringdestFileName);
```

可以将 C 盘根目录下的 2.txt 文件移动到 C:\down 目录下，代码如下：

> **注意：**
>
> 只能在同一个逻辑盘下进行文件转移，如果试图将 C 盘下的文件转移到 D 盘，将会发生错误。
>
> ```csharp
> private void MoveFile()
> {
>         File.Move(@"c:\2.txt", @"c:\down\2.txt");
> }
> ```

6. 设置文件属性：File. SetAttributes() 方法

该方法声明如下：

```csharp
public static void SetAttributes(string path, FileAttributesfileAttributes);
```

设置文件 c:\ down\2.txt 的属性为只读、隐藏，代码如下：

```csharp
private void SetFile()
{
        File.SetAttributes(@"c:\down\2.txt", FileAttributes.ReadOnly | FileAttributes.Hidden);
}
```

文件除了常用的只读和隐藏属性外，还有 Archive（文件存档状态）、System（系统文件）、Temporary（临时文件）等。

7. 判断文件是否存在：File.Exists() 方法

该方法声明如下：

```csharp
public static bool Exists(string path);
```

判断是否存在 c:\3.txt 文件，代码如下：

```csharp
if (File.Exists(@"c:\3.txt"))             // 判断文件是否存在
{
        MessageBox.Show(" 文件存在 ");
}
else
{
        MessageBox.Show(" 文件不存在 ");
}
```

此外，File 类对于 Text 文本提供了更多的支持，如 AppendText()、CreateText() 和 OpenText() 等方法。但这些方法主要对 UTF-8 的编码文本进行操作，从而显得不够灵活。在这里推荐使用下面的代码对 txt 文件进行操作。

对 txt 文件进行"读"操作，示例代码如下：

```csharp
StreamReader txtReader = new StreamReader(@"c:\1.txt", System.Text.Encoding.Default);
string fileContent = txtReader.ReadToEnd();
txtReader.Close();
```

对 txt 文件进行"写"操作，示例代码如下：

```csharp
StreamWriter txtWriter = new StreamWriter(@"c:\1.txt");
string fileContent = "hello world!";
```

　　txtWriter.Write(fileContent);

　　txtWriter.Close();

FileInfo 类的方法和 File 类的方法很相似。

6.3.2　目录类

System.IO 命名空间除了提供操作文件的类外，也提供操作文件夹的类，这就是 Directory 类和 DirectoryInfo 类。Directory 类和 File 类类似，Directory 类的所有方法都是静态的，因而无需创建目录的实例就可以被调用。而 DirectoryInfo 类和 FileInfo 类类似，只包括实例方法。

Directory 类的静态方法对所有的方法执行安全检查，若打算多次重用一个对象，请考虑 DirectoryInfo 的相关实例方法，因为安全检查并不总是必要的。Directory 类的常用方法见表 6-7。

表 6-7　Directory 的常用方法

方法	说明
Move	将文件或目录及其内容移到新位置
Delete	删除指定的目录
CreateDirectory	创建指定路径中的所有目录
GetCreationTime	获取目录的创建日期和时间
GetCurrentDirectory	获取应用程序的当前工作目录
GetFiles	返回指定目录中的文件的名称
GetLogicalDrives	返回此计算机上格式为 "< 驱动器号 >:\" 的逻辑驱动器的名称，返回如 "A:\"
GetParent	返回指定路径的父目录，包括绝对路径和相对路径

除了 Directory 类外，还有 DirectoryInfo 类，可以依照 FileInfo 的用法来使用该类的对象。DirectoryInfo 类的常用属性见表 6-8，DirectoryInfo 类的常用方法见表 6-9。

表 6-8　DirectoryInfo 类的常用属性

属性	说明
Attributes	获取或设置当前文件或目录的特性
CreationTime	获取或设置当前文件或目录的创建时间
CreationTimeUtc	获取或设置当前文件或目录的创建时间，其格式为协调世界时（UTC）
Exists	获取指示目录是否存在的值
Extension	获取表示文件扩展名部分的字符串
FullName	获取目录或文件的完整目录

表 6-9　DirectoryInfo 类的常用方法

方法	说明
Create	创建目录
CreateObjRef	创建一个对象，该对象包含生成用于与远程对象进行通信的代理所需的全部相关信息
CreateSubdirectory	在指定路径中创建一个或多个子目录，指定路径可以是相对 DirectoryInfo 类的此实例的路径
Delete	从路径中删除 DirectoryInfo 及其内容
GetFiles	返回当前目录的文件列表
GetFileSystemInfos	返回表示某个目录中所有文件和子目录的强类型 FileSystemInfo 项的数组
MoveTo	将 DirectoryInfo 实例及其内容移动到新路径

下面对 DirectoryInfo 类中的部分方法作简要说明。

1. 创建目录：Create() 方法

Create() 方法有两个重载方法，方法声明如下：

```
public void Create();
public void Create(DirectorySecurity directorySecurity);
```

例如，在 C 盘根目录下创建名为 test 的文件夹，要先将 DirectoryInfo 类实例化，然后判断是否有同名的文件夹，如果不存在，则使用 Create 方法创建目录。代码如下：

```
string path = @"c:\test";
DirectoryInfo di = new DirectoryInfo(path);
if (!di.Exists)
{
        di.Create();
}
```

2. 移动新目录：MoveTo() 方法

该方法声明如下：

```
public void MoveTo(string destDirName);
```

其中，参数 destDirName 是要将此目录移动到的目标位置的名称和路径。目标不能是另一个具有相同名称的磁盘卷或目录，它可以是将此目录作为子目录添加到其中的一个现有目录。

例如，把 C 盘根目录下的 test 文件夹移动到 test1 文件夹，要先将 DirectoryInfo 类实例化，然后使用 MoveTo() 方法将原目录 test 移动到新目录 test1 中。代码如下：

```
string path = @"c:\test";
DirectoryInfo di = new DirectoryInfo(path);
di.MoveTo(@"c:\test1");
```

3. 删除目录：Delete() 方法

该方法声明如下：

```
public override void Delete();
```

例如，删除 C 盘根目录下的 test1 文件夹，要先将 DirectoryInfo 类实例化，然后再判断文件夹是否存在，如果存在，则调用 Delete() 方法删除文件夹。代码如下：

```
string path = @"c:\test1";
DirectoryInfo di = new DirectoryInfo(path);
if (di.Exists)
{
        di.Delete();
}
```

> **注意：**
>
> 如果此文件夹为空，则删除成功；否则抛出 IOException 异常，提示目录不为空。

6.4　Path 类

为方便处理路径字符串，.NET 提供了 Path 类，它所包含的成员全部都是静态的，包括字符和方法。Path 类的方法不对用户指定的路径进行检验，它仅仅是对字符串进行操作，Path 类的一些常用方法见表 6-10。

表 6-10　Path 类的常用方法

方法	说明
Combine(string path1, string path2)	将两个字符串组合成一个路径
ChangeExtension(string path, string extension)	更改路径字符串的扩展名
GetDirectoryName(string path)	返回指定路径字符串的目录信息
GetExtension(string path)	返回指定路径字符串的扩展名
GetFileName(string path)	返回指定路径字符串的文件名和扩展名
GetFullPath(string path)	返回指定路径字符串的绝对路径

6.5　应用实例：简单资源管理器

简单资源管理器是 Windows 自带资源管理器的简化版本。在界面上尽量模仿资源管理器，如图 6-6 所示。软件的功能和资源管理器的功能尽量保持一致，但考虑到复杂度因素，这里只完成其中主要的功能。

图 6-6　简单资源管理器运行效果

扫码看视频

6.5.1 功能分析

本案例主要包含以下功能：

（1）能够以树状显示系统目录结构。

（2）在用户选中某个目录后，能在右侧列表视图中列出该目录的详细信息，并可以以缩略图、平铺、列表、详细信息等方式显示。

（3）在用户双击列表视图内的图标时，能够打开文件或文件夹。

（4）能够实现文件的复制、粘贴与删除操作。

（5）在文件或目录结构发生变化时能够及时在视图中体现，并有文件监视功能。

（6）能够实现文件拖放操作。

本案例主要有以下设计知识点：

（1）树视图（TreeView）与列表视图（ListView）。TreeView 用来显示左侧的目录结构，ListView 用来显示右侧的文件结构，涉及的知识点主要是树节点或列表项的动态添加与删除。

（2）File 类、FileInfo 类、Directory 类和 DirectoryInfo 类。用来实现目录与文件管理，主要是目录和文件在树视图和列表视图中的显示，以及目录和文件的创建、修改与删除。

（3）FileSystemWatcher 类。实现文件监视，使得列表视图可以根据文件系统变化及时更新。

（4）Clipboard 类。用于实现剪贴板操作，案例中用来实现文件的复制与粘贴。

6.5.2 界面设计

设计资源管理器的界面，关键技术是建立目录树视图和文件列表视图。在第4章中，我们已经介绍了树视图（TreeView）与列表视图（ListView）的一些基本用法。在这里，我们主要对 TreeView 的核心类 TreeNode 和 ListView 的核心类 ListViewItem 作进一步的介绍。通过完成这个案例，进一步熟悉 TreeView 与 ListView 控件的使用，并掌握目录和文件操作及剪贴板操作等。

新建一个 Windows 窗体应用程序，如图6-7所示，设计 Form1 窗体，布局相关控件，最上方是菜单栏和两个工具栏，最下方是状态栏，分别对应 .NET 中的 MenuStrip、ToolStrip 和 StatusStrip 组件。

中间是用一个分隔条隔开的两个部分，所以中间放置一个拆分器控件 SplitContainer，将 Dock 属性设置为 Fill。SplitContainer 包含两个面板容器 Panel1 和 Panel2，可以移动拆分条对面板大小进行控制。在 Panel1 放置一个 TreeView，用于显示目录结构。在 Panel2 放置一个 ListView，用于显示文件列表。

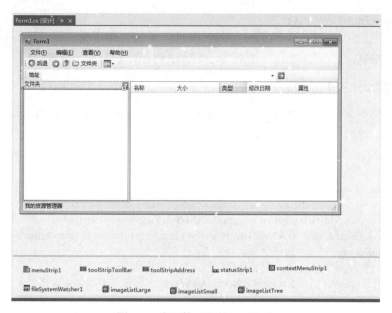

图 6-7　资源管理器的界面设计

6.5.3　显示目录树

在资源管理器中，左边的 TreeView 用来显示目录结构。根据目录的特点和对 Windows 资源管理器的应用习惯，实现显示目录树的基本思路是：①将"我的电脑"设置为树的根；②搜索本地磁盘的逻辑驱动器，添加到树中；③对每个逻辑驱动器寻找子目录，添加到树中，成为当前节点的子节点；④对每个目录采用递归方式找到下级子目录，并添加到树中成为子节点。

为了更直观地显示，在创建目录时，还要给每项节点配以相应的图标。为了在 TreeView 中显示图标，使用了 ImageList 组件。ImageList 组件又称为图片存储组件，它主要用于存储图片资源，然后在控件上显示出来，这样就简化了对图片的管理。ImageList 组件的主要属性是 Images，它包含关联控件将要使用的图片，可以通过"属性窗口"设置 TreeView 的 ImageList 属性，值为已定义好的 ImageListTree。

在创建好目录树后，主要操作就是树节点的展开、折叠、选取等。TreeView 提供了良好的支持。

1. 设置根节点

本案例对目录结构进行了一些简化。整个目录树中，"我的电脑"是根节点，"我的电脑"的子节点包含本机所有的驱动器，驱动器下再包含各个目录。根节点既可以在"属性窗口"中用 Nodes 属性来创建，也可以通过代码创建。在 Form1_Load 事件中，添加如下代码：

```
TreeNode node = new TreeNode(" 我的电脑 ",0,0);
treeView1.Nodes.Add(node);
```

```
node.Tag = " 我的电脑 ";
```

每个节点的 Text 属性存放了不含路径的目录名称，而在 Tag 属性中存放了目录的完整路径。当然，"我的电脑"并不是一个合法路径，它只是一个特例。

2. 添加本地磁盘的逻辑驱动器

在"我的电脑"下应该是逻辑驱动器。调用 Directory 类中的 GetLogicalDrives() 方法获取逻辑驱动器，再利用循环结构添加到树中。在 Form1_Load 事件中，添加如下代码：

```
string[] drives = Directory.GetLogicalDrives(); // 获取驱动器
// 将每个驱动器添加到树视图中
foreach (string str in drives)
{
        treeView1.ImageList.Images.Add(MyFile.GetFileIcon(str, true)); // 获取驱动器图标
        node = new TreeNode(str, treeView1.ImageList.Images.Count - 1,treeView1.ImageList.
Images.Count - 1); // 为每个驱动器生成一个节点
        node.Tag = str; // 将驱动器路径保存到节点的 Tag 属性中
        this.treeView1.Nodes[0].Nodes.Add(node);// 将每个节点添加到树中
}
```

3. 查询每个逻辑驱动器的子目录

为了提高软件的运行速度，并不是将所有驱动器中的目录和子目录一次性查询并装载到 TreeView1 中，而是当用户单击一个节点时先查找该节点是否有子目录，如有再装载该节点的子目录。因此，我们先查询每个逻辑驱动器是否有子目录，如果有子目录，则添加子节点，以便显示出"+"号。在 Form1_Load 事件中，添加如下代码：

```
/* 下面的代码主要检测该驱动器下是否还有目录，如果有，则在该节点下加入一个文本为
   –1 的节点，目的是在节点前出现"+"号，以便展开。如果该节点被展开，要先将文本为
   –1 的节点删除，然后再加入子目录内容。*/
s1 = Directory.GetDirectories(node.Tag.ToString());
if (s1.Length > 0)
        node.Nodes.Add(new TreeNode("-1", 1, 1));
```

4. 查询某个目录下的子目录

当单击某个树节点前的"+"号时，该节点会被展开，此时触发 BeforeExpand 事件。这时候需要创建并显示该节点下包含的子目录。可以调用 Directory 类中的 GetLogicalDrives(string path) 方法获取 path 路径下指定的子目录，再利用循环结构将子目录添加到树中。

在 Form1.cs 文件中，完整的 Form1_Load 事件和 treeView1_BeforeExpand 事件代码如下：

```
private void Form1_Load(object sender, EventArgs e)
{
    //1. 设置根节点
    TreeNode node = new TreeNode(" 我的电脑 ");
    treeView1.Nodes.Add(node);
    node.Tag = " 我的电脑 ";
    //2. 添加本地磁盘的逻辑驱动器
    string[] drives = Directory.GetLogicalDrives();                // 获取驱动器
```

```
        string[] s1;
        // 将每个驱动器添加到树视图中
        foreach (string str in drives)
        {
            treeView1.ImageList.Images.Add(MyFile.GetFileIcon(str, true)); // 获取驱动器图标
            node = new TreeNode(str, treeView1.ImageList.Images.Count - 1, treeView1.ImageList.
Images.Count - 1);                            // 为每个驱动器生成一个节点
            node.Tag = str;                          // 将驱动器路径保存到节点的 Tag 属性中
            this.treeView1.Nodes[0].Nodes.Add(node);         // 将每个节点添加到树中
            //3. 查询每个逻辑驱动器的子目录
            /* 下面的代码主要检测该驱动器下是否还有目录, 如果有, 则在该节点下加入一
个文本为 –1 的节点, 目的是在节点前出现 "+" 号, 以便展开。如果该节点被展开, 要
先将文本为 –1 的节点删除, 然后再加入子目录内容。*/
            s1 = Directory.GetDirectories(node.Tag.ToString());
            if (s1.Length > 0)
                node.Nodes.Add(new TreeNode("-1", 1, 1));
        }
    }


    private void treeView1_BeforeExpand(object sender, TreeViewCancelEventArgs e)
    {
        TreeNode node;
        string[] s = new string[0];
        string[] s2 = new string[0];
        string shortFileName;
// 如果只有一个节点且该节点为 –1, 则该节点只是为了出现 "+" 号而产生的临时节点
        if (e.Node.Nodes.Count==1 && e.Node.Nodes[0].Text=="-1")
        {
            e.Node.Nodes.Clear();                              // 清除该临时节点
            s = Directory.GetDirectories(e.Node.Tag.ToString());      // 获取子目录
            foreach (String str in s)
            {
                shortFileName = Path.GetFileName(str);
                node = new TreeNode(ShortFileName, 2, 2);
                node.Tag = str;
                e.Node.Nodes.Add(node);                       // 将子目录加入树中
                try
                {
                    s2 = Directory.GetDirectories(node.Tag.ToString());
// 如果该子目录下还有子目录, 加入一个文字为 –1 的临时节点, 以便在节点前出现 "+" 号
                    if (s2.Length > 0)
                        node.Nodes.Add(new TreeNode("-1", 0, 0));
                }
                catch (System.Exception ex)
                {
                    MessageBox.Show(ex.Message, " 目录读取出错 ");      // 显示异常信息
                }
            }
        }
    }
```

6.5.4 显示文件列表

建立文件列表视图的基本思路是：①文件列表视图的建立是动态的。当树视图的某项被选中后，选中节点即成为当前目录，搜索当前目录下所有的文件，提取每个文件的基本信息；②根据列表视图的特点，可以设置图标、列表、详细信息等显示方式；③可以对文件实行一些简单的操作，如复制、剪切、粘贴、删除等；④双击文件名，将启动新的进程，采用系统默认的软件打开或执行这个文件。

完成这个任务的代码在项目中会被多个地方调用，所以定义一个方法 private void ShowFiles(String path)，参数 path 为需要打开目录的完整路径。当某个节点被选中后，会触发 TreeView 的 AfterSelect 事件，只需要在事件中调用 ShowFiles() 方法即可。

```
private void treeView1_AfterSelect(object sender, TreeViewEventArgs e)
{
    ShowFiles(e.Node.Tag.ToString());
}
```

e.Node 代表被选中的节点，Tag 属性保存了节点的完整路径名。ShowFiles() 方法中，先检测选中的节点是否为"我的电脑"，如果是，则显示驱动器信息；否则先处理树节点所代表目录下的所有子目录，再处理目录下的所有文件。具体代码参考案例"简单资源管理器"。

如果选中了目录树中的某个目录，在右边的列表视图中就可以用大图标、小图标、详细列表等方式显示出该目录下的所有子目录和文件。如果以详细列表的方式显示目录信息，代码如下：

```
private void menuList_Click(object sender, EventArgs e)
{
    listView1.View = View.List;
}
```

其他如缩略图、平铺和小图标等方式，只需要改变 listView1 的 View 属性即可。

6.5.5 其他功能

本节简单介绍资源管理器的其他功能，具体代码请参考案例"简单资源管理器"。

1. 打开文件

在简单资源管理器中，当用户双击文件夹图标时，打开文件夹，并且显示文件夹的内容。当用户双击文件时，打开文件。在工具箱的组件中有一个 Process 组件，该组件提供对本地和远程进程的访问，并启用本地进程的开始和停止功能。

.NET 平台的 System.Diagnostics 命名空间中的 Process 类有一个静态方法 Start()，用于开始一个进程。Start() 方法共有五个重载方法，其中最常用的声明如下：

```
public static Process Start(string fileName);
```

Start() 方法可以通过指定文档或应用程序文件的名称来启动进程资源。例如，如果是 .txt 文件，会启用记事本打开文件；如果是 .doc 文件，会启用 Word 打开文件。

在简单资源管理器中的列表视图中，当用户双击了某个列表项时会触发

ItemActivate 事件，在此事件中可以判断列表项类型，如果是文件则打开文件，如果是文件夹则显示文件夹内容。ItemActivate 事件既可能是双击触发，也可能是单击触发，这取决于 ListView 组件的 Activation 属性的设置。Activation 属性有 Standard、OneClick 和 TwoClick 三个选值，Standard 为双击激活，OneClick 为单击一次激活，TwoClick 为单击两次激活。

2. 文件复制与粘贴

.NET 中提供了一个 Clipboard 类，用来复制数据到系统的剪贴板中，以及粘贴系统剪贴板中的数据。Clipboard 类提供了多个静态方法，主要是 SetData() 方法和 GetData() 方法。

（1）SetData() 方法。SetData() 方法清除剪贴板，再以所指定的格式添加数据，即完成数据的复制操作，方法声明如下：

```
public static void SetData(string format, object data);
```

参数 format 表示要设置的数据格式，请参见 System.Windows.Forms.DataFormats 以获取预定义的格式。参数 data 表示要添加的数据，其类型为 object 类型，意味着可以接收任何类型。

如果要将一段字符串放到剪贴板中，可以使用如下代码：

```
Clipboard.SetData(DataFormats.Text, "Hello World");
```

如果要复制文件，只需把要复制的所有文件名放到剪贴板中。下面的代码中，files 代表字符串数组，表示要复制的所有文件名。DataFormats.FileDrop 表示剪贴板存放的是文件名，而不是其他数据。

```
Clipboard.SetData (DataFormats.FileDrop, files);
```

（2）GetData() 方法。GetData() 方法从剪贴板中检索指定格式的数据，方法声明如下：

```
public static object GetData(string format);
```

参数 format 表示要检索的数据格式。如果剪贴板中包含的数据都不是指定的 format，也无法转换为该格式，则为 null。

如果要从剪贴板中取出一段字符串，可以使用如下代码：

```
string s = (string) Clipboard.GetData(DataFormats.Text);
```

如果要从剪贴板中取出所有要粘贴的文件名，可以使用如下代码：

```
string[] files = (string[])Clipboard.GetData(DataFormats.FileDrop);
```

文件的粘贴实际分为两步：第一步先从剪贴板中取出要粘贴的所有文件名；第二步实现文件复制粘贴的真正操作。如果是普通文件，可以利用 File 类的 Copy 方法；如果是目录，则需要自定义方法实现，案例"简单资源管理器"自定义了 CopyDir 方法，通过调用 CopyDir 方法即可实现复制目录。

3. 文件拖放

在资源管理器中，用户可以通过拖动文件从一个目录复制到另一个地方，这个功能如何实现呢？在 .NET 中，文件拖放变得很简单。以 ListView 控件为例，讲解如何完成拖放操作。

（1）设置属性 AllowDrag 为 true。AllowDrag 代表控件是否可以接受用户拖到它上面的数据，所有支持拖放的组件都有 AllowDrag 属性，包括 TreeView 和 ListView 等。如果接受拖放功能，则将该属性设置为 true；如果不接受拖放功能或只是向外拖放，则将该属性设置为 false。

（2）响应事件 ItemDrag 和 DragDrop。当用户尝试拖动 ListView 中的某个 Item 时会触发 ItemDrag 事件。通常用户会在该事件处理代码中获取被拖动的数据并设置要拖动的效果。

DragDrop 事件在拖放完成时发生，这个事件在拖放过程中用户松开鼠标时触发，用户完成文件的复制或移动。

 # 本章小结

本章主要介绍了一些基础的文件操作方法，包括文件系统中对文件和目录的操作，以及文件的读写操作等。通过学习 File 类、FileInfo 类、Directory 类和 DirectoryInfo 类，可以轻松完成文件和目录的打开、复制、移动和删除等操作。通过文件流类和文件流读 / 写类的学习，可以完成对文件的读写操作。

习题

一、选择题

1.（　　）类与文件操作无关。

    A．FileStream   B．File   C．Directory   D．StreamWriter

2．StreamReader 提供多种方法来读取文件，（　　）方法不是读取文件的。

    A．ReadLine()   B．Read()   C．ReadToEnd()   D．Write()

3．针对如下的代码段，以下说法正确的是（　　）。

```
FileStream fs = new FileStream
(@"C:\1.txt", FileMode.Create, FileAccess.ReadWrite, FileShare.None);
```

    A．如果 C 盘根目录下已经存在文件 test.txt，则编译报错

    B．如果 C 盘根目录下已经存在文件 test.txt，则改写 test.txt 文件，将其内容清空

    C．如果 C 盘根目录下已经存在文件 test.txt，则不做任何操作，但对该文件持有读写权

    D．如果 C 盘根目录下不存在文件 test.txt，则建立 test.txt 文件且此文件只读

4．在一个 C# 的控制台应用程序中，以下说法正确的是（　　）。

```
static void Main(string[] args)
{
    Console.WriteLine(" 请为文件输入一个名称： ");
```

```
        string filename = Console.ReadLine();
        FileStream filestr = new FileStream(filename, FileMode.OpenOrCreate);
        StreamWriter sw = new StreamWriter(filestr);
        for (int i = 0; i < 20; i++)
        {
                sw.Write(i);
        }
        filestr.Close();
    }
```

A．没有指定文件所在的目录，所以不能创建文件

B．sw 对象不能写入整数数据，只能写入字符数据，因此将提示错误信息

C．sw 对象在执行完毕后应调用 Close() 方法关闭

D．上述代码没有问题，将正常执行

5．下面的 C# 代码用来执行文件拷贝。

```
 classCopy
  {
    static void Main(string[] args)
     {
       Directory.CreateDirectory("C#");
       File.Copy("A.TXT",@"C#\A.TXT");
       Console.ReadLine();
     }
  }
```

假设当前目录下文件 A.TXT 存在，以下说法正确的是（   ）。

A．程序不能编译通过，因为 File 类中包含了 Copy() 方法，与类名 Copy 产生
重复

B．程序不能编译通过，因为 Directory 类和 File 类没有被实例化

C．程序能编译通过，但会产生运行错误，因为创建的文件夹不允许包含 "#"
字符

D．程序能编译通过，并且能够正确执行文件拷贝

二、编程题

1．设计文件管理界面，包括创建文件、复制文件、移动文件、删除文件、列出文
件和查看文件信息，界面如图 6-8 所示。

图 6-8　文件管理界面

具体功能为：

（1）单击"创建文件"按钮，在 C 盘根目录下创建名为 test1.txt 的文件。

（2）单击"复制文件"按钮，将 C:\test1.txt 复制到 C:\test2.txt。

（3）单击"移动文件"按钮，将 C:\test2.txt 移动到 D:\test2.txt。

（4）单击"移动文件"按钮，删除 C 盘根目录下的 test1.txt 文件。

（5）单击"列出文件"按钮，在列表框中列出 C 盘根目录下所有的文件名称。

（6）单击"查看文件信息"按钮，弹出对话框选择文件，在列表框中列出文件的完整目录、文件创建时间、上次访问文件时间、上次写入文件时间和文件的大小。

2．设计目录管理界面，包括创建目录、删除目录、移动目录、列出子目录和列出磁盘驱动器，界面如图 6-9 所示。

图 6-9　目录管理界面

具体功能为：

（1）单击"创建目录"按钮，在 C 盘根目录下创建名为 myDir1 和 myDir2 的两个目录。

（2）单击"移动目录"按钮，把 myDir2 移动到 myDir1 中。

（3）单击"删除目录"按钮，删除 C 盘根目录下的 myDir1。

（4）单击"列出子目录"按钮，列出 C 盘根目录下所有的子目录。

（5）单击"列出磁盘驱动器"按钮，列出所有的磁盘驱动器。

第7章

进程与线程

学习目标

- 了解进程的基本概念、进程类和进程的控制方法。
- 熟练掌握线程的基本概念、线程类、线程的创建和控制方法。
- 掌握多线程同步技术。
- 了解线程池的基本知识。
- 了解"生产者和消费者"场景。

7.1 进程

7.1.1 进程的概念

进程（Process）是 Windows 系统中的一个基本概念，它包含着一个运行程序所需要的资源。进程之间是相对独立的，一个进程无法访问另一个进程的数据（除非利用分布式计算方式），一个进程运行的失败也不会影响其他进程的运行。

程序是用某种编程语言编写的一段指令的集合，它是一段静态的代码。而进程是程序执行一次的过程。进程和程序概念的不同之处在于，程序是静态的，而进程是动态的；程序是指令的集合，本身无"运动"的含义，而进程有一定的生命期。

例如，当用户打开一个文本文档时，系统就创建一个进程，并为它分配资源。如果再打开另一个文本文档，此时在资源管理器中会发现有两个进程。由于文档的大小不一样，所以内存大小不一样，如图 7-1 所示。

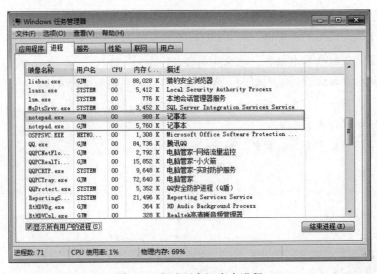

图 7-1　启动两个记事本进程

7.1.2 进程类（Process）

进程 ID 是进程唯一的标识 ID，可以通过先获取它的 ID 来获取系统中特定的进程。程序员关心的是如何创建、启动、停止进程及获取进程的状态。

.NET 平台中的 System.Diagnostics 命名空间中的 Process 类封装了管理进程的功能。使用 Process 类可以对本地和远程进程进行访问，启动和停止本地系统进程，设定进程的优先级别等。Process 类的常用属性见表 7-1，Process 类的常用方法见表 7-2。

表 7-1　Process 类的常用属性

属性	说明
BasePriority	获取关联进程的基本优先级
Handle	获取关联进程的本机句柄，只有 Process 对象启动了进程，该属性才有效
HandleCount	获取由进程打开的句柄数，当 HandleCount 等于 0 时，操作系统才会释放句柄及其关联数据
Id	获取关联进程的唯一标识符
MainModule	获取关联进程的主模块
Modules	获取已由关联进程加载的模块
MainWindowHandle	获取关联进程主窗口的窗口句柄
MainWindowTitle	获取进程的主窗口标题
ProcessName	获取该进程的名称
StartInfo	获取或设置要传递给 Process 的 Start() 方法的属性
StartTime	获取关联进程启动的时间
Threads	获取在关联进程中运行的一组线程

表 7-2　Process 类的常用方法

方法	说明
GetCurrentProcess()	静态方法，获取新的 Process 对象并将其与当前活动的进程关联
GetProcessById()	静态方法，通过进程 ID 获取 Process 对象，这个对象与指定 ID 的进程资源关联
GetProcesses()	静态方法，为每个进程资源创建一个新的 Process 对象，返回值为 Process 类型的数组
GetProcessesByName()	静态方法，通过进程名称获取 Process 对象，并将它们与指定进程名称的所有进程资源关联
Start()	启动一个进程资源，并与一个 Process 对象关联
Kill()	立即停止关联的进程
CloseMainWindow()	通过向进程的主窗口发送关闭消息来关闭拥有用户界面的进程
WaitForExit()	指示 Process 对象在指定的毫秒数内等待关联进程退出

7.1.3　进程的控制

1. 启动和停止进程

使用 Process 类的 Start() 方法和 Kill() 方法可以简单地启动和停止进程。

扫码看视频

使用 Process 类启动一个进程分为三步：①创建 Process 对象；②初始化要启动的

应用程序或文档，也就是初始化 Process 对象的 StartInfo 属性中的 FileName；③使用 Start() 方法启动进程。

例如，启动记事本的进程，并打开 D 盘根目录下的 test.txt 文件，代码如下：

```
Process process = new Process();
process.StartInfo.FileName = "D\test.txt";
process.Start();
```

使用 Process 类停止进程，只需要使用 Kill() 方法即可，代码如下：

```
process.Kill();
```

【说明】为了使用 Process 类，需要引用命名空间 System. Diagnostics。

2. 获取进程

使用 Process 类的 GetProcesses() 方法可以获取本地计算机上正在运行的每一个进程。进程的 ID 是进程的唯一标识符。

例 7.1 显示本地计算机运行的所有进程。

项目：Demo_7_1

```
using System;
using System.Collections.Generic;
using System.Linq;
using System.Text;
using System.Diagnostics;  // 引入命名空间
namespace Demo_7_1
{
    class Program
    {
        static void Main(string[] args)
        {
            Process[] localAll = Process.GetProcesses();
            foreach (Process my in localAll)
            {
                Console.WriteLine(string.Format(" 进程 ID：{0} \t 进程名称：{1}",
                    my.Id, my.ProcessName));
            }
            Console.ReadLine();
        }
    }
}
```

运行结果如下：

```
进程 ID：2224    进程名称：dwm
进程 ID：1244    进程名称：FoxitProtect
进程 ID：4592    进程名称：WmiPrvSE
进程 ID：6848    进程名称：SearchProtocolHost
进程 ID：5868    进程名称：devenv
进程 ID：616     进程名称：wininit
进程 ID：2484    进程名称：MOM
进程 ID：1504    进程名称：ZhuDongFangYu
```

进程 ID：2304　　进程名称：hkcmd
进程 ID：3132　　进程名称：360sd
进程 ID：700　　　进程名称：svchost
进程 ID：1452　　进程名称：IntelliTrace

【说明】GetProcesses() 是静态方法，所以不需要创建 Process 对象。由于篇幅的关系，运行结果只列出一部分进程。还可以使用 Process 类的 GetProcessById() 方法和 GetProcessesByName() 方法获取进程，前者需要进程 ID，后者需要进程名称。

例 7.2　根据进程 ID 或进程名称获取进程。

项目：Demo_7_2

```
using System;
using System.Collections.Generic;
using System.Linq;
using System.Text;
using System.Diagnostics;
namespace Demo_7_2
{
  class Program
  {
    static void Main(string[] args)
    {
      try
      {
        Process process1 = Process.GetProcessById(2528);
        Console.WriteLine(string.Format(" 进程 ID：{0} \t 进程名称：{1}",
          process1.Id, process1.ProcessName));
      }
      catch (ArgumentException ex)
      {
        Console.WriteLine(ex.Message);
      }
      Console.WriteLine( "*****************************************" );
      Process[] process2 = Process.GetProcessesByName("notepad");
      foreach (Process my in process2)
      {
        Console.WriteLine(string.Format(" 进程 ID：{0} \t 进程名称：{1}",
          my.Id, my.ProcessName));
      }
      Console.ReadLine();
    }
  }
}
```

运行结果如下：

进程 ID：1152　　进程名称：notepad
****

进程 ID：5068　　进程名称：notepad
进程 ID：3312　　进程名称：notepad
进程 ID：1152　　进程名称：notepad

【说明】如果进程不存在，系统会抛出 ArgumentException 异常，所以使用 GetProcessById() 方法时应该包含在 try...catch 之内。GetProcessesByName() 方法返回值是数组，获取指定进程名称的所有进程。由于使用记事本程序打开了三个文件，所以有三个进程的名称是 notepad。

3. 获取进程中的模块

通过 Process 类的 Modules 属性可以获取进程加载的模块。这些模块可以是程序集（*.dll），也可以是可执行程序（*.exe）。

例 7.3　获取当前进程的模块。

项目：Demo_7_3

```
using System;
using System.Collections.Generic;
using System.Diagnostics;
using System.Linq;
using System.Text;
namespace Demo_7_3
{
    class Program
    {
        static void Main(string[] args)
        {
            var moduleList = Process.GetCurrentProcess().Modules;
            foreach (ProcessModule module in moduleList)
            {
                Console.WriteLine(string.Format("{0}\n  URL:{1}\n  Version:{2}",
module.ModuleName, module.FileName, module.FileVersionInfo.FileVersion));
            }
            Console.ReadLine();
        }
    }
}
```

运行结果如下：

```
System.Xml.ni.dll
  URL:C:\windows\assembly\NativeImages_v4.0.30319_32\System.Xml\d86b080a37c60a87
2c82b912a2a63dac\System.Xml.ni.dll
  Version:4.6.1055.0 built by: NETFXREL2
uxtheme.dll
  URL:C:\windows\system32\uxtheme.dll
  Version:6.1.7600.16385 (win7_rtm.090713-1255)
comctl32.dll
  URL:C:\windows\WinSxS\x86_microsoft.windows.common-controls_6595b64144ccf1df_5
.82.7601.17514_none_ec83dffa859149af\comctl32.dll
  Version:5.82 (win7_rtm.090713-1255)
dwmapi.dll
  URL:C:\windows\syswow64\dwmapi.dll
  Version:6.1.7600.16385 (win7_rtm.090713-1255)
```

【说明】由于篇幅的关系，运行结果只列出一部分模块信息。本例中，通过

Process 的 GetCurrentProcess() 方法获取当前运行的进程信息，然后通过 Modules 属性获取模块信息。

7.2 线程

7.2.1 线程的概念

线程（Thread）是进程中的基本执行单元，在进程入口执行的第一个线程被视为这个进程的主线程。在 .NET 应用程序中，都是以 Main() 方法作为入口的，当调用 Main() 方法时系统就会自动创建一个主线程。

应用程序域（Application Domain，AppDomain）是 .NET 引入的一个新概念，它比进程占用的资源少，可以看作是一个轻量级的进程。使用 .NET 建立的可执行程序（*.exe）并没有直接承载到进程中，而是承载到应用程序域中。

进程、应用程序域和线程的关系如图 7-2 所示，一个进程可以包括多个应用程序域，一个应用程序域可以装载一个可执行程序（*.exe）或多个程序集（*.dll）。一个进程也可以包括多个线程，线程可以穿梭于多个应用程序当中；但同一时刻，线程只会处于一个应用程序域内。

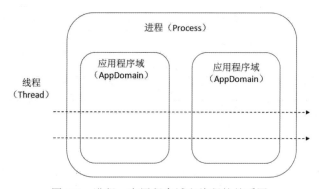

图 7-2　进程、应用程序域和线程的关系图

7.2.2 线程类（Thread）

C# 支持通过多线程并行地执行代码，一个线程有它独立的执行路径，能够与其他的线程同时运行。一个 C# 程序开始于一个单线程，这个线程被 CLR 和操作系统自动创建，称为主线程，主线程可以创建额外的线程。

.NET 平台的 System.Threading 命名空间中的 Thread 类用于控制线程的基础类，可以控制当前应用程序域中线程的创建、挂起、停止和销毁等操作。Thread 类的常用属性见表 7-3，Thread 类的常用方法见表 7-4。

表7-3 Thread类的常用属性

属性	说明
CurrentThread	获取当前正在运行的线程
IsAlive	获取一个值，该值指示当前线程的执行状态
IsBackground	获取或设置一个值，该值指示某个线程是否为后台线程
IsThreadPoolThread	获取一个值，该值指示线程是否属于托管线程池
ManagedThreadId	获取当前托管线程的唯一标识符
Name	获取或设置线程的名称
Priority	获取或设置一个值，该值指示线程的调度优先级
ThreadState	获取一个值，该值包含当前线程的状态

表7-4 Thread类的常用方法

方法	说明
Abort()	终止线程
GetDomain()	返回当前线程正在其中运行的当前域
GetDomainId()	返回当前线程正在其中运行的当前域 ID
Interrupt()	中断处于 WaitSleepJoin 线程状态的线程
Join()	阻塞调用线程，直到某个线程终止或经过了指定时间为止
Resume()	继续已挂起的线程
Start()	启动线程
Suspend()	挂起线程，如果线程已挂起，则不起作用
Sleep()	将当前线程阻塞指定的时间

7.2.3 线程的创建

创建线程需要创建一个 Thread 对象，为了使用 Thread 类，需要引用命名空间 System. Threading。Thread 类的构造函数重载为接受 ThreadStart 和 Parameterized ThreadStart 类型的委托参数。

1. 使用 ThreadStart 委托创建线程

ThreadStart 委托定义如下：

```
public delegate void ThreadStart()
```
接收 ThreadStart 类型的 Thread 构造函数，定义如下：

```
public Thread(ThreadStart start)
```
其中，参数 start 表示此线程开始执行时要调用的方法。

例 7.4 使用 ThreadStart 委托创建线程。

项目：Demo_7_4

扫码看视频

```
using System;
using System.Collections.Generic;
using System.Linq;
using System.Text;
using System.Threading;      // 引入命名空间
namespace Demo_7_4
{
    class Program
    {
        static void Main(string[] args)
        {
            // 创建线程
            Thread t = new Thread(new ThreadStart(Go));
            // 可以简写为 Thread t = new Thread(Go);
            t.Start();   // 启动线程，运行 Go() 方法
            Go();        // 主线程也同时运行 Go() 方法
        }
        static void Go()
        {
            Console.WriteLine("hello!");
        }
    }
}
```

运行结果如下：

```
hello!
hello!
```

【说明】主线程创建了一个新的线程"t"，它运行了 Go() 方法，打印"hello!"；同时主线程也运行了 Go() 方法，打印"hello!"。主线程和线程"t"同时运行。

上例中的创建线程可以使用更简短的语句，不需要显示地使用 ThreadStart，ThreadStart 被编译器自动推断出来。创建线程的代码可以简写为：

```
Thread t = new Thread(Go);
```

另外一种便捷的方式是使用 lambda 表达式和匿名方法创建线程：

```
static void Main(string[] args)
{
    Thread t = new Thread(() => Console.WriteLine("hello!"));
    t.Start();
}
```

输出结果为：hello!

2. 使用 ParameterizedThreadStart 委托创建线程

ParameterizedThreadStart 委托定义如下：

```
public delegate void ParameterizedThreadStart(object obj);
```

扫码看视频

注意：

　　ParameterizedThreadStart 委托只能接收一个参数，因为它的类型是 object，所以通常要进行装箱和拆箱操作。

接收 ParameterizedThreadStart 类型的 Thread 构造函数，定义如下：

```
public Thread(ParameterizedThreadStart start)
```

其中，参数 start 表示此线程开始执行时要调用的方法。

既然可以使用 ThreadStart 委托创建线程，为什么还要使用 ParameterizedThreadStart 委托创建线程？两者有什么区别？

使用 ThreadStart 委托可以创建一个不带参数的线程，但使用 Parameterized ThreadStart 委托可以创建一个带参数的线程。

例 7.5 使用 ParameterizedThreadStart 委托创建带参数的线程。

项目：Demo_7_5

```
// 这里省略了命名空间的引用代码
namespace Demo_7_5
{
    class Program
    {
        static void Main(string[] args)
        {
            // 创建新线程
            Thread t = new Thread(new ParameterizedThreadStart(Go));
            // 可以简写为 Thread t = new Thread(Go);
            t.Start("hello from t!");        // 启动线程 t，运行 Go 方法，传入参数
            Go("hello from Main!");          // 主线程运行 Go 方法
        }
        // 必须有一个 object 类型的参数
        static void Go(object obj)
        {
            string message = (string)obj;   // 拆箱
            Console.WriteLine(message);
        }
    }
}
```

运行结果如下：

```
hello from Main!
hello from t!
```

【说明】注意对比例 7.4 和本例中定义的 Go 方法，例 7.4 定义为无参方法 Go()，而本例定义的方法 Go(object obj) 有一个 object 参数。在本例中，线程"t"运行了 Go("hello from t!")，而主线程同时运行了 Go("hello from Main!")。

如果使用 ParameterizedThreadStart 委托，线程运行的方法必须有一个 object 类型的参数。使用 object 会导致类型不安全，而且执行过程中会有装箱和拆箱的操作。为了解决这个问题，可以创建一个自定义类，定义一个作为传入参数的字段，将实例对象的方法传入线程中。

例 7.6 使用自定义类创建线程。

项目：Demo_7_6

```
// 这里省略了命名空间的引用代码
namespace Demo_7_6
{
```

```
class Program
{
    static void Main(string[] args)
    {
        MyThread<string> instance1 = new MyThread<string>("instance1");
        Thread t1 = new Thread(instance1.Go);          // 将实例方法传入线程

        MyThread<string> instance2 = new MyThread<string>("instance2");
        Thread t2 = new Thread(instance2.Go);

        t1.Start();                                    // 启动线程 t1，运行 instance1.Go()
        t2.Start();                                    // 启动线程 t2，运行 instance2.Go()
    }
}
class MyThread<T>
{
    private T data;
    public MyThread(T data)
    {
        this.data = data;
    }
    public void Go()
    {
        Console.WriteLine("hello from {0}", data);
    }
}
```

运行结果如下：

```
hello from instance1
hello from instance2
```

【说明】创建了自定义泛型类 MyThread，类中定义了字段 data，定义了方法 Go()。在 Main() 方法中创建了实例 instance1，将实例的方法 instance1.Go() 传入线程 t1，那么"t1.Start();"启动了线程 t1，运行的是 instance1.Go() 方法。线程 t2 运行的是 instance2.Go() 方法。

7.2.4　线程的控制

1. 启动和终止线程

启动线程很简单，只需要调用 Thread 类的 Start() 方法，例如：

```
t.Start();
```

使用 Thread 类的 Abort() 方法可以终止线程，终止后线程不可唤醒。在终止线程之前，一般先使用 Thread 类的 IsAlive 属性确认线程是否处于活动状态。例如：

```
if (t. IsAlive)
        t.Abort();
```

2. 阻塞线程

Thread 类包含两个常用方法可以阻塞线程：实例方法 Join() 和静态方法 Sleep()。很多读者对于 Join() 和 Sleep() 的区别一直存在疑惑。

Join() 方法是阻塞调用线程，直到某个线程终止。在此期间，被阻塞线程继续执行标准的 COM 和 SendMessage 消息泵。只有调用 Join() 方法终止线程，才能执行其他线程，包括主线程的终止；或者给调用 Join() 方法的线程指定时间，直到线程终止或经过指定的时间为止，才能执行其他的线程。声明如下：

```
public void Join();
public bool Join(int millisecondsTimeout);
public bool Join(TimeSpan timeout);
```

Sleep() 方法在指定的时间段内暂停当前线程，不能暂停其他线程。此期间不执行的 COM 和 SendMessage 消息泵，也不会被系统调度并执行。声明如下：

```
public static void Sleep(int millisecondsTimeout);
public static void Sleep(TimeSpan timeout);
```

例如：

```
Thread.Sleep(1000);        // 线程休眠 1000ms
```

或者：

```
static TimeSpan waitTime = new TimeSpan(0,0,0,0,1000);
Thread.Sleep(waitTime);    // 线程休眠 1000ms
```

例 7.7　等待线程，并正确终止线程。

项目：Demo_7_7

```
// 这里省略了命名空间的引用代码
namespace Demo_7_7
{
  public class Worker
  {
    // 启动线程时调用此方法
    public void DoWork()
    {
      while (!_shouldStop)
      {
        Console.WriteLine("worker thread: working...");
      }
      Console.WriteLine("worker thread: terminating gracefully.");
    }
    public void RequestStop()
    {
      _shouldStop = true;
    }
    // volatile 用于向编译器提示此数据成员将由多个线程访问
    private volatile bool _shouldStop;
  }
  class Program
  {
    static void Main(string[] args)
    {
      // 创建线程对象 workerThread，这不会启动该线程
      Worker workerObject = new Worker();
      Thread workerThread = new Thread(workerObject.DoWork);

      // 启动线程 workerThread
      workerThread.Start();
```

```
        Console.WriteLine("main thread: Starting worker thread...");

        // 循环直至线程 workerThread 激活
        while (!workerThread.IsAlive) ;

        // 为主线程设置 1 毫秒的休眠，以使线程 workerThread 完成某项工作
        Thread.Sleep(1);

        // 请求线程 workerThread 自行停止
        workerObject.RequestStop();

        // 使用 Join() 方法阻塞主线程，直到线程 workerThread 终止
        workerThread.Join();
        Console.WriteLine("main thread: Worker thread has terminated.");
      }
    }
  }
```
运行结果如下：
```
    main thread: Starting worker thread...
    worker thread: working...
    worker thread: working...
    worker thread: working...
    worker thread: working...
    worker thread: working...
    worker thread: working...
    worker thread: working...
    worker thread: working...
    worker thread: working...
    worker thread: working...
    worker thread: working...
    worker thread: working...
    worker thread: working...
    worker thread: terminating gracefully.
    main thread: Worker thread has terminated.
```

【说明】本例定义了 Worker 类，在类中定义了 DoWork() 和 RequestStop() 方法。线程 workerThread 通过调用 DoWork() 方法开始执行，并在方法返回后自动终止。主线程调用 RequestStop() 方法，将 true 赋值给 _shouldStop，间接导致 DoWork() 返回，从而终止线程 workerThread。最后，在主线程中调用 workerThread.Join()，直到 workerThread 终止，主线程才继续执行。

之前提到过，使用 Abort() 方法虽然可以终止线程，但这是强行终止线程，不管它是否已经完成了任务，并且不提供清理资源的机制，Join() 方法才是首选。

3. 挂起和恢复线程

挂起线程是暂停线程。使用 Thread 类的 Suspend() 方法可以挂起线程。只有线程是正在运行的状态，才可以挂起；对于已经挂起的线程再实施挂起没有作用。在挂起线程之前，一般通过 Thread 的 ThreadState 属性检查线程的状态是不是正在运行。
```
    if (t.ThreadState==ThreadState.Running)
        t.Suspend();
```
恢复线程是恢复已挂起的线程，使用 Thread 类的 Resume() 方法可以唤醒线程。例如：

```
        t.Resume();
```
由于线程的执行顺序和程序的执行情况不可预知，所以使用挂起线程和唤醒线程容易发生死锁，在实际应用中不推荐使用。

4．命名线程

通过 Thread 类中的 Name 可以获取或设置线程的名字。但应注意，线程的名字只能设置一次，重命名会引起异常。程序的主线程也可以被命名，代码如下：

```
Thread.CurrentThread.Name = "main";        // 设置主线程名称为 main
Thread t = new Thread(Go);                 // 创建线程
t.Name = "t";                              // 设置线程名称为 t
```
开发者可以使用 Console.WriteLine() 打印出线程的名称，也可以使用 Microsoft Visual Studio 的调试工具，在线程窗口进行监控，通过线程名称找到线程，查看它的执行情况，这非常有利于调试，如图 7-3 所示。

线程						
搜索:			▼	✕ 搜索调用堆栈	▼ ▼	分组依据(Y): 进程 ID
	ID	托管 ID	类别	名称	位置	优先级别
⌃ 进程 ID: 3460 (9 线程)						
▽	1712	1	工作线程	<线程结束>	<不可用>	正常
▽	5008	0	工作线程	<无名称>	<不可用>	最高
▽	4844	3	工作线程	<无名称>	<不可用>	正常
▽	4992	8	工作线程	vshost.RunParkingWindow	▼ [托管到本机的转换]	正常
▽	5868	7	工作线程	<无名称>	<不可用>	正常
▽	4500	1	工作线程	<无名称>	<不可用>	正常
▽	3852	9	工作线程	.NET SystemEvents	▼ [托管到本机的转换]	正常
▽ ⇨	3268	10	主线程	main	▼ Demo_7_8.Program.Main	正常
▽	7432	11	工作线程	t	▼ Demo_7_8.Program.Go	正常

错误列表 输出 局部变量 监视 1 线程 调用堆栈 即时窗口

图 7-3　线程监控窗口

5．前台线程和后台线程

线程分为前台线程和后台线程，Thread 类默认创建的是前台线程，前面例子中的线程都是前台线程。只要有一个前台线程在运行，应用程序的进程就在运行。如果有多个前台线程运行，即使主线程（Main() 方法）结束了，应用程序的进程仍然是激活的。

扫码看视频

什么是后台线程？后台线程和前台线程正好相反。当所有前台线程结束后，后台线程就会被终止。

开发者可以通过设置 Thread 类的 IsBackground 的属性来确定该线程是否为后台线程。当值为 false 的时候，为前台线程；当值为 true 的时候，为后台线程。在线程的生命周期中，任何时候都可以从前台变为后台，或者从后台变为前台。

例 7.8　设置线程名称和后台线程。

项目：Demo_7_8

```
//这里省略了命名空间的引用代码
namespace Demo_7_8
{
```

```
class Program
{
    static void Main(string[] args)
    {
        Thread.CurrentThread.Name = "main";          // 设置主线程的名称为 main
        Thread t = new Thread(Go);                   // 创建线程
        t.Name = "t";                                // 设置线程名称为 t
        t.IsBackground = true;                       // 设为后台线程
        t.Start();                                   // 启动线程
        Console.WriteLine(" 主线程执行完成！ ");
    }
    public static void Go()
    {
        Console.WriteLine(" 子线程开始执行！ ");
        Thread.Sleep(3000);                          // 线程挂起 3000ms
        Console.WriteLine(" 子线程执行完成！ ");
    }
}
```

运行结果如下：

```
主线程执行完成！
子线程开始执行！
```

【说明】从运行结果可以看出，当主线程结束后，线程"t"就被终止了，所以没有后台线程结束的输出信息。这是因为代码"t.IsBackground = true;"将线程"t"设置为后台线程，此时主线程为前台线程。

试试注释掉例 7-8 中的这行代码"t.IsBackground = true;"，运行结果如下：

```
主线程执行完成！
子线程开始执行！
子线程执行完成！
```

【说明】注释掉代码"t.IsBackground = true;"，进程"t"默认为前台线程，即使主线程结束了，线程"t"仍然运行，所以会打印"子线程执行完成！"。

6. 线程的优先级

Thread 类的 Priority 属性来指示线程的优先级，线程的优先级别定义如下：

```
public enum ThreadPriority
{
    Lowest = 0,
    BelowNormal = 1,
    Normal = 2,
    AboveNormal = 3,
    Highest = 4,
}
```

线程的默认级别为 Normal，可以为例 7-8 创建的线程"t"设置最高优先级，如：

```
t.Priority = ThreadPriority.Highest;
```

只有多个线程同时活动时，优先级才有作用。设置一个线程的优先级高一些，并不意味着它能执行实时的工作，因为它受限于进程的级别。

7.2.5　线程的状态转换

使用 Thread 类的 IsAlive 属性可以测试一个线程是否"活着"，其定义为：

    public bool IsAlive { get; }

如果此线程已启动且尚未正常终止或中止，则为 true；否则为 false。

使用 Thread 类的 ThreadState 属性可以获取线程的运行状态，其定义为：

    public ThreadState ThreadState { get; }

返回结果是 System.Threading.ThreadState 的值之一，它指示当前线程的状态。初始值为 Unstarted。

线程的状态分为以下几种：

- Unstarted：未调用 Thread.Start() 开始线程的运行。
- Running：线程正在正常运行。
- Background：线程作为后台线程执行（相对于前台线程而言）。此状态可以通过设置 Thread.IsBackground 属性来控制。
- WaitSleepJoin：线程已经被阻止，可能是因为调用了 Wait()、Sleep()、Join()、请求锁定或等待线程同步对象。
- SuspendRequested：线程正在请求被挂起，但是未来得及响应。
- Suspended：线程已经被挂起（可以通过调用 Resume() 方法重新运行）。
- AbortRequested：线程的 Thread.Abort() 方法已经被调用，但是线程还未停止。
- Aborted：该线程现在已死，但其状态尚未更改为 Stopped。
- Stopped：线程已停止。

线程的状态关系如图 7-4 所示。

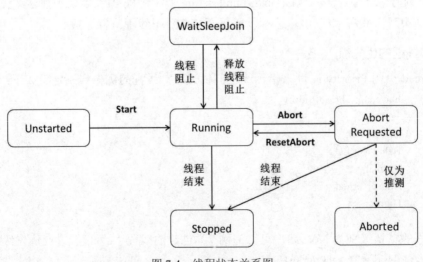

图 7-4　线程状态关系图

线程是程序中的一个执行流，每个线程都有自己的专有寄存器（栈指针、程序计数器等），但代码区是共享的，即不同的线程可以执行同样的函数。多线程是指在程序中包含多个执行流，即在一个程序中可以同时运行多个不同的线程来执行不同的任务，也就是说，允许单个程序创建多个并行执行的线程来完成各自的任务。

多线程的好处在于可以提高 CPU 的利用率。在多线程程序中，一个线程必须等待的时候，CPU 可以运行其他的线程而不是等待，这样就大大提高了程序的效率。

适当使用多线程能提高系统的性能，然而过多地使用多线程会导致性能下降。线程需要占用内存，线程越多，占用的内存也越多；多线程需要协调和管理，线程太多会导致控制太复杂，可能出现 Bug。

在 .NET 中提供了多线程同步技术，包括加锁（Lock）、监视器（Monitor）和互斥体（Mutex）等。

7.3.1 加锁（Lock）

扫码看视频

先看下面的代码：

```
class ThreadUnsafe
{
    static int _val1 = 1, _val2 = 1;
    static void Go()
    {
        if (_val2 != 0)
            Console.WriteLine(_val1/_val2);
        _val2 = 0;
    }
}
```

此时的类的线程是不安全的。如果 Go() 方法同时被两个线程调用，可能会发生除数为 0 的错误。因为一个线程可能刚好执行完 if 的判断语句，但还没执行 Console.WriteLine 语句，另一个线程将 _val2 赋值为 0。下面使用 Lock 可以解决这个问题：

```
class ThreadSafe
{
    static readonly object _locker = new object();
    static int _val1, _val2;
    static void Go()
    {
        Lock (_locker)
        {
            if (_val2 != 0)
            Console.WriteLine(_val1/_val2);
            _val2 = 0;
        }
```

```
        }
    }
```

Lock 语句能够确保同一时间只有一个线程被执行。就像服装店的试衣间一样，当一个顾客进入试衣间时锁上门，其他顾客必须等他出来之后才能进去。Lock 语句的语法规则如下：

```
Lock(expression) statement-block
```

【说明】expression 代表要加锁的对象，必须是引用类型；statement-block 代表共享资源，在同一时间只能有一个线程执行。

在这个例子中，我们保护的是 Go() 方法的内部逻辑，还有 _val1 与 _val2 字段。如果有线程 A 和线程 B 执行 Go() 方法，第一个执行 Go() 的线程 A 成功获取 _locker 的锁定，执行程序。而线程 B 要等待线程 A 执行结束后释放 _locker 的锁定，线程 B 才能执行。

例 7.9　使用 Lock 进行死锁。

项目：Demo_7_9

```
// 这里省略了命名空间的引用代码
namespace Demo_7_9
{
    class Program
    {
        static void Main(string[] args)
        {
            object locker1 = new object();
            object locker2 = new object();
            new Thread (() => {
                Lock (locker1)
                {
                    Thread.Sleep (1000);
                    Lock (locker2);          // 死锁
                }
            }).Start();

            Lock (locker2)
            {
                Thread.Sleep (1000);
                Lock (locker1);              // 死锁
            }
        }
    }
}
```

【说明】本例中有两个线程：主线程和辅助线程。辅助线程先获取 locker1 的锁，然后休眠 1 秒，接着尝试获取 locker2 的锁。主线程先获取 locker2 的锁，然后休眠 1 秒，接着尝试获取 locker1 的锁。两个线程都在等待对方线程释放锁，程序进入了死锁状态。

死锁是多线程中最难解决的问题之一，尤其是在有很多关联对象的时候。CLR 没有自动检测死锁机制，也不会结束线程破坏死锁。死锁会导致部分线程无限地等待。

7.3.2　监视器（Monitor）

监视器（Monitor）的功能和 Lock 有些相似，Monitor 防止多个线程同时执行代码块。Monitor 就像服装店试衣间的看门人，他掌管着钥匙，而线程就像是顾客，顾客要进入试衣间，必须从看门人手上获取钥匙，出来后再把钥匙还给看门人。

在 .NET 平台下，命名空间 System.Threading 中的 Monitor 类封装了监视器的功能。Monitor 的 Enter() 方法允许有且只有一个线程继续执行后面的语句，其他所有线程都将被阻止，直到执行语句的线程调用 Monitor 的 Exit()。C# 的 Lock 语句实际上就是对 Monitor 的 Enter() 方法和 Exit() 方法的一个封装，使用起来更简洁。

C#1.0、2.0 和 3.0 编译器对于 Lock 语句的翻译为：

```
class ThreadSafe
{
        static readonly object _locker = new object();
        static int _val1, _val2;
        static void Go()
        {
                Monitor.Enter(_locker);
                try
                {
                        if (_val2 != 0)
                                Console.WriteLine(_val1/_val2);
                        _val2 = 0;
                }
                finally { Monitor.Exit(_locker); }
        }
}
```

在 Monitor.Enter() 和 Try() 方法之间可能会抛出异常，为了解决这个问题，CLR 4.0 提供了 Monitor.Enter() 的重载，声明如下：

```
public static void Enter (object obj, ref bool lockTaken);
```

获取指定对象上的排他锁，并自动设置一个值，指示是否获取了该锁。lockTaken 是尝试获取锁的结果，通过引用传递，输入必须为 false。如果已获取锁，则输出为 true；否则输出为 false。即使在尝试获取锁的过程中发生异常，也会设置输出。注意：如果没有发生异常，则此方法的输出始终为 true。

C# 4.0 编译器对于 Lock 语句的翻译为：

```
class ThreadSafe
{
        static readonly object _locker = new object();
        static int _val1, _val2;
        static void Go()
        {
                bool lockTaken = false;
                try
                {
                        Monitor.Enter(_locker, ref lockTaken);
                                if (_val2 != 0)
                                {
                                        Console.WriteLine(_val1/_val2);
```

```
                                    }
                            _val2 = 0;
                        }
                        finally
                        {
                            if (lockTaken)
                            {
                                Monitor.Exit(_locker);
                            }
                        }
                    }
                }
```

Monitor 类是一个静态类，它所有的方法都是静态方法。Monitor 类的常用方法见表 7-5。

表 7-5   Monitor 类的常用方法

方法	说明
Enter()	在指定对象上获取排他锁，此操作同样会标记临界区的开头
Exit()	释放指定对象上的排他锁，此操作还标记受锁定对象保护的临界区的结尾
Pulse()	通知等待队列中的线程锁定对象状态的更改
PulseAll()	通知所有的等待线程对象状态的更改
TryEnter()	试图获取指定对象的排他锁
Wait()	释放对象上的锁并阻止当前线程，直到它重新获取该锁

Wait() 方法其实起到了 Exit() 的作用，也就是释放当前获得的对象锁，但 Wait() 方法同时又阻塞了自己。这里的阻塞是指当前线程进入 WaitSleepJoin 状态，CPU 不会给这种状态的线程分配时间片，线程不会参与对该锁的争夺。

Pulse() 方法向阻塞线程队列（状态为 WaitSleepJoin 的线程队列，也就是执行 Wait 方法的线程）中的第一个线程发信号，该信号通知锁定对象的状态已更改。收到信号的阻塞线程进入到就绪队列（状态为 Running 的线程队列），以便有机会获得对象锁。注意：接收到信号的线程会从阻塞中被唤醒，但并不一定会获得对象锁。

7.3.3 互斥体（Mutex）

互斥体（Mutex）是另一种用于线程同步的技术，它只向一个线程授予共享资源的独占访问权。如果一个线程获取了互斥体，则要获取该互斥体的第二个线程将被阻塞，直到第一个线程释放互斥体。互斥体类似于 C# 的 Lock，不同之处在于它可以跨进程工作。

在 .NET 平台下，命名空间 System.Threading 中的 Mutex 类代表了互斥体。使用 Mutex 类时，可以调用 WaitOne() 方法来加锁，调用 ReleaseMutex() 方法来解锁。关闭或销毁 Mutex 会自动释放锁。Mutex 的一种常见的应用就是确保只运行一个程序实例。

例 7.10   使用 Mutex 确保只运行一个程序实例。

项目：Demo_7_10

```
// 这里省略了命名空间的引用代码
namespace Demo_7_10
{
    class Program
    {
        static void Main(string[] args)
        {
            // 命名的 Mutex 是机器范围的，它的名称是唯一的
            // 如使用公司名 + 程序名，或者也可以用 URL
            using (var mutex = new Mutex(false, " 武汉软件工程职业学院 Demo_7_10"))
            {
                // 可能其他程序实例正在关闭，所以可以等待 3 秒来让其他实例完成关闭
                if (!mutex.WaitOne(TimeSpan.FromSeconds(3), false))
                {
                    Console.WriteLine(" 其他程序实例正在关闭 ");
                    return;
                }
                RunProgram();
            }
        }
        static void RunProgram()
        {
            Console.WriteLine(" 运行，按 Enter 键退出 ");
            Console.ReadLine();
        }

    }
}
```

如果在终端服务器下运行，机器范围的 Mutex 默认仅对运行在相同终端服务器会话的应用程序可见。要使其对所有终端服务器会话可见，需要在其名字前加上 Global\。

7.4　线程池

实际开发过程中经常使用多线程，线程之间往往很复杂，可能有的线程经常在休眠状态等待某个事件，而有的线程只是周期性地执行某个操作。使用线程池（Thread Pool）可以为应用程序提供一个由系统管理工作线程的集中单元，使程序员可以集中精力在应用程序而不是线程管理。Microsoft .NET Framework 中的 ThreadPool 类封装了使用线程池的功能。

每一个进程只会拥有一个线程池，因此 ThreadPool 不需要应用程序的自身构造，当第一次调用 ThreadPool 中的静态方法 QueueUserWorkItem() 时创建线程池。下面介绍常用的 QueueUserWorkItem() 方法和 RegisterWaitForSingleObject() 方法。

1. QueueUserWorkItem() 方法

此方法的功能是把一个工作项目放入线程池的工作线程队列中，有以下两个重载方法：

```
public static bool QueueUserWorkItem(WaitCallback callBack);
public static bool QueueUserWorkItem(WaitCallback callBack, object state);
```

其中，WaitCallback 表示委托；callBack 表示要执行的方法；state 表示包含方法所用数据的对象。

如果该方法调用成功则返回 true，否则返回 false。如果当前进程中没有线程池，调用这个方法会创建线程池。

2．RegisterWaitForSingleObject() 方法

该方法的功能是把指定的方法加入到线程池的等待队列中，当指定的对象获得信号或延迟时间结束时，工作线程会执行方法委托。这个方法有四个重载方法，参数的个数和意义一样，只是参数的类型不同，下面介绍其中的一个重载方法。

```
public static RegisteredWaitHandle RegisterWaitForSingleObject(WaitHandle waitObject,
WaitOrTimerCallback callBack, object state, int millisecondsTimeOutInterval, bool
executeOnlyOnce);
```

其中，waitObject 表示要注册的 WaitHandle 对象；callBack:waitObject 表示参数终止时调用的 WaitOrTimerCallback 委托；State 表示传递给委托的对象；millisecondsTimeOutInterval 表示以毫秒为单位的超时；executeOnlyOnce 的值如果为 true，表示在调用了委托后，线程将不再在 waitObject 参数上等待；如果为 false，表示每次完成等待操作后都重置计时器，直到注销等待。

该方法检查指定对象 WaitHandle 的当前状态，如果这个对象没有得到信号，该方法将在线程池中注册一个等待操作，等待操作由线程池中的一个线程执行。当指定对象获得信号或延迟到达的时候，工作线程执行该方法委托。

例 7.11 线程池举例。

项目：Demo_7_11

创建 Windows 窗体程序，在 Form1 中添加四个 Button 控件，运行效果如图 7-5 所示。

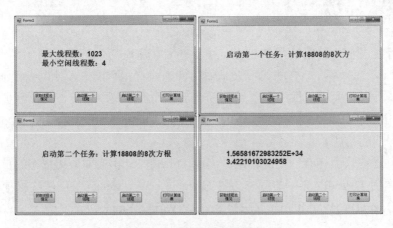

图 7-5　线程池的运行效果

```
// 这里省略了命名空间的引用代码
namespace Demo_7_11
```

```
{
    public partial class Form1: Form
    {
        static double number1 = -1;
        static double number2 = -1;
        int x = 18808;                 // 函数变量值
        public Form1()
        {
            InitializeComponent();
        }
        void Draw1(string str1, int xPos = 0, int yPos = 0)
        {
            SolidBrush aBrush = new SolidBrush(Color.Blue);
            Font aFont = new Font("Arial",6,FontStyle.Bold, GraphicsUnit.Millimeter);
            Graphics graphic = this.CreateGraphics();
            graphic.DrawString(str1,aFont,aBrush,xPos,yPos);
        }
        void ClsFrm()
        {
            Graphics graphic = this.CreateGraphics();
            graphic.Clear(this.BackColor);
        }

        private void button1_Click(object sender, EventArgs e)
        {
            int maxThreadNum, minThreadNum, portThreadNum;
            ThreadPool.GetMaxThreads(out maxThreadNum, out portThreadNum);
            ThreadPool.GetMinThreads(out minThreadNum, out portThreadNum);
            ClsFrm();
            Draw1(" 最大线程数：" +maxThreadNum.ToString(),80,80);
            Draw1(" 最小空闲线程数： " + minThreadNum.ToString(), 80, 110);
        }

        private void button2_Click(object sender, EventArgs e)
        {
            // 启动第一个任务：计算 x 的八次方
            ClsFrm();
            Draw1(" 启动第一个任务：计算 18808 的八次方 ", 80, 80);
            ThreadPool.QueueUserWorkItem(new WaitCallback(TaskProc1), x);
        }
        private void button3_Click(object sender, EventArgs e)
        {
            // 启动第二个任务：计算 x 的八次方根
            ClsFrm();
            Draw1(" 启动第二个任务：计算 18808 的八次方根 ", 80, 80);
            ThreadPool.QueueUserWorkItem(new WaitCallback(TaskProc2), x);
        }
        private void button4_Click(object sender, EventArgs e)
```

```
    {
        // 等待，直到两个数值都完成计算
        while (number1 == -1 || number2 == -2) ;
        // 打印结果
        ClsFrm();
        Draw1(number1.ToString() + "\n" + number2.ToString(), 80, 80);
    }
    // 启动第一个任务：计算 x 的八次方
    static void TaskProc1(object o)
    {
        number1 = Math.Pow(Convert.ToDouble(o),8);
    }
    // 启动第二个任务：计算 x 的八次方根
    static void TaskProc2(object o)
    {
        number2 = Math.Pow(Convert.ToDouble(o),1.0/8.0);
    }
    }
}
```

【说明】void Draw1(string str1, int xPos = 0, int yPos = 0) 方法用于在窗体上显示内容，void ClsFrm() 方法用于在窗体上清除显示。单击"启动第一个线程"按钮会执行 TaskProc1 方法，单击"启动第二个线程"按钮会执行 TaskProc2 方法。

7.5 应用实例：生产者和消费者

生产者－消费者问题是一个经典的线程同步和通信的案例，也称为有界缓冲区问题，两个进程共享一个公共的、固定大小的缓冲区（容器）。其中，一个是生产者，用于将产品放入缓冲区（容器）；另一个是消费者，用于从缓冲区（容器）中取出产品。

粗看这个场景没有什么特殊的问题，但是问题在于：

（1）消费者锁定容器，进入临界区后可能发现容器是空的。他可以退出临界区，然后下次再盲目地进入碰碰运气；如果不退出，那么生产者则永远无法进入临界区往容器里放入资源供消费者消费，从而造成死锁。

（2）生产者也可能进入临界区后，却发现容器是满的。结果一样，直接退出等下次来碰运气；或者不退出造成死锁。

我们需要更有效的方式：消费者在进入临界区发现容器为空后，立即释放锁并把自己阻塞，等待生产者通知，不再做无谓的尝试；如果顺利地消费完资源，则主动通知生产者可以进行生产了，随后仍然阻塞自己等待生产者通知。生产者如果发现容器是满的，就立即释放锁并阻塞自己，等待消费者在消费完成后唤醒；在生产完毕后，主动给消费者发出通知，随后也仍然阻塞自己，等待消费者告诉自己容器已经空了。

例 7.12 使用 Monitor 模拟生产者－消费者场景。

项目：生产者和消费者

```
// 这里省略了命名空间的引用代码
namespace 生产者和消费者
{
    class MonitorDemo
    {
        // 容器，一个只能容纳一块糖的糖盒
        private ArrayList _candyBox = new ArrayList(1);
        private volatile bool _shouldStop = false;            // 用于控制线程正常结束的标志

        /// <summary>
        /// 用于结束 Produce() 和 Consume() 在辅助线程中的执行
        /// </summary>
        public void StopThread()
        {
            _shouldStop = true;
            // 生产者或消费者之一可能因为在阻塞中而没有机会看到结束标志，
            // 而另一个线程顺利结束，所以剩下的那个一定长眠不醒，需要我们在
            // 这里尝试叫醒它们
            Monitor.Enter(_candyBox);
            try
            {
                Monitor.PulseAll(_candyBox);
            }
            finally
            {
                Monitor.Exit(_candyBox);
            }
        }

        /// <summary>
        /// 生产者的方法
        /// </summary>
        public void Produce()
        {
            while (!_shouldStop)
            {
                Monitor.Enter(_candyBox);
                try
                {
                    if (_candyBox.Count == 0)
                    {
                        _candyBox.Add("A candy");
                        Console.WriteLine(" 生产者：有糖吃啦！ ");
                        // 唤醒可能正在阻塞中的消费者
                        Monitor.Pulse(_candyBox);
                        Console.WriteLine(" 生产者：赶快来吃！ ");
                        // 调用 Wait 方法释放对象上的锁，并使生产者的线程状态转为
                        // WaitSleepJoin，直到消费者线程调用 Pulse(_candyBox)
                        // 使该线程进入 Running 状态
```

```
                Monitor.Wait(_candyBox);
            }
            else            // 容器是满的
            {
                Console.WriteLine(" 生产者：糖盒是满的！ ");
                // 唤醒可能正在阻塞中的消费者
                Monitor.Pulse(_candyBox);
                // 调用 Wait 方法释放对象上的锁，并使生产者的线程状态转为
                // WaitSleepJoin，直到消费者线程调用 Pulse(_candyBox)
                // 使生产者线程重新进入 Running 状态
                Monitor.Wait(_candyBox);
            }
        }
        finally
        {
            Monitor.Exit(_candyBox);
        }
        Thread.Sleep(2000);
    }
    Console.WriteLine(" 生产者：下班啦！ ");
}


/// <summary>
/// 消费者的方法
/// </summary>
public void Consume()
{
    // 即便看到结束标志也应该把容器中的所有资源处理完毕再退出，
    // 否则容器中的资源可能就此丢失
    while (!_shouldStop || _candyBox.Count > 0)
    {
        Monitor.Enter(_candyBox);
        try
        {
            if (_candyBox.Count == 1)
            {
                _candyBox.RemoveAt(0);
                if (!_shouldStop)
                {
                    Console.WriteLine(" 消费者：糖已吃完！ ");
                }
                else
                {
                    Console.WriteLine(" 消费者：还有糖没吃，马上吃完！ ");
                }
                // 唤醒可能正在阻塞中的生产者
                Monitor.Pulse(_candyBox);
                Console.WriteLine(" 消费者：赶快生产！ ");
                Monitor.Wait(_candyBox);
            }
```

```
        else
        {
          Console.WriteLine(" 消费者：糖盒是空的！ ");
          // 唤醒可能正在阻塞中的生产者
          Monitor.Pulse(_candyBox);
          Monitor.Wait(_candyBox);
        }
      }
      finally
      {
        Monitor.Exit(_candyBox);
      }
      Thread.Sleep(2000);
    }
    Console.WriteLine(" 消费者：都吃光啦，下次再吃！ ");
  }

  static void Main(string[] args)
  {
    MonitorDemo ss = new MonitorDemo();
    Thread thdProduce = new Thread(new ThreadStart(ss.Produce));
    Thread thdConsume = new Thread(new ThreadStart(ss.Consume));
    Console.WriteLine(" 开始启动生产者和消费者的线程，输入回车终止生产者和消费者
的工作……\r\n*************************************");

    thdProduce.Start();
    Thread.Sleep(2000);              // 尽量确保生产者先执行
    thdConsume.Start();
    // 通过 IO 阻塞主线程，等待辅助线程演示直到收到一个回车
    Console.ReadLine();
    ss.StopThread();                 // 正常且优雅地结束生产者和消费者线程
    Thread.Sleep(1000);              // 等待线程结束
    while (thdProduce.ThreadState != ThreadState.Stopped)
    {
      /* 线程还没有结束，有可能是因为它本身是阻塞的，尝试使用
      StopThread() 方法中的 PulseAll() 唤醒它 */
      ss.StopThread();
      thdProduce.Join(1000);         // 等待生产者线程结束
    }
    while (thdConsume.ThreadState != ThreadState.Stopped)
    {
      ss.StopThread();
      thdConsume.Join(1000);         // 等待消费者线程结束
    }
    Console.WriteLine("*************************************\r\n 输入回车结
束！ ");
    Console.ReadLine();
  }
  }
}
```

运行结果如下：

开始启动生产者和消费者的线程，输入回车终止生产者和消费者的工作……

****

生产者：有糖吃啦！

生产者：赶快来吃！

消费者：糖已吃完！

消费者：赶快生产！

生产者：有糖吃啦！

生产者：赶快来吃！

消费者：糖已吃完！

消费者：赶快生产！

生产者：有糖吃啦！

生产者：赶快来吃！

消费者：糖已吃完！

消费者：赶快生产！

……

生产者：下班啦！

消费者：都吃光啦，下次再吃！

****

【说明】本例中先启动生产者线程，再启动消费者线程。生产者生产出糖块后，就把自己阻塞了，等待消费者吃糖后唤醒自己。而消费者吃糖后也把自己阻塞了，等待生产者生产出糖块后唤醒自己。

如果改变生产者和消费者线程的启动顺序，消费者先于生产者启动，代码改为：

```
thdConsume.Start();        // 先启动消费者线程
Thread.Sleep(2000);
thdProduce.Start();        // 再启动生产者线程
```

那么，运行结果会发生变化：

开始启动生产者和消费者的线程，输入回车终止生产者和消费者的工作……

****

消费者：糖盒是空的！

生产者：有糖吃啦！

生产者：赶快来吃！

消费者：糖已吃完！

消费者：赶快生产！

生产者：有糖吃啦！

生产者：赶快来吃！

消费者：糖已吃完！

消费者：赶快生产！

……

生产者：下班啦！

消费者：都吃光啦，下次再吃！

****

本章小结

本章主要介绍了如何使用 Microsoft .NET Framework 中提供的功能操作及控制进

程和线程的方法；介绍了进程的基本概念，Process 类的常用属性和方法；阐述了线程的基本概念，使用 Thread 类管理线程，包括启动、挂起、继续、休眠和停止；同时介绍了 .NET 中提供的多线程同步技术，如加锁、监视器和互斥体等；论述了线程池；最后介绍了生产者和消费者场景。

 习题

一、选择题

1．以下关于线程的描述，正确的是（　　　）。

A．启动一个程序，就启动了一个进程，进程就是线程

B．每启动一个程序，就启动了一个进程，每个进程还可以启动多个线程

C．进程在执行过程中拥有独立的内存单元，多个线程也有自己独立的内存单元

D．多线程具有串联性

2．线程类的 Priority 属性用来设置线程的优先级，其中，（　　　）是优先级中的最低级。

A．AboveNormal　　　　　　　　　B．Highest

C．Lowest　　　　　　　　　　　　D．Normal

3．线程类是在（　　　）命名空间中定义的。

A．System.Threading　　　　　　　B．System.IO

C．System.Thread　　　　　　　　　D．System.Data

4．以下关于多线程的优点，错误的是（　　　）。

A．可以同时完成多个任务

B．可以使程序的响应速度更快

C．可以设置每个任务的优先级以优化程序性能

D．不可以随时停止任务

5．下列不能实现线程同步的有（　　　）。

A．Lock　　　　　　B．Monitor　　　　　　C．Halt　　　　　　D．Mutex

6．下面关于 Monitor 类的方法，解释错误的是（　　　）。

A．Enter 在指定对象上获取排他锁

B．Exit 释放指定对象上的排他锁

C．TryEnter 在指定的时间内尝试在指定对象上获取排他锁

D．Wait 等待时间获取排他锁

7．有如下代码，要使线程执行，在下面横线处应填写的代码是（　　　）。
```
public static void ThreadMain() {.......}
static void Main(string[] args) {
        Thread t1=new Thread (ThreadMain);
```

```
        t1.Name="MyNewThread1";
        _____;
    }
```

A. t1.Abort()　　　B. t1.Join()　　　　C. t1.Sleep()　　　　D. t1.Start()

8. 下面代码的执行结果是（　　）。

```
Using......（略）；
public static void ThreadMain() {
        Console.WriteLine(" 你好，hello"); }
static void Main(string[] args) {
        Thread t1=new Thread (ThreadMain);
        t1.Name="MyNewThread1"; }
```

A. 编译失败，但能继续执行

B. 执行成功，但不输出任何内容

C. 执行成功，输出"你好，hello"

D. 代码存在语法问题，不能执行

二、编程题

1. 创建一个带有三个子线程的程序，第一个线程启动 10 毫秒后，第二个线程再启动，然后再等 10 毫秒后启动第三个线程，每一个线程从 1 ～ 1000 循环输出线程的名称和计数，当三个线程结束时要输出各自的结束信息，然后主线程结束。

2. 编写一个模拟卖票程序，共有三个窗口同时卖票，总共卖票 50 张。

第8章

数据库编程

学习目标

- 理解 ADO.NET 的基本概念。
- 掌握数据库连接对象的创建和使用方法。
- 掌握 Command 对象的常用属性和方法，使用 Command 对象显示数据记录，插入、更新和删除数据记录。
- 理解 DataSet 和 DataAdapters 之间的关系，使用 DataSet 显示和更新数据。
- 掌握控件的数据绑定。

8.1 ADO.NET 概述

ADO.NET 是微软提供的一个统一的数据对象访问模型，它为创建分布式数据共享应用程序提供了一组丰富的组件，它提供了对关系数据、XML 和应用程序数据的访问，是 .NET Framework 中不可缺少的一部分。ADO.NET 支持多种需求，包括创建由应用程序、工具、语言或浏览器使用的前端数据库客户端和中间层业务对象。

ADO.NET 是对 ADO 的一个跨时代的改进，它们之间有很大的差别。最主要表现在 ADO.NET 可以通过 DateSet 对象在"断开连接模式"下访问数据库，即用户访问数据库中的数据时，首先要建立与数据库的连接，从数据库中下载需要的数据到本地缓冲区，之后断开与数据库的连接。此时用户对数据的操作（查询、添加、修改、删除等）都是在本地进行的，只有需要更新数据库中的数据时，才再次与数据库连接，在发送修改后的数据到数据库后关闭连接。这样大大减少了因连接过多（访问量较大时）对数据库服务器资源的大量占用。

在 C# 中，除了可以使用控件完成数据库的浏览和操作外，还可以使用 ADO.NET 提供的各种对象，通过编写代码实现更复杂、更灵活的数据库操作功能。

ADO.NET 的对象主要是指包含在数据集（DataSet）和数据提供者（Provider）中的对象，使用这些对象可以创建符合用户需求的数据库 Windows 程序。

在 ADO.NET 中数据集与数据提供器是两个非常重要而又相互关联的核心组件。它们二者之间的关系如图 8-1 所示。

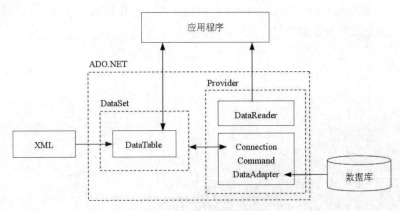

图 8-1　数据集和数据提供器

DataSet 对象用于以数据形式在程序中放置一组数据，它不关心数据的来源，DataSet 是实现数据断开的核心，应用程序从数据源读取的数据暂时被存放在 DataSet 中，程序再对其数据进行各种操作。

Provider 中包含许多针对数据源的组件，开发人员通过这些组件可以使程序与指定的数据源进行连接。Provider 主要包括 Connection 对象、Command 对象、

DataReader 对象和 DataAdapter 对象，Provider 用于建立数据源与数据集之间的连接，它能连接各种类型的数据库，并能按要求将数据源中的数据提供给数据集，或者将应用程序编辑后的数据发送回数据库。

ADO.NET 使用一些 ADO 对象，如 Connection 和 Command 对象，也引入了一些新对象，关键的新对象包括 DataSet、DataReader 和 DataAdapter。

1. Connection

Connection 用于和数据库"沟通"，并且被声明为特定的提供程序级别，如 SQLConnection。Command 扫描连接后的结果集以流的形式被返回，这种流可以被 DataReader 对象读取，或者推入 DataSet 对象。

2. Command

Command 包含提交到数据库的信息，特定于提供程序的类比，如 SQLCommand。一个命令可以是一个存储过程调用、一个 Update 语句或一个返回结果的语句，也可以使用输入和输出参数或返回值作为命令的一部分。

3. DataReader

DataReader 对象有点类似一种只读 / 只进的数据游标。数据库执行一条命令后会返回一个 DataReader 对象。

4. DataSet

DataSet 对象由一组 DataTable 对象组成，这些对象与 DataRelation 对象互相关联。这些 DataSet 对象又包含 Rows 集合和 Columns 集合，Rows 集合由多个 DataRow 对象组成，Columns 集合由多个 DataColumn 对象组成。由于 DataSet 对象很像数据库，所以可以像访问关系型数据库一样访问 DataSet。例如，在 DataSet 中添加和删除表，在表中进行查询和删除数据等操作。

5. DataAdapter

DataAdapter 对象作为 DataSet 和数据源之间的桥梁。当使用 Microsoft SQL Server 数据库时，利用特定提供程序 SqlDataAdapter 可以提高整体的性能。对于其他支持 OLE DB 的数据库，可以使用 OleDbDataAdapter 及与它相关的 OleDbCommand 和 OleDbConnection 对象。DataAdapter 对象使用命令在 DataSet 完成变动后更新数据源。使用 DataAdapter 的 Fill 方法调用 Select 命令；使用 Update 方法对于每个更改行调用 Insert、Update 或 Delete 命令。

8.2　数据库连接对象

Connection 类提供了对数据源连接的封装。类中包括连接方法及描述当前连接状态的属性。在 Connection 类中最重要的属性是 ConnectionString（连接字符串），该属性用来指定服务名称、数据源信息及其他登录信息。

Connection 对象的功能是创建与指定数据源的连接，并完成初始化工作。它提供了一些属性用来描述数据源和进行用户身份验证。Connection 对象还提供了一些方法允许程序员与数据源建立连接或断开连接。

对不同的数据源的类型，使用的 Connection 对象也不同，ADO.NET 中提供了以下四种数据库连接对象，用于连接到不同类型的数据源。

（1）要连接到 Microsoft SQL Server 7.0 或更高版本，应使用 SqlConnection 对象。

（2）要连接到 OLE DB 数据源、Microsoft SQL Server 6.x（或更低版本）或 Microsoft Access，应使用 OleDbConnection 对象。

（3）要连接到 ODBC 数据源，应使用 OdbcConnection 对象。

（4）要连接到 Oracle 数据源，应使用 OracleConnection 对象。

8.2.1 创建 Connection 连接对象

访问数据库操作前先要连接数据库。在 ADO.NET 中使用 Connection 对象建立与数据库的连接。使用 Connection 对象的构造函数来创建 Connection 对象，构造函数的参数是连接字符串。

如果要连接到 Microsoft SQL Server 7.0 或更高版本，应该使用 SqlConnection 对象的构造函数创建 SqlConnection 对象，并通过构造函数的参数来设置 SqlConnection 对象的特定属性值。语法格式如下：

SqlConnection 连接对象名 = new sqlConnection(连接字符串) ;

也可以先使用构造函数创建一个不含参数的 SqlConnection 对象实例，然后再通过连接对象的 ConnectionString 属性，设置连接字符串。语法格式为：

SqlConnection 连接对象名 = new sqlConnection();
连接对象名.ConnectionString = 连接字符串;

创建其他类型的 Connection 对象时，仅需要把上述语法格式中的 SqlConnection 替换成相应的类型即可。例如，创建一个连接 Access 数据库的 Connection 对象，语法格式如下：

OleDbConnection 连接对象名 = new OleDbConnection(连接字符串);

8.2.2 Connection 对象的属性和方法

Connection 对象用来和数据库建立连接。在 ADO.NET 中的连接以单个 Connection 类的形式建模。Connection 类表示一个数据源的单个连接，但并不一定表示单个调用。Connection 对象的常用属性见表 8-1。

表 8-1 Connection 对象的常用属性

属性	说明
ConnectionString	执行 Open() 方法连接数据源的字符串
ConnectionTimeout	尝试建立连接的时间，超过时间则产生异常
Database	将要打开数据库的名称
DataSource	包含数据库的位置和文件
Provider	OLE DB 数据提供程序的名称

Connection 对象的常用方法见表 8-2。

表 8-2 Connection 对象的常用方法

方法	说明
BeginTransaction()	开始一个数据库事务，允许指定事务的名称和隔离级
ChangeDatabase()	改变当前连接的数据库，需要一个有效的数据库名称
Close()	关闭数据库连接，使用该方法关闭一个打开的连接
CreateCommand()	创建并返回一个与该连接关联的 SqlCommand 对象
Dispose()	调用 Close
Open()	打开一个数据库连接

Connection 对象最常用的方法是 Open() 方法和 Close() 方法。

- Open () 方法。使用 Open () 方法打开一个数据库连接。为了减轻系统负担，应该尽可能晚地打开数据库。其语法格式为：

  连接对象名.Open()

- Close() 方法。使用 Close() 方法关闭一个打开的数据库连接。为了减轻系统负担，应该尽可能早地关闭数据库。其语法格式为：

  连接对象名.Close()

8.2.3 数据库的连接字符串

为了连接到数据源，需要使用连接字符串。连接字符串需要提供数据库服务器的位置、要使用的特定数据库及身份验证等信息，它由一组用分号";"隔开的"关键字＝值"组成。

连接字符串中的关键字不区分大小写。但根据数据源的不同，某些属性值可能是区分大小写的。此外，连接字符串中任何包含分号、单引号或双引号的值都必须用双引号括起来。

Connection 对象的连接字符串保存在 ConnectionString 属性中。可以通过 ConnectionString 属性来获取或设置数据库的连接字符串。ConnectionString 中包含 DataSource（数据源）、Initial Catalog（默认连接数据库）及用于描述用户身份的 User ID 和 Password。ConnectionString 中的关键字与说明见表 8-3。

表 8-3 ConnectionString 中的关键字与说明

关键字	说明
Server 或 Data Source	要连接的数据库实例的名称或网络地址（可以在名称后指定端口号），可用 Local 指定本地实例，如果是 SqlExpress，名称为 \SqlExpress
Initial Catalog 或 Database	数据库的名称
User ID 或 UID	登录账户
Password 或 Pwd	账户登录的密码
Persist Security Info	当该值设置为 false 或 no 时，如果连接是打开的或一直处于打开状态，那么安全敏感信息（如密码）将不会作为连接的一部分返回。重置连接字符串将重置包括密码在内的所有连接字符串值，可识别的值为 true、false、yes 和 no
Connection Lifetime	当连接被返回到池时，将其创建时间与当前时间作比较，如果时间长度（以秒为单位）超出了由 Connection Lifetime 指定的值，该连接就会被销毁。这在聚集配置中很有用（用于强制执行运行中的服务器和刚置于联机状态的服务器之间的负载平衡），零（0）值将使池连接具有最大的连接超时
Integrated Security 或 Trusted_Connection	为 false 时，将在连接中指定用户的 ID 和密码；为 true 时，将使用当前的 Windows 账户凭据进行身份验证，可识别的值为 true、false、yes、no 及与 true 等效的 sspi（强烈推荐）

有两种连接数据库的方式：标准安全连接和信任连接。

● 标准安全连接（Standard Security Connection）。标准安全连接也称为非信任连接。它把登录账户（User ID 或 UID）和密码（Password 或 Pwd）写在连接字符串中。其语法格式为：

"Data Source = 服务器名或 IP; Database = 数据库名 ; User ID = 用户名 ; Password = 密码 "

如果要连接到本地的 SQL Server 服务器，可以使用 localhost 作为服务器名称。

● 信任连接（Trusted Connection）。信任连接也称为 SQL Server 集成安全性，这种连接方式有助于在连接到 SQL Server 时提供安全保护，因为它不会在连接字符串中公开用户 ID 和密码，它是安全级别要求较高时推荐的数据库连接方法。对于集成 Windows 安全性的账号来说，其连接字符串的形式一般如下：

"Server = 服务器名或 IP; Database = 数据库名 ; Integrated Security = true;"

从例 8-1 中可以看出，打开或关闭数据库连接的步骤为：①创建数据库连接字符串；②创建数据库连接对象 Connection；③打开或关闭数据库连接。

例 8-1 打开和关闭 SQL Server 数据库连接。

界面设计：添加两个按钮，按钮的文本值改为"打开数据库连接"和"关闭数据库连接"。程序的运行效果如图 8-2 所示。

图 8-2　打开和关闭数据库连接

项目：Demo_8_1

```
using System.Data.SqlClient;          // 引用 SQL 命名空间
namespace Demo_8_1
{
  public partial class Form1: Form
  {
    public Form1()
    {
      InitializeComponent();
    }
    // 数据库连接字符串
    static string s = "Data Source=.; Initial Catalog=Test; User ID=sa; Password=123456";
    // 创建数据库连接对象
    SqlConnection con = new SqlConnection(s);
    private void button1_Click(object sender, EventArgs e)
    {
      con.Open();
      MessageBox.Show(" 数据库连接打开 ");
    }
    private void button2_Click(object sender, EventArgs e)
    {
      con.Close();
      MessageBox.Show(" 数据库连接关闭 ");
    }
  }
}
```

【说明】本例连接的是 SQL Server 2008，数据库名称是 Test，需要新建数据库 Test 才能打开和关闭数据库连接。如果不存在数据库 Test，则连接报错。

OLE DB 的 .NET Framework 数据提供器通过 OleDbConnection 对象的 ConnectionString 属性设置或获取连接字符串，提供与 OLE DB 公开数据源的连接或 SQL Server 6.x 更早版本的连接。对于 OLE DB .NET Framework 数据提供程序，连接字符串格式中的 Provider 关键字是必需的，必须为 OleDbConnection 连接字符串指定提供程序名称。

下列连接字符串使用 Jet 提供程序连接到一个 Microsoft Access 数据库：

"Provider = Microsoft.Jet.OLEDB.4.0; Data Source = 数据库名 ; User ID = 用户名 ; Password = 密码 "

8.3　Command 对象

8.3.1　创建 Command 对象

使用 Connection 对象与数据库建立连接后，可以使用 Command 对象对数据源执行各种命令，包括对数据的查询、插入、更新、删除和统计等。根据所用的 .Net Framework 数据提供程序的不同，Command 对象也可以分成四种，分别是 SqlCommand、OleDbCommand、OdbcCommand 和 OracleCommand。

Command 对象用于数据源上执行 SQL 语句或存储过程，该对象最常用的属性是 CommandText 属性，用于设置针对数据源执行的 SQL 语句或存储过程，可以使用 Command 对象的构造函数或 CreateCommand() 方法创建 Command 对象。

1. 使用构造函数创建 Command 对象

使用构造函数创建 SqlCommand 对象，并通过该对象的构造函数参数来设置特定属性值，其语法格式如下：

```
SqlCommand 命令对象名 = new SqlCommand( 查询字符串 , 连接对象名 );
```

例如：

```
SqlCommand cmd = new SqlCommand("select*from MyUser",con);
```

也可以先使用构造函数创建一个空的 Command 对象，然后直接设置属性值，其语法格式如下：

```
SqlCommand 命令对象名 = new SqlCommand();
命令对象名.Connection = 连接对象名 ;
命令对象名.CommandText = 查询字符串 ;
```

例如：

```
SqlCommand cmd = new SqlCommand();
cmd.Connection = con;              //con 是连接对象名
cmd.CommandText = "select*from MyUser";
```

2. 使用 CreateCommand() 方法创建 Command 对象

使用 Connection 对象的 CreateCommand() 方法创建 SqlCommand 对象，其语法格式如下：

```
SqlCommand 对象名 = Connection 对象名.CreateCommand();
Command 对象名.CommandText = 查询字符串 ;
```

例如：

```
SqlCommand cmd = con. CreateCommand();              //con 是连接对象名
cmd.CommandText = "select*from MyUser";
```

8.3.2　Command 对象的属性和方法

Command 对象常用的属性见表 8-4。

表 8-4　Command 对象常用的属性及说明

属性	说明
CommandType	获取或设置 Command 对象要执行命令的类型
CommandText	获取或设置对数据源执行的 SQL 语句或存储过程名或表名
CommandTimeOut	获取或设置在终止对执行命令的尝试并生成错误之前的等待时间
Connection	获取或设置此 Command 对象使用的 Connection 对象的名称

Command 对象的常用方法及说明见表 8-5。

表 8-5　Command 对象常用的方法及说明

方法	说明
ExecuteScalar()	执行查询，并返回查询所返回的结果集中第一行的第一列，忽略其他行或列
ExecuteNonQuery()	执行 SQL 语句并返回受影响的行数
ExecuteReader()	执行返回数据集的 Select 语句

后面的章节将具体介绍 ExecuteScalar() 方法、ExecuteNonQuery() 方法和 ExecuteReader() 方法的使用方法。

8.3.3　显示数据记录

数据库访问有时需要执行 SQL 语句的聚合函数，如 COUNT(*)、SUM 或 AVG 等。此时，需要用到 Command 对象的 ExecuteScalar() 方法。ExecuteScalar() 方法返回单个值，如果在一个常规查询语句当中调用该方法，则只读取第一行第一列的值，而丢弃所有其他值。

使用 ExecuteScalar() 方法时，首先需要创建一个 Command 对象，然后使用 ExecuteScalar 方法执行该对象设置的 SQL 语句。操作步骤一般为：①创建 Connection 对象；②打开数据库连接；③创建 SQL 语句或存储过程；④通过 SQL 语句和 Connection 对象创建 Command 对象；⑤调用 Command 对象的 ExecuteScalar() 方法；⑥关闭数据库连接。

下面的示例要统计表中有多少条数据，需要用到数据库 Test 中的 MyUser 表。MyUser 表中有三个字段：username、password 和 role，分别代表用户名、密码和角色，其中，用户名为主键，角色包括学生和教师。

例 8-2　统计表中有多少行数据。

程序的运行效果如图 8-3 所示。

项目：Demo_8_2

```
using System.Data.SqlClient;          // 引入 SQL 命名空间
namespace Demo_8_2
{
```

```
public partial class Form1 : Form
{
    public Form1()
    {
        InitializeComponent();
    }
    private void button1_Click(object sender, EventArgs e)
    {
        string s = "Data Source=.; Initial Catalog=Test; User ID=sa; Password=123456";
        SqlConnection con = new SqlConnection(s);        // 创建 Connection 对象
        con.Open();                                      // 打开数据库连接
        // 通过 SQL 语句查询表中有多少行数据
        string strSql = "select count(*) from MyUser";
        // 通过 SQL 语句和 Connection 对象创建 Command 对象
        SqlCommand cmd = new SqlCommand(strSql, con);
        // 调用 ExecuteScalar() 方法
        int count = (int)cmd.ExecuteScalar();
        con.Close();               // 关闭数据库连接
        MessageBox.Show(" 表中一共有 " + count.ToString() + " 条数据 ");
    }
}
}
```

图 8-3　查询表中有多少条数据

　　数据库访问中使用最多的是查询数据记录，即使用 SQL 的 Select 语句。此时，通常采用 Command 对象的 ExecuteReader() 方法，由 DataReader 对象返回数据集。操作步骤一般为：①创建 Connection 对象；②打开数据库连接；③创建 SQL 语句或存储过程；④通过 Connection 对象和 SQL 语句创建 Command 对象；⑤调用 Command 对象的 ExecuteReader() 方法建立 DataReader 对象，从数据库获取数据；⑥使用 DataReader 对象返回只读、顺序的数据集；⑦关闭数据库连接。

　　例 8-3　遍历数据表中的所有数据。

　　程序的运行效果如图 8-4 所示。

　　项目：Demo_8_3

```
using System.Data.SqlClient;
```

```
namespace Demo_8_3
{
    public partial class Form1 : Form
    {
        public Form1()
        {
            InitializeComponent();
        }
        private void button1_Click(object sender, EventArgs e)
        {
            string s = "Data Source=.; Initial Catalog=Test; Persist Security Info=True; User ID=sa;
Password=123456";                                    // 数据库连接字符串
            SqlConnection con = new SqlConnection(s);   // 创建数据库连接对象
            con.Open();                                 // 打开数据库连接
            string strSql = "select*from. MyUser";      // 通过 SQL 语句查询 MyUser 表的记录
            SqlCommand cmd = new SqlCommand(strSql, con);    // 创建 Command 对象
            // 通过 ExecuteReader() 方法创建 DataReader 对象
            SqlDataReader reader = cmd.ExecuteReader();
            // 遍历表中的数据
            string msg = null;
            while (reader.Read())
            {
                msg+=" 用户名："+reader[0]+" 密码： "+reader[1]+" 角色： "+reader[2]+"\n";
            }
            MessageBox.Show(msg);
            con.Close();                                              // 关闭数据库连接
        }
    }
}
```

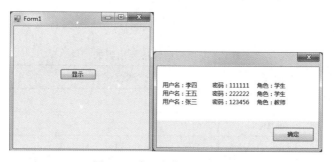

图 8-4　遍历表中的所有数据

【说明】由于 DataReader 能够在打开的数据表中返回一个只读的游标。因此，利用 DataReader 在一个循环中一次读出数据表的每条记录。该循环是从数据表中的第一条记录开始，直至最后一条记录结束。循环标志采用的是 DataReader 的 Read() 方法的返回值。

8.3.4 插入、更新和删除数据记录

访问数据库时经常需要进行数据插入、更新和删除的操作，即执行 SQL 中的 Insert 语句、Update 语句和 Delete 语句。此时，需要用到 Command 对象的 ExecuteNonQuery() 方法。ExecuteNonQuery() 方法执行更新操作时将返回一个整数，表示执行语句影响的行数。如果执行一条插入语句时，插入成功影响的行数为 1。

与之前介绍过的 ExecuteScalar 相似，Command 对象通过 ExecuteNonQuery() 方法更新数据库的过程非常简单，操作步骤一般为：①创建 Connection 对象；②打开数据库连接；③创建 SQL 语句或存储过程；④通过 SQL 语句和 Connection 对象创建 Command 对象；⑤调用 Command 对象的 ExecuteNonQuery() 方法更新数据库；⑥关闭数据库连接。

例 8.4 注册新用户。

单击"注册"按钮时，执行如下操作：首先查询 MyUser 表中是否存在该用户名，如果查询到有该用户名，则提示用户名重复；否则就可以插入数据。程序的运行效果如图 8-5 所示。

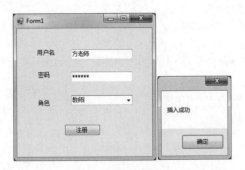

图 8-5 注册新用户

（1）界面设计。新建一个窗体，窗体中的控件及属性设置见表 8-6。

表 8-6 注册用户窗体主要用到的控件

控件 ID	控件类型	属性设置	用途
txtUserName	TextBox	无	填写用户名
txtPwd	TextBox	无	填写密码
cmbRole	ComboBox	Dropdownstyle 属性为 dropdownlist	选择角色
button1	Button	设置 Text 属性	注册按钮

（2）代码部分。

项目：Demo_8_4

```
using System.Data.SqlClient;
namespace Demo_8_4
```

```csharp
{
    public partial class Form1: Form
    {
        public Form1()
        {
            InitializeComponent();
        }
        private void button1_Click(object sender, EventArgs e)
        {
            // 数据库连接字符串
            string s = "Data Source=.; Initial Catalog=Test; Persist Security Info=True; User ID=sa; Password=123456";
            SqlConnection con = new SqlConnection(s);              // 创建 Connection 对象
            con.Open();                                            // 打开数据库连接
            // 查询数据库中是否存在重复的用户名
            string strSql1 = "select count(*) from MyUser where username=' " + txtUserName.Text + " ' ";
            SqlCommand cmd1 = new SqlCommand(strSql1, con);        // 创建 Command 对象
            int count = (int)cmd1.ExecuteScalar();   // 调用 ExecuteScalar() 返回查询的数据
            if (count == 0)                          // 如果根据用户名没有查询到数据
            {
                // 插入语句
                string strSql2 = "insert into  MyUser values(' " + txtUserName.Text + " ', ' " + txtPwd.Text + " ', ' " + cmbRole.Text +" ')";
                SqlCommand cmd2 = new SqlCommand(strSql2, con);   // 创建 Command 对象
                cmd2.ExecuteNonQuery();              // 调用 ExecuteNonQuery() 方法
                MessageBox.Show(" 插入成功 ");        // 弹出对话框提示注册成功
            }
            else
                MessageBox.Show(" 用户名重复 "); // 弹出对话框提示用户名重复
            con.Close();                            // 关闭数据库连接
        }
    }
}
```

例 8.5　修改密码。

单击"修改密码"按钮时，执行如下操作：首先检查用户名和密码是否正确，再检查新密码和确认新密码是否一致。如果用户名和密码正确，并且新密码和确认新密码一致，则修改密码；否则弹出相应的错误提示框。程序的运行效果如图 8-6 所示。

图 8-6　修改密码

（1）界面设计。新建一个窗体，窗体中的控件及属性设置见表 8-7。

表 8-7　修改密码窗体主要用到的控件

控件 ID	控件类型	属性设置	用途
txtUserName	TextBox	无	填写用户名
txtPwd	TextBox	无	填写原始密码
txtNewPwd1	TextBox	无	填写新密码
txtNewPwd2	TextBox	无	填写确认新密码
button1	Button	无	注册按钮

（2）代码部分。

项目：Demo_8_5

```
using System.Data;
using System.Data.SqlClient;
namespace Demo_8_5
{
    public partial class Form1: Form
    {
        public Form1()
        {
            InitializeComponent();
        }

        private void button1_Click(object sender, EventArgs e)
        {
            string s = "Data Source=.; Initial Catalog=Test; Persist Security Info=True; User ID=sa; Password=123456";
            SqlConnection con = new SqlConnection(s);        // 创建 Connection 对象
            con.Open();                                      // 打开数据库连接
            // 查询用户名和密码是否正确
            string strSql1 = "select count(*) from MyUser where username=' " + txtUserName.Text + " ' and password=' " + txtPwd.Text + " ' ";
            SqlCommand cmd1 = new SqlCommand(strSql1, con);
            int count = (int)cmd1.ExecuteScalar();   // 调用 ExecuteScalar() 返回查询的数据
            if (count > 0)                           // 如果用户名和密码正确
            {
                if (txtNewPwd1.Text == txtNewPwd2.Text)   // 如果新密码和确认新密码一致
                {
                    string strSql2 = "update MyUser set password=' " + txtNewPwd1.Text + " ' where username=' " + txtUserName.Text + " ' ";
                    SqlCommand cmd2 = new SqlCommand(strSql2, con);
                    cmd2.ExecuteNonQuery();
                    MessageBox.Show(" 修改成功 ");
                }
                else
                    MessageBox.Show(" 两次密码不一致 ");
            }
            else
```

```
        MessageBox.Show(" 原始用户名或密码错误 ");
        con.Close();
      }
    }
  }
```

删除数据库数据的操作与以上插入数据和更新数据相似，不同之处在于需要将 SQL 语句改成 Delete 语句而已。读者可以仿照上面的示例自己完成。

8.3.5　使用参数化 SQL 语句访问数据库

扫码看视频

在 Windows 窗体程序中，在用户输入的数据内容中插入、更新和删除数据时，此时编写的 SQL 语句中，因为含有变量而比较复杂（需要添加单引号和双引号等）。如果使用带参数的 SQL 语句，就比较容易。

下面的示例使用参数化 SQL 语句实现注册用户，与例 8.4 实现相同的功能，程序运行效果与界面设计也与例 8.4 相同。读者注意对比两个例题的代码部分。

例 8.6　使用参数化 SQL 语句，注册新用户。

项目：Demo_8_6

```
using System.Data.SqlClient;
namespace Demo_8_6
{
  public partial class Form1: Form
  {
    public Form1()
    {
      InitializeComponent();
    }
    private void button1_Click(object sender, EventArgs e)
    {
      string s = "Data Source=.; Initial Catalog=Test; Persist Security Info=True; User ID=sa;
Password=123456";                                // 数据库连接字符串
      SqlConnection con = new SqlConnection(s);        // 创建 Connection 对象
      con.Open();                                       // 打开数据库连接
      string strSql1 = "select count(*) from MyUser where username=@a";
                                                        // 参数化的 SQL 语句
      SqlCommand cmd1 = new SqlCommand(strSql1, con);   // 创建 Command 对象
      cmd1.Parameters.AddWithValue("@a", txtUserName.Text); // 设置参数来源
      int count = (int)cmd1.ExecuteScalar();   // 调用 ExecuteScalar() 返回查询的数据
      if (count == 0)                           // 如果根据用户名没有查询到数据
      {                                          // 参数化的 SQL 语句，插入数据
        string strSql2 = "insert into  myuser values(@a,@b,@c)";
        SqlCommand cmd2 = new SqlCommand(strSql2, con);  // 创建 Command 对象
        cmd2.Parameters.AddWithValue("@a", txtUserName.Text);
                                                // 设置 @a 的参数来源
        cmd2.Parameters.AddWithValue("@b", txtPwd.Text);   // 设置 @b 的参数来源
        cmd2.Parameters.AddWithValue("@c", cmbRole.Text);  // 设置 @c 的参数来源
        cmd2.ExecuteNonQuery();                 // 调用 ExecuteNonQuery() 方法
```

```
                MessageBox.Show(" 插入成功 ");                    // 弹出对话框提示注册成功
            }
            else
                MessageBox.Show(" 用户名重复 ");                   // 弹出对话框提示用户名重复
            con.Close();                                        // 关闭数据库连接
        }
    }
}
```

例 8.6 中使用了一个用于插入数据的参数化 SQL 语句，其中包含了三个参数 @a、
@b 和 @c。

```
        string strSql2 = "insert into myuser values(@a,@b,@c)";
```

Parameters.AddWithValue("@ 参数 ", value) 方法用于设置参数的来源。@a 内容
由 TextBox 控件 txtUserName 中输入，@b 内容由 TextBox 控件 txtPwd 中输入，@c 由
ComBox 控件 cmbRole 中选择。

```
        cmd2.Parameters.AddWithValue("@a", txtUserName.Text);        // 设置 @a 的参数来源
        cmd2.Parameters.AddWithValue("@b", txtPwd.Text);            // 设置 @b 的参数来源
        cmd2.Parameters.AddWithValue("@c", cmbRole.Text);           // 设置 @c 的参数来源
```

使用参数化 SQL 语句更新数据和删除数据的操作与插入数据相似，读者可以仿照
上面的示例自己完成。

8.4　DataSet 和 DataAdapter

基于集的访问有两类方式：一个是 DataSet，该类相当于内存中的数据库，在命名
空间 System.Data 中定义；另一个是 DataAdapter，该类相当于 DataSet 和物理数据源
之间的桥梁。DataAdapter 类有 SqlDataAdapter 和 OleDbDataAdapter 两个版本。

8.4.1　DataAdapter 对象简介

DataAdapter 对象是一个双向通道，用来把数据从数据源中读到一个内存表中，以
及把内存中的数据写回到一个数据源中。两种情况下使用的数据源可能相同，也可能
不相同。这两种操作分别称作填充（Fill）和更新（Update）。DataAdapter 对象通过
Fill() 方法和 Update() 方法来提供这一桥接器。DataAdapter 对象的常用属性见表 8-8，
DataAdapter 对象的常用方法见表 8-9。

表 8-8　DataAdapter 对象的常用属性

属性	说明
SelectCommand	获取或设置一个语句或存储过程，用于在数据源中选择记录
InsertCommand	获取或设置一个语句或存储过程，用于在数据源中插入新记录
DeleteCommand	获取或设置一个语句或存储过程，用于更新数据源中的记录
UpdateCommand	获取或设置一个语句或存储过程，用于从数据集中删除记录

表 8-9　DataAdapter 对象的常用方法

方法	说明
Fill()	使用从源数据读取的数据行填充到 DataTable 或 DataSet 对象中
Update()	在 DataTable 或 DataSet 对象中的数据有所改动后更新数据源

　　DataAdapter 对象使用 Connection 对象连接到数据源，并使用 Command 对象从数据源检索数据及更改解析回数据。与其他所有对象一样，DataAdapter 对象在使用前也需要实例化。下面以创建 SqlDataAdapter 为例，介绍使用 DataAdapter 类的构造函数创建 DataAdapter 对象的方法。

　　常用的创建 SqlDataAdapter 对象的语法格式如下：

　　　　SqlDataAdapter 对象名 = new SqlDataAdapter(SqlStr, con);

　　其中，SqlStr 为 Select 查询语句或 SqlCommand 对象，con 为 SqlConnection 对象。

8.4.2　DataSet 对象简介

　　DataSet 是 ADO.NET 的核心概念。可以把 DataSet 当成内存中的数据库，DataSet 是不依赖于数据库的独立数据集合。所谓独立，是指即使断开数据链路，或者关闭数据库，DataSet 依然是可用的。DataSet 在内部是用 XML 来描述数据的，由于 XML 是一种与平台无关、与语言无关的数据描述语言，而且可以描述复杂关系的数据，如父子关系的数据，所以 DataSet 实际上可以容纳具有复杂关系的数据，而且不再依赖于数据库链路。DataSet 的常用属性和常用方法见表 8-10 和表 8-11。

表 8-10　DataSet 对象的常用属性

属性	说明
DataSetName	获取或设置的当前名称 DataSet
Tables	获取包含在 DataSet 中的表的集合

表 8-11　DataSet 对象的常用方法

方法	说明
Clear()	清除数据集包含的所有表中的数据，但不清除表结构
Reset()	清除数据集包含的所有表中的数据，而且清除表结构
HasChanges()	判断当前数据集是否发生了更改，更改的内容包括添加行、修改行或删除行
RejectChanges()	撤销数据集中所有的更改

　　一个 DataSet 对象包括一组 DataTable 对象和 DataRelation 对象，其中每个 DataTable 对象由 DataColumn、DataRow 和 DataRelation 对象组成。因此，可以直接使用这些对象访问数据集中的数据。例如，用户在访问数据集中某数据表的某行某列的数据时，可以使用如下格式：

　　　　DataSet.Tables[" 数据表名 "].Rows[n][" 列名 "]　（注：n 表示行号，从 0 开始）

1. 创建 DataSet

创建 DataSet 的语法格式有两种：

> DataSet 数据集对象名 = new DataSet()
> DataSet 数据集对象名 = new DataSet(" 表名 ")

第一种语法格式是先创建一个空的数据集，以后再将建立好的数据表填充进来；第二种语法格式是先建立数据表，然后再建立包含该数据表的数据集。

2. 填充 DataSet

所谓填充是指将 DataAdapter 对象通过执行 SQL 语句从数据源中得到的返回结果，使用 DataAdapter 对象的 Fill() 方法传递给 DataSet 对象，其常用语法格式如下：

> Adapter.Fill(ds) 或 Adapter.Fill(ds,tablename)

其中，Adapter 为 DataAdapter 对象实例，ds 为 DataSet 对象，tablename 为用于数据表映射的源表名称。第一种格式仅实现了对 DataSet 的填充，第二种格式则实现了填充 DataSet 对象和一个可以引用的别名两项任务。

3. DataTable 对象

DataTable 对象是内存中的一个关系数据库表，可以独立创建，也可以由 DataAdapter 来填充。声明一个 DataTable 对象的语法格式如下：

> DataTable 对象名 = new DataTable();

一个 DataTable 对象创建后，通常需要调用 DataAdapter 的 Fill() 对其进行填充，使 DataTable 对象获得具体的数据集，而不再是一个空表对象。

DataTable 对象的常用属性主要有 Columns 属性、Rows 属性和 DefaultView 属性。其中，Columns 属性用于获取 DataTable 对象中表的列集合；Rows 属性用于获取 DataTable 对象中表的行集合；DefaultView 属性用于获取可能包括筛选视图或游标位置的表的自定义视图。

8.4.3 使用 DataSet 显示和更新数据

扫码看视频

DataSet 的基本工作原理为：客户端与数据库先建立连接，DataSet 存放在内存中，通过 DataAdapter 将得到的数据填充到 DataSet 中，然后把 DataSet 中的数据发送到客户端。当 DataSet 使用完以后，将释放 DataSet 所占用的内存。客户端读入数据后，在内存中保存一份 DataSet 副本，随后断开与数据库的连接。在这方式下所有对数据库的操作都是指向 DataSet 的，并不会立即引起数据库的更新。等数据库操作完成后，可以通过 DataSet 和 DataAdapter 提供的方法将更新后的数据一次性地保存到数据库中。

需要注意的是，使用 DataSet 访问数据库时，Connection 对象的打开与关闭可以由 DataAdapter 对象自动完成。

1. 使用 DataSet 显示数据

用 DataSet 显示数据的主要步骤为：①利用 Connection 对象建立数据库连接；②

创建 DataAdapter 对象；③使用 DataAdapter 对象的 Fill() 方法填充 DataSet 对象；④通过 DataGridView 控件将 DataSet 中的数据显示出来。

例 8.7　使用 DataSet 和 DataGridView 控件显示数据。

程序的运行效果如图 8-7 所示。

图 8-7　使用 DataSet 和 DataGridView 控件显示数据

项目：Demo_8_7

```
namespace Demo_8_7
{
  public partial class Form1: Form
  {
    public Form1()
    {
      InitializeComponent();
    }
    private void button1_Click(object sender, EventArgs e)
    {
      string s = "Data Source=.; Initial Catalog=Test; Persist Security Info=True; User ID=sa;
Password=123456";                                  // 数据库连接字符串
      SqlConnection con = new SqlConnection(s);      // 创建数据库连接对象
      con.Open();                                    // 打开数据库连接
      string sql = "select*from MyUser";             // 查询用户表中的所有数据
      //string sql = "select username as '用户名', password as '密码', role as '角色' from
MyUser";
      SqlDataAdapter da = new SqlDataAdapter(sql, con);   // 创建 SqlDataAdapter 对象
      DataSet ds = new DataSet();                    // 创建 DataSet() 对象
      da.Fill(ds);                                   // 填充 DataSet()
//把数据集中的第一张表的数据赋给 dataGridView1 的数据源
      dataGridView1.DataSource = ds.Tables[0];
con.Close();                                         // 关闭数据库连接
    }
  }
}
```

语句"da.Fill(ds);"是将 DataAdapter 对象从数据源获取的 MyUser 表（由 SQL 语句确定）的数据填充到 DataSet 对象中。读者可以尝试将上例中的 SQL 语句替换成下面的语句，对比运行结果。其中，username、password 和 role 都是数据表 MyUser 中的列名。

　　　string sql = "select username as ' 用户名 ', password as ' 密码 ', role as ' 角色 ' from MyUser";

如果使用 DataSet 填充多张表，不用创建两个 SqlDataAdapter，只需要把两条 SQL 语句写在一起就行。实例 8.8 显示两张数据表，需要用到数据库 Test 中的 MyUser 表和 StudentInfo 表。

例 8.8　　使用 DataSet 显示两张数据表。

程序的运行效果如图 8-8 所示。

图 8-8　　使用 DataSet 显示两张数据表

项目：Demo_8_8

```
namespace Demo_8_8
{
    public partial class Form1: Form
    {
        public Form1()
        {
            InitializeComponent();
        }
        private void button1_Click(object sender, EventArgs e)
        {
            string s = "Data Source=.; Initial Catalog=Test; Persist Security Info=True; User ID=sa;
Password=123456";                    // 数据库连接字符串
            SqlConnection con = new SqlConnection(s);
            con.Open();
            string sql = "select*from MyUser; select*from StudentInfo";
            SqlDataAdapter da = new SqlDataAdapter(sql, con);
            DataSet ds = new DataSet();
            da.Fill(ds);
            // 把数据集中的第一张表的数据赋给 dataGridView1 的数据源
            dataGridView1.DataSource = ds.Tables[0];
            // 把数据集中的第二张表的数据赋给 dataGridView2 的数据源
            dataGridView2.DataSource = ds.Tables[1];
            con.Close();
```

```
      }
    }
  }
```

2. 使用 DataSet 添加数据

DataAdapter 是 DataSet 与数据源之间的桥梁，它不但可以从数据源返回结果填充到 DataSet 中，还可以调用其 Update() 方法将应用程序对 DataSet 修改数据源，完成数据记录的更新。

通过 DataSet 向数据表添加数据的一般步骤为：①利用 Connection 对象建立数据库连接；②使用 DataAdapter 对象的 Fill() 方法填充 DataSet，从数据库中提取需要的数据；③实例化一个 SqlCommandBuilder 类对象，并为 DataAdapter 自动生成更新命令；④使用 NewRow() 方法向 DataSet 数据表对象中添加一个新行，为新行各字段赋值，将新行添加到 DataSet 中；⑤调用 DataAdapter 对象的 Update() 方法更新数据库。

例 8.9 使用 DataSet 添加数据，而例 8.4 使用 SQL 语句添加数据，例 8.6 使用参数化 SQL 语句添加数据。三个例题实现的功能相似，并且界面设计相同。读者注意对比代码部分。

例 8.9 使用 DataSet 添加数据。

程序的运行效果如图 8-9 所示。

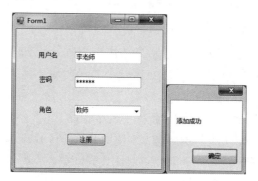

图 8-9　使用 DataSet 添加数据

项目：Demo_8_9

```
namespace Demo_8_9
{
  public partial class Form1: Form
  {
    public Form1()
    {
      InitializeComponent();
    }
    private void button1_Click(object sender, EventArgs e)
    {
        string s = "Data Source=.; Initial Catalog=Test; Persist Security Info=True; User ID=sa;
Password=123456";                              // 数据库连接字符串
        SqlConnection con = new SqlConnection(s);        // 创建数据库连接对角
```

```
                con.Open();                              // 打开数据库连接
                string sql = "select*from MyUser";       // 查询用户表中所有的数据
                SqlDataAdapter da = new SqlDataAdapter(sql, con);      // 创建 SqlDataAdapter
                DataSet ds = new DataSet();              // 创建 DataSet
                da.Fill(ds);                             // 填充 DataSet
                //SqlCommandBuilder 用来批量更新数据库
                SqlCommandBuilder myCommandBuilder = new SqlCommandBuilder(da);
                DataRow row = ds.Tables[0].NewRow();              // 创建一个数据行
                row[0] = txtUserName.Text;               // 赋值第一列数据
                row[1] = txtPwd.Text;                    // 赋值第二列数据
                row[2] = cmbRole.Text;                   // 赋值第三列数据
                ds.Tables[0].Rows.Add(row);              // 添加数据行
                da.Update(ds);                           // 更新数据集
                con.Close();                             // 关闭数据库连接
                MessageBox.Show(" 添加成功 ");            // 弹出对话框
            }
        }
    }
```

需要说明的是：使用 SqlCommandBuilder 对象自动生成 DataAdapter 对象的更新命令时，填充到 DataSet 中的 DataTable 对象只能映射到单个数据表或从单个数据表中生成，而且数据表必须有主键。所以，常把由 SqlCommandBuilder 对象自动生成的更新命令称为单表命令。

3. 使用 DataSet 修改数据

通过 DataSet 修改现有数据表记录的操作与添加新记录非常相似，唯一不同的是无须用 NewRow() 添加新行，而是创建一个 DataRow 对象后，从数据表对象中获得要修改的行并赋给新建的 DataRow 对象，根据要求修改各列的值。最后仍需调用 DataAdapter 对象的 Update() 方法将更新提交到数据库。

例 8.10 使用 DataSet 修改数据，例 8.5 使用 SQL 语句修改数据，两个例题实现的功能相似，并且界面设计相同。读者注意对比代码部分。

例 8.10　使用 DataSet 修改数据。

程序的运行效果如图 8-10 所示。

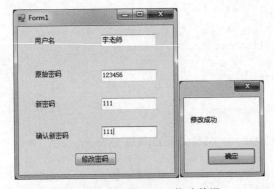

图 8-10　使用 DataSet 修改数据

项目：Demo_8_10

```
namespace Demo_8_10
{
  public partial class Form1: Form
  {
    public Form1()
    {
      InitializeComponent();
    }
    private void button1_Click(object sender, EventArgs e)
    {
      string s = "Data Source=.; Initial Catalog=Test; Persist Security Info=True; User ID=sa;
Password=123456";                              // 数据库连接字符串
      SqlConnection con = new SqlConnection(s);    // 创建数据库连接对角
      con.Open();                                  // 打开数据库连接
      // 查询用户名和密码正确的数据
      string sql = "select*from MyUser where username=' " + txtUserName.Text + " ' and
password=' " + txtPwd.Text + " ' ";
      SqlDataAdapter da = new SqlDataAdapter(sql, con);    // 创建 SqlDataAdapter
      DataSet ds = new DataSet();                          // 创建 DataSet
      da.Fill(ds);                                         // 填充 DataSet
      //SqlCommandBuilder 用来批量更新数据库
      SqlCommandBuilder myCommandBuilder = new SqlCommandBuilder(da);
      DataRow row = ds.Tables[0].Rows[0];          // 得到第一行数据
      if (txtNewPwd1.Text == txtNewPwd2.Text)      // 如果新密码和确认新密码一致
      {
        row[1] = txtNewPwd1.Text;                  // 修改密码这一列的值
        da.Update(ds);                             // 更新数据集
        MessageBox.Show(" 修改成功 ");
      }
      else
        MessageBox.Show(" 两次密码不一致 ");
      con.Close();                                 // 关闭数据库连接
    }
  }
}
```

4. 使用 DataSet 删除数据

使用 DataSet 删除数据时需要创建一个 DataRow 对象，并将要删除的数据赋值给该对象，然后调用 DataRow 对象的 Delete() 方法将该行删除，还需要调用 DataAdapter 对象的 Update() 方法将删除操作提交到数据库。

例 8.11　使用 DataSet 删除数据。

程序的运行效果如图 8-11 所示。

项目：Demo_8_11

```
namespace Demo_8_11
{
  public partial class Form1: Form
  {
```

```
public Form1()
{
    InitializeComponent();
}
private void button1_Click(object sender, EventArgs e)
{
    string a = "Data Source=.; Initial Catalog=Test; Persist Security Info=True; User ID=sa;
Password=123456";                              // 数据库连接字符串
    SqlConnection con = new SqlConnection(a);              // 创建数据库连接对角
    con.Open();                                // 打开数据库连接
    // 查询相关用户名的数据
    string sql = "select*from MyUser where username=' " + txtUserName.Text + " ' ";
    SqlDataAdapter da = new SqlDataAdapter(sql, con);       // 创建 SqlDataAdapter
    DataSet ds = new DataSet();                 // 创建 DataSet
    da.Fill(ds);                                // 填充 DataSet
    //SqlCommandBuilder 用来批量更新数据库
    SqlCommandBuilder myCommandBuilder = new SqlCommandBuilder(da);
    DataRow row = ds.Tables[0].Rows[0];   // 得到第一行数据
    row.Delete();                          // 删除当前行
    da.Update(ds);                         // 更新数据集
    con.Close();                           // 关闭数据库连接
    MessageBox.Show(" 删除成功 ");          // 弹出对话框
}
}
}
```

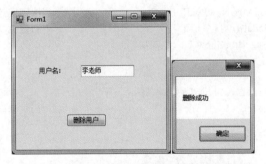

图 8-11　使用 DataSet 删除数据

8.5　控件的数据绑定

在 .NET 框架中，数据绑定（Data Binding）是一种数据交换技术，是指程序运行时动态地给控件的属性赋值的过程。它提供了在窗体上的控件中显示和更新来自数据源信息的方法。当 Windows 窗体的控件绑定数据源后，数据源的数据会自动显示在 Windows 窗体的控件中，Windows 窗体控件更新后的数据也可以自动回写到数据源。

前面介绍了数据库的基本操作，本节主要介绍数据绑定的开发方法和步骤，开发过程主要步骤为：①建立 DataAdapter 对象（自动生成连接对象）；②建立 DataSet 对象；③建立 BindingSource 对象；④建立数据绑定控件，如 DataGridView、TextBox 等数据绑定控件；⑤将 BindingSource 对象与 DataSet 对象绑定；⑥将数据绑定控件如 DataGridView 控件与 BindingSource 对象绑定；⑦通过 DataAdapter 对象的 Fill() 方法填充 DataSet 对象，实现对数据库的检索；⑧通过 DataAdapter 对象的 Update() 方法将 DataSet 对象所进行的修改操作更新到数据库中。

C# 中的 Windows 数据库应用程序，有一个重要的数据控件 DataGridView。它提供了一种强大而灵活的以表格形式显示数据的方式，使用 DataGridView 控件，可以显示和编辑来自不同类型数据源的表格数据。将数据绑定到 DataGridView 控件非常简单，通常只需要设置 DataSourse 属性即可。

下面用一个具体的实例演示如何使用 ADO.NET 组件和数据绑定功能快速地进行数据库应用开发。

例 8.12 使用 DataGridView 控件实现数据绑定。

本例的数据库名为 Test，其中包含一个 MyUser 表。MyUser 表中有三个字段：username、password 和 role，其中，username 为主键。

1. 建立项目

建立一个 Windows 应用程序，在窗体上添加一个 DataGridView 控件和五个按钮，按钮的 Text 属性分别设置为添加、删除、更新、上一个和下一个。

2. 将数据绑定到 DataGridView 控件

（1）设置 DataGridView 的数据源。单击 DataGridView 控件右上角的三角形，如图 8-12 所示。

（2）选择"添加项目数据源"选项，如图 8-13 所示。

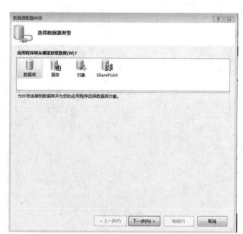

图 8-12 设置 DataGridView 的数据源   图 8-13 选择数据源类型

（3）选择"数据库"并单击"下一步"按钮，如图 8-14 所示。

（4）选择"数据集"并单击"下一步"按钮，弹出如图 8-15 所示的"数据源配置向导"对话框。

图 8-14　选择数据库类型

图 8-15　"数据源配置向导"对话框

（5）单击"新建连接"按钮，弹出如图 8-16 所示的"添加连接"对话框。在对话框中填入服务器名，勾选"使用 SQL Server 身份验证"并填入用户名、密码及数据库名称。本例中使用的数据库是 Test。单击"确定"按钮和"下一步"按钮，弹出如图 8-17 所示的"选择数据库对象"窗口，选择 MyUser 表，并单击"完成"按钮。

图 8-16　测试连接

图 8-17　选择数据库对象

（6）页面设置。单击 DataGridView 控件右上角的三角形，选择"编辑列"选项，修改每列的 HeadText 属性，即列的标题文本，如图 8-18 所示。最终的设计效果如图 8-19 所示。

图 8-18　修改列标题

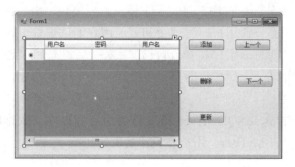

图 8-19　最终的设计效果

3. 通过 DataAdapter 对象的 Fill() 方法和 Update() 方法操作数据库

"添加"按钮的响应函数如下：

```
private void button1_Click(object sender, EventArgs e)
{
        this.myUserBindingSource.AddNew();                 // 添加新记录
}
```

"删除"按钮的响应函数如下：

```
private void button2_Click(object sender, EventArgs e)
{
        this.myUserBindingSource.RemoveCurrent();          // 删除记录
}
```

"更新"按钮的响应函数如下：

```
private void button3_Click(object sender, EventArgs e)
{
        this.myUserTableAdapter.Update(this.testDataSet);  // 更新数据
}
```

"上一个"按钮的响应函数如下：

```
private void button4_Click(object sender, EventArgs e)
{
        this.myUserBindingSource.MovePrevious();           // 移动到上一条记录
}
```

"下一个"按钮的响应函数如下：

```
        private void button5_Click(object sender, EventArgs e)
        {
                this.myUserBindingSource.MoveNext();                    // 移动到下一条记录
        }
```

通过单击"添加"按钮,在窗体上增加一条记录,然后单击"更新"按钮更新数据库。通过单击"删除"按钮,在窗体上删除一条记录,同样也需要单击"更新"按钮更新数据库。

8.6   应用实例:用户管理

8.6.1   需求分析和表设计

多数 Windows 窗体应用程序都包含一个用户管理模块,用户管理分为两个角色,一个是管理员,一个是普通用户,管理员和普通用户通过登录页面进入系统。普通用户可以登录系统、注册普通用户和修改自己的密码;管理员可以通过用户名查找所有的用户,也可以删除某一个用户,既可以更改用户的密码和角色,还可以注册管理员和普通用户。

本程序使用 Microsoft SQL Server 2008 作为后台数据库。数据库的命名为 Test,其中只包含一张用户表 MyUser,用户表设计见表 8-12。

表 8-12   用户表设计

列名	类型	备注
username	varchar(50)	用户名
password	varchar(50)	密码
role	varchar(50)	角色,包括普通用户和管理员

8.6.2   实现过程

1. 登录窗体(frmLogin)

(1)新建一个 Windows 窗体,命名为 frmLogin,主要用于实现系统的登录功能。该窗体用到的控件及属性见表 8-13。

表 8-13   登录窗体的主要控件

控件 ID	控件类型	属性设置	用途
txtUserName	TextBox	无	填写用户名
txtPwd	TextBox	PasswordChar 设置为 *	填写密码
button1	Button	无	登录按钮
button2	Button	无	普通用户注册按钮

设计界面如图 8-20 所示。

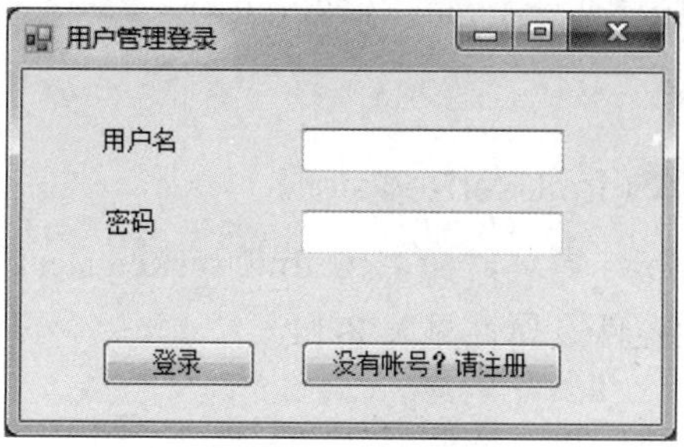

图 8-20　登录窗体

（2）在单击"登录"按钮时，程序首先判断用户名和密码是否正确，然后根据不同的角色跳转到不同的界面。"登录"按钮的 Click 事件代码如下：

```
private void button1_Click(object sender, EventArgs e)
{
    string a = "Data Source=.; Initial Catalog=Test; Persist Security Info=True; User ID=sa;
Password=123456";
    SqlConnection con = new SqlConnection(a);
    string sql = "select*from MyUser where username=' " + txtUserName.Text + " ' and
password=' " + txtPwd.Text + " ' ";
    SqlDataAdapter da = new SqlDataAdapter(sql, con);
    DataSet ds = new DataSet();
    da.Fill(ds);
    if (ds.Tables[0].Rows.Count > 0)
    {
      // 获取角色信息
      string role = ds.Tables[0].Rows[0][2].ToString().Trim();
      if (role == " 管理员 ")
      { // 进入管理员窗体
        frmAdmin admin = new frmAdmin();
        admin.userName = txtUserName.Text;          // 为管理员窗体字段赋值
        admin.Show();                               // 显示管理员窗体
      }
      else
      { // 进入普通用户窗体
        frmUser user = new frmUser();
        user.userName = txtUserName.Text;           // 为普通用户窗体字段赋值
        user.Show();                                // 显示普通用户窗体
      }
    }
    else
      MessageBox.Show(" 用户名或密码错误 ");
}
```

（3）当单击"注册"按钮时，会跳转到普通用户注册窗体。"注册"按钮的 Click 事件代码如下：

```
private void button2_Click(object sender, EventArgs e)
```

```
    {
        // 进入普通用户注册窗体
        frmUserRegister register = new frmUserRegister();
        register.Show();
    }
```

2. 普通用户注册窗体（frmUserRegister）

（1）新建一个 Windows 窗体，命名为 frmUserRegister，主要用于实现普通用户注册功能。该窗体用到的控件及属性见表 8-14。

表 8-14　普通用户注册窗体的主要控件

控件 ID	控件类型	属性设置	用途
txtUserName	TextBox	无	填写用户名
txtPwd1	TextBox	无	填写密码
txtPwd2	TextBox	无	填写确认密码
button1	Button	无	注册按钮

设计界面如图 8-21 所示。

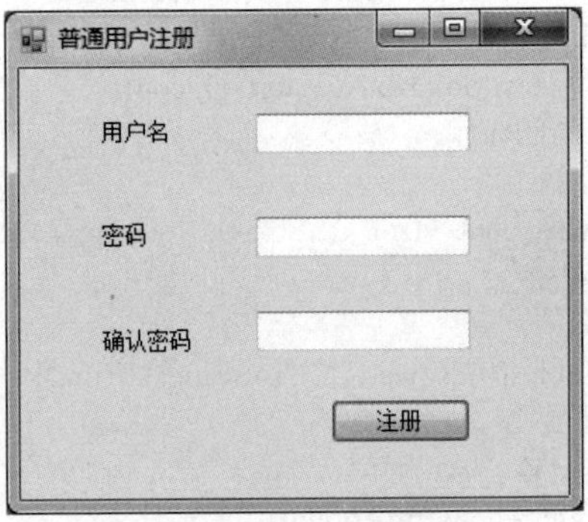

图 8-21　普通用户注册窗体

（2）在单击"注册"按钮时，首先在数据库中查询该用户名是否存在，如果用户名存在，则提示用户名重复；如果用户名不存在，再检查密码和确认密码是否一致，如果一致则注册用户，如果不一致则提醒用户。"注册"按钮的 Click 事件代码如下：

```csharp
private void button1_Click(object sender, EventArgs e)
{
    string a = "Data Source=.; Initial Catalog=Test; Persist Security Info=True; User ID=sa;
Password=123456";
    SqlConnection con = new SqlConnection(a);
    con.Open();
    string sql1 = "select*from MyUser where username=' " + txtUserName.Text + " ' ";
    SqlDataAdapter da = new SqlDataAdapter(sql1, con);
    DataSet ds = new DataSet();
    da.Fill(ds);
    if (ds.Tables[0].Rows.Count == 0)
    {
```

```
// 如果用户名存在, 则检查密码和确认密码是否一致
if (txtPwd1.Text == txtPwd2.Text)
{
    // 如果密码和确认密码一致, 则注册普通用户
    string sql2 = "insert into MyUser values(' " + txtUserName.Text + " ', ' " + txtPwd1.Text +
" ', ' 普通用户 ')";
    SqlCommand cmd = new SqlCommand(sql2, con);
    cmd.ExecuteNonQuery();
    MessageBox.Show(" 注册成功 ");
}
else
    MessageBox.Show(" 两次密码不一致 ");

}
else
    MessageBox.Show(" 用户名重复 ");
}
```

3. 普通用户窗体 (frmUser)

（1）新建一个 Windows 窗体，命名为 frmUser，主要用于实现普通用户修改密码功能。如果用户角色是普通用户，由登录窗体单击"登录"按钮则进入到普通用户窗体。该窗体用到的控件及属性见表 8-15。

表 8-15　普通用户窗体的主要控件

控件 ID	控件类型	属性设置	用途
lblUser	Label	无	显示传值的用户名
txtPwd	TextBox	无	填写旧密码
txtNewPwd1	TextBox	无	填写新密码
txtNewPwd2	TextBox	无	填写确认密码
button1	Button	无	修改按钮

设计页面如图 8-22 所示。

图 8-22　普通用户窗体

（2）用户名的值是从登录窗体传过来的。当单击"修改密码"按钮时，首先根据

用户名和旧密码进行查询，如果不能查询出来，则提示错误；如果能查询出数据再检查新密码和确认新密码是否一致，如果一致就可以修改密码并弹出提示对话框。相关代码如下：

```
public string userName;
private void frmUser_Load(object sender, EventArgs e)
{
    lblUser.Text = userName;
}
private void button1_Click(object sender, EventArgs e)
{
    string a = "Data Source=.; Initial Catalog=Test; Integrated Security=True";
    SqlConnection con = new SqlConnection(a);
    con.Open();
    string sql1 = "select*from MyUser where username=' " + lblUser.Text + " ' and password=' "+ txtPwd.Text + " ' ";
    SqlDataAdapter da = new SqlDataAdapter(sql1, con);
    DataSet ds = new DataSet();
    da.Fill(ds);
    if (ds.Tables[0].Rows.Count > 0)
    {
        if (txtPwd1.Text == txtPwd2.Text)
        {
            string sql2 = "update MyUser set password=' " + txtPwd1.Text + " ' where username=' " +lblUser.Text + " ' ";
            SqlCommand cmd = new SqlCommand(sql2, con);
            cmd.ExecuteNonQuery();
            MessageBox.Show(" 修改成功 ");
        }
        else
            MessageBox.Show(" 两次密码不一致 ");
    }
    else
        MessageBox.Show(" 原始密码错误 ");
}
```

4. 管理员窗体（frmAdmin）

（1）新建一个 Windows 窗体，命名为 frmAdmin，主要用于实现管理员用户查询、注册、删除和修改的功能。如果用户角色是管理员，由登录窗体单击"登录"按钮进入管理员窗体。该窗体用到的控件及属性见表 8-16。

表 8-16　管理员窗体的主要控件

控件 ID	控件类型	属性设置	用途
txtUserName	TextBox	无	填写用户名
btnQuery	Button	无	查询按钮
btnDelete	Button	无	删除按钮
btnUpdate	Button	无	修改按钮
btnRegister	Button	无	注册按钮
dataGridView1	DataGridView	无	显示数据

设计界面如图 8-23 所示。

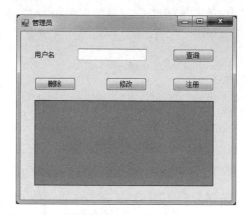

图 8-23 管理员界面

（2）首先定义两个字段，用于创建数据库连接对象。代码如下：

```
public string userName;
static string a = "Data Source=.;Initial Catalog=Test;Integrated Security=True";
SqlConnection con = new SqlConnection(a);
```

（3）当用户单击"查询"按钮时，根据用户名进行模糊查询并把结果显示在 DataGridView 控件中，如果用户名文本框为空，则查询出所有的数据。"查询"按钮的 Click 事件代码如下：

```
private void btnQuery_Click(object sender, EventArgs e)
{
    string sql = "select username as ' 用户名 ', password as ' 密码 ',role as ' 角色 ' from MyUser
where username like '%'+'" + txtUserName.Text + " ' + '%' ";
    SqlDataAdapter da = new SqlDataAdapter(sql, con);
    DataSet ds = new DataSet();
    da.Fill(ds);
    dataGridView1.DataSource = ds.Tables[0];
}
```

（4）当选中一行数据，单击"删除"按钮，可以删除数据。如果用户没有选择数据却单击"删除"按钮，则会弹出对话框提示。"删除"按钮的 Click 事件代码如下：

```
private void btnDelete_Click(object sender, EventArgs e)
{
    if (dataGridView1.SelectedCells.Count > 0)
    {
        con.Open();
        string sql = "delete from MyUser where username=' " + dataGridView1.SelectedCells[0].
Value.ToString() + " ' ";
        SqlCommand cmd = new SqlCommand(sql, con);
        cmd.ExecuteNonQuery();
        con.Close();
        btnQuery.PerformClick(); // 调用 btnQuery 的 Click 方法
        MessageBox.Show(" 删除成功 ");
    }
    else
        MessageBox.Show(" 请选中一行数据 ");
}
```

（5）当选中一行数据，单击"修改"按钮时，会跳转到管理员修改窗体（frmAdminChange），并且传入用户名。"修改"按钮的 Click 事件代码如下：

```
private void btnUpdate_Click(object sender, EventArgs e)
{
    if (dataGridView1.SelectedCells.Count > 0)
    { // 进入管理员修改窗体
        frmAdminChange adminChange = new frmAdminChange();
        adminChange.userName = dataGridView1.SelectedCells[0].Value.ToString();
        adminChange.Show();
    }
    else
        MessageBox.Show(" 请选中一行数据 ");
}
```

（6）当单击"注册"按钮时，会跳转到管理员注册窗体（frmAdminRegister）。"注册"按钮的 Click 事件代码如下：

```
private void btnRegister_Click(object sender, EventArgs e)
{ // 进入管理员注册窗体
    frmAdminRegister adminRegister = new frmAdminRegister();
    adminRegister.Show();
}
```

5. 管理员修改窗体（frmAdminChange）

（1）新建一个 Windows 窗体，命名为 frmAdminChange，主要用于实现管理员修改密码和角色的功能。该窗体用到的控件及属性见表 8-17。

表 8-17　管理员修改窗体主要控件

控件 ID	控件类型	属性设置	用途
lblUser	Label	无	显示用户名传值
txtPwd	TextBox	无	填写密码
cmbRole	ComboBox	无	选择角色
button1	Button	无	修改按钮

设计页面如图 8-24 所示。

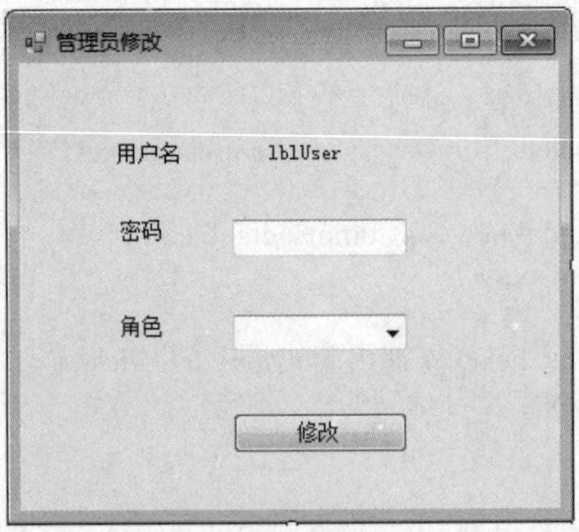

图 8-24　管理员修改窗体

（2）由管理员窗体单击"修改"按钮进入管理员修改窗体，同时将用户名的值传入管理员修改窗体。定义一个公共字段，用于保存用户名。代码如下：

```
public string userName;
```

（3）在窗体加载中，根据用户名在数据库中查询密码和角色分别赋值给文本框控件和组合框控件，相关代码如下：

```
private void frmAdminChange_Load(object sender, EventArgs e)
{
    lblUser.Text = userName;
    string a = "Data Source=.;Initial Catalog=Test;Integrated Security=True";
    SqlConnection con = new SqlConnection(a);
    string sql = "select*from MyUser where username=' " + userName + " ' ";
    SqlDataAdapter da = new SqlDataAdapter(sql, con);
    DataSet ds = new DataSet();
    da.Fill(ds);
    txtPwd.Text = ds.Tables[0].Rows[0][1].ToString();
    cmbRole.Text = ds.Tables[0].Rows[0][2].ToString();
}
```

（4）在单击"修改"按钮时，可以直接修改密码和角色并弹出提示对话框。"修改"按钮的 Click 事件代码如下：

```
private void button1_Click(object sender, EventArgs e)
{
    string a = "Data Source=.;Initial Catalog=Test;Integrated Security=True";
    SqlConnection con = new SqlConnection(a);
    con.Open();
    string sql = "update MyUser set password=' " + txtPwd.Text + " ', role=' " + cmbRole.Text + " ' where username=' " + userName + " ' ";
    SqlCommand cmd = new SqlCommand(sql, con);
    cmd.ExecuteNonQuery();
    con.Close();
    MessageBox.Show(" 修改成功 ");
}
```

6. 管理员注册窗体（frmAdminRegister）

（1）新建一个 Windows 窗体，命名为 frmAdminRegister，主要用于实现管理员注册功能，既可以注册普通用户，也可以注册管理员。该窗体用到的控件及属性见表 8-18。

表 8-18　管理员注册窗体主要控件

控件 ID	控件类型	属性设置	用途
txtUserName	Label	无	填写用户名
txtPwd1	TextBox	无	填写密码
txtPwd2	TextBox	无	填写确认密码
cmbRole	ComboBox	Dropdownstyle 属性为 dropdownlist	填写角色
button1	Button	无	注册按钮

设计页面如图 8-25 所示。

图 8-25　管理员注册窗体

（2）管理员注册和普通用户注册类似，区别是普通用户只能注册普通用户而管理员可以注册管理员和普通用户。相关代码如下：

```
private void frmAdminRegister_Load(object sender, EventArgs e)
{
    cmbRole.Text = " 管理员 ";
}
private void button1_Click(object sender, EventArgs e)
{
    string a = "Data Source=.;Initial Catalog=Test;Integrated Security=True";
    SqlConnection con = new SqlConnection(a);
    con.Open();
    string sql1 = "select*from MyUser where username=' " + txtUserName.Text + " ' ";
    SqlDataAdapter da = new SqlDataAdapter(sql1, con);
    DataSet ds = new DataSet();
    da.Fill(ds);
    if (ds.Tables[0].Rows.Count == 0) // 如果用户名不存在
    {
        if (txtPwd1.Text == txtPwd2.Text) // 判断密码和确认密码是否一致
        {
            string sql2 = "insert into MyUser values(' " + txtUserName.Text + " ', ' " + txtPwd1.Text +
" ', ' "+cmbRole.Text+" ')";
            SqlCommand cmd = new SqlCommand(sql2, con);
            cmd.ExecuteNonQuery();
            MessageBox.Show(" 注册成功 ");
        }
        else
            MessageBox.Show(" 两次密码不一致 ");
    }
    else
```

```
          MessageBox.Show(" 用户名重复 ");
          con.Close();
      }
```

本章小结

　　C# 数据库编程的基础是 ADO.NET。本章详细介绍了 ADO.NET 的体系结构和对象，介绍了如何使用 ADO.NET 访问数据库，包括创建数据库连接对象，使用 Command 和 DataSet 实现数据记录的查询、插入、更新和删除操作；介绍了数据绑定；最后详细介绍了用户管理的例子，实现对数据库的各种操作。

习题

一、选择题

1. （　　） 对象提供与数据源的连接。

　　A．SqlConnection　　　　　　　　B．SqlCommand

　　C．SqlDataReader　　　　　　　　D．SqlDataAdapter

2. （　　） 对象用于返回数据、修改数据、运行存储过程及发送或检索参数信息的数据库命令。

　　A．SqlConnection　　　　　　　　B．SqlCommand

　　C．SqlDataReader　　　　　　　　D．ConnectionString

3. 使用（　　） 对象可以将 SQL Server 中的数据填充到 DataSet 中。

　　A．DataSource　　　　　　　　　B．SqlCommand

　　C．ExecuteSql　　　　　　　　　D．SqlDataAdapter

4. Connection 对象的（　　）属性：设置或获取用于打开数据源的连接字符串，给出了数据源的位置、数据库的名称、用户名、密码和打开方式。

　　A．DataSource　　　　　　　　　B．ConnectionString

　　C．State　　　　　　　　　　　　D．Database

5. （　　） 方法用于执行统计查询，执行只返回查询结果的首行和首列，忽略其他行或列。

　　A．ExecuteReader()　　　　　　　B．ExcuteScalar()

　　C．ExecuteSql()　　　　　　　　　D．ExcuteNonQuery()

6. （　　） 方法用于执行不需要返回结果的 SQL 语句，Insert、Update 和 Delete 执行后返回受影响的记录的行数。

　　A．ExecuteXml()　　　　　　　　B．ExcuteScalar()

C. ExecuteSql()   D. ExcuteNonQuery()

二、编程题

1. 设计一张学生表，查询学生表中有多少条数据。在学生表中插入一条学生信息，更改一名学生的专业，删除一条学生信息。

2. 设计一张成绩表，在 DataGridView 控件中显示成绩表的信息。

3. 设计一张课程表，用 DataSet 实现课程表增加、删除和修改的功能。

第9章

图书馆管理系统

学习目标

- 通过图书馆管理系统理解软件开发的流程：包括需求分析、数据库设计、公共基础类设计、界面设计和代码设计。
- 根据需求分析完成数据库设计，为了减少重复代码而设计公共基础类，根据功能模块进行界面设计和代码编写。

9.1　需求分析

随着高校的快速发展，图书馆管理系统在学校的日常管理中发挥着越来越重要的作用。图书馆管理系统可以进行用户管理、图书管理、借阅管理和图书排行榜，方便查阅管理图书馆的相关信息。

图书馆管理系统主要包括四个部分：用户管理、图书管理、借阅管理和图书排行榜。

1. 用户管理

用户管理包括查询用户、添加用户、修改用户和删除用户。

用户角色分为三类，分别为教师、学生和管理员。其中，教师和学生除了最大借阅量不同外，其他功能都相同，可以修改自己的密码、查询借阅情况、续借和查看排行榜；管理员可以进行用户管理、图书管理、借书、还书和查看排行榜。

2. 图书管理

图书管理包括查询图书、添加图书、修改图书和删除图书。

3. 借阅管理

借阅管理包括借书、还书和续借。借书时间为两个月，教师最多能借 20 本书，学生最多能借 10 本书。如果已达到最大借阅量，需要先还书才能借书。每本书可以续借一次，续借时间为一个月。

4. 图书排行榜

图书排行榜分为图书借阅排行榜和个人借阅排行榜。图书借阅排行榜是按每本书的借阅次数进行降序显示，个人借阅排行榜是按用户的借阅次数进行降序显示。

9.2　数据库设计

在应用程序开发过程中，对数据库的操作是必不可少的，数据库设计是根据程序的需求及实现功能所制定的，表设计的合理性将直接影响到程序的开发过程。图书馆管理系统主要是用来管理图书信息、用户信息和借阅信息。根据分析，本系统包括三张表，用于存储不同的信息。

1. 用户表（myuser）

用户表主要用于保存管理员、教师和学生的相关信息，其表结构见表 9-1。

表 9-1　用户表

列名	类型	说明
username	varchar(50)	用户名
password	varchar(50)	密码

续表

列名	类型	说明
name	varchar(50)	姓名
role	varchar(50)	角色
jycs	int	借阅次数
zdjyl	int	最大借阅量
yjyl	int	已借阅量

2. 图书表（book）

图书表用于保存图书的基本信息，其表结构见表 9-2。

表 9-2　图书表

列名	类型	说明
bookid	varchar(50)	图书编号
bookname	varchar(50)	图书名称
type	varchar(50)	图书类型
cbs	varchar(50)	出版社
cbsj	datetime	出版时间
price	decimal(18,0)	价格
jycs	int	图书借阅次数
sfjc	varchar(50)	是否借出

3. 借阅表（jy）

借阅表用于保存图书借阅的相关信息，包括借书信息、还书信息和续借信息，其表结构见表 9-3。

表 9-3　借阅表

列名	类型	说明
id	int	编号，自增 1
jyrid	varchar(50)	借阅人编号
name	varchar(50)	姓名
bookid	varchar(50)	图书编号
bookname	varchar(50)	图书名称
jysj	datetime	借阅时间
jzsj	datetime	截止时间
ghsj	datetime	归还时间
sfgh	varchar(50)	是否归还
sfxj	varchar(50)	是否续借

9.3 公共基础类设计

在项目开发过程中，对数据库的操作会非常频繁，如插入数据、修改数据、删除数据和填充数据，而这些操作的大部分代码类似，所以通常会以类的形式来组织、封装一些常用的方法和事件，这样做不仅可以提高代码的重用率，也大大方便了代码的管理。在本系统中，主要建立了一个公共类——DBOperate 类。DBOperate 类定义了数据库连接和操作数据库的公共方法，分别实现各种功能。

DBOperate 类建立了多个方法用于执行不同的 SQL 语句，下面对该类的各个方法进行讲解。

1. OperateData() 方法

OperateData() 方法用于对数据库执行 SQL 语句。在程序的开发过程中，会反复地使用增加、删除和修改操作，如果每一个都单独去写，会增加很多重复的代码，用这个方法只需要给出一个 SQL 语句的参数，就能实现数据库的操作。注意：这个方法主要适用于增加数据、删除数据和修改数据，并不适用于查询数据，也不适用于从数据库中读取数据。

```csharp
public int OperateData(string sql)
{
    con.Open();                                      // 打开数据库连接
    SqlCommand cmd = new SqlCommand(sql, con);       // 创建 SqlCommand 对象
    int j = Convert.ToInt16(cmd.ExecuteNonQuery());  // 调用 ExecuteNonQuery() 方法
    con.Close();                                     // 关闭数据库连接
    return j;                                        // 返回影响的行数
}
```

2. HumanNum() 方法

HumanNum() 方法用于查询表中数据的行数，它只适用于查询，不适用于增加、删除和修改操作。它只有一个 SQL 语句参数，SQL 一般都是以 select count(*) 开头的。

```csharp
public int HumanNum(string strsql)
{
    con.Open();                                      // 打开数据库连接
    SqlCommand cmd = new SqlCommand(strsql, con);    // 创建 SqlCommand 对象
    int j = Convert.ToInt16(cmd.ExecuteScalar());    // 调用 cmd.ExecuteScalar() 方法
    con.Close();       // 关闭数据库连接
    return j;          // 返回查询结果的行数：0 代表不存在，大于 0 代表存在
}
```

3. GetTable() 方法

GetTable() 方法用于根据指定的 SQL 查询语句返回相应的 DataSet 对象。它只有一个参数，就是 SQL 语句，主要用于读取一个数据表中的数据。例如，把主键从第一个窗体传入第二个窗体，在第二个窗体根据这个主键查询相关的数据集。

```csharp
public DataSet GetTable(string sql)
{
```

```
    SqlDataAdapter da = new SqlDataAdapter(sql, con);    // 创建数据适配器
    DataSet ds = new DataSet();                          // 创建数据集
    da.Fill(ds);                                         // 填充数据集
    return ds;                                           // 返回数据集
}
```

4. BindDataGridView() 方法

BindDataGridView() 方法用于将 SQL 语句查询的结果绑定到 DataGridView 控件。它的参数有两个：第一个参数是 DataGridView 控件的名称，第二个参数是查询的 SQL 语句。

```
public void BindDataGridView(DataGridView datagridview, string sql)
{
    SqlDataAdapter da = new SqlDataAdapter(sql, con);    // 创建数据适配器
    DataSet ds = new DataSet();                          // 创建数据集
    da.Fill(ds);                                         // 填充数据集
    datagridview.DataSource = ds.Tables[0];              // 绑定 DataGridView
}
```

9.4　登录模块设计

9.4.1　登录模块概述

系统登录窗体主要用于对进入图书馆管理系统的用户进行安全性检查，以防止非法进入系统。在登录时，只有合法的用户才可以进入系统，系统登录窗体运行效果如图 9-1 所示。

图 9-1　登录窗体

9.4.2　登录模块实现过程

登录模块使用的数据表：myuser。

（1）新建一个 Windows 窗体，命名为 frmLogin.cs，主要用于实现系统登录功能。

该窗体用到的控件及属性见表 9-4。

表 9-4　登录界面控件设计

控件 ID	控件类型	属性设置	用途
txtUserName	TextBox	无	填写用户名
txtUserPwd	TextBox	UseSystemPasswordChar 设置为 true	填写密码
btnLogin	Button	Text 属性为登录	登录按钮
btnCancel	Button	Text 属性为取消	取消按钮

（2）单击"登录"按钮，先判断用户名或密码是否为空，然后判断用户名和密码是否正确；如果正确，则登录图书馆管理系统，并将用户名传到主窗体中；否则，弹出"用户名或密码错误"对话框。相关代码如下：

```csharp
private void btnLogin_Click(object sender, EventArgs e)
{
    // 判断用户名和密码是否为空
    if (txtUserName.Text != "" && txtUserPwd.Text != "")
    {
        string sql = "select count(*) from myuser where username='" + txtUserName.Text + "' and password='" + txtUserPwd.Text + "'";
        DBOperate db = new DBOperate();
        if (db.HumanNum(sql) > 0)
        {
            this.Hide();                        // 隐藏登录窗体
            frmMain Main = new frmMain();       // 创建主窗体对象
            Main.username = txtUserName.Text;   // 为主窗体字段赋值
            Main.Show();                        // 显示主窗体
        }
        else
        {
            txtUserName.Text = "";              // 清空用户名
            txtUserPwd.Text = "";               // 清空密码
            // 弹出消息对话框
            MessageBox.Show(" 用户名或密码错误，请重新输入！ ", " 提示 ", MessageBoxButtons.OK, MessageBoxIcon.Information);
        }
    }
    else
    {
        MessageBox.Show(" 用户名或密码不能为空 ");
    }
}
```

单击"取消"按钮时，清空用户名和密码文本框，关闭窗体。相关代码如下：

```csharp
private void btnCancel_Click(object sender, EventArgs e)
{
    txtUserName.Text = "";              // 清空用户名
    txtUserPwd.Text = "";              // 清空密码
    this.Close();                      // 关闭窗体
}
```

9.5　主窗体设计

9.5.1　主窗体概述

主窗体是程序操作过程中必不可少的环节。当成功通过登录窗体验证后，用户将进入主窗体。通过主窗体，用户可以调用系统相关的各个子模块。系统的主窗体运行效果如图 9-2 所示。

图 9-2　主窗体

9.5.2　主窗体实现过程

（1）新建一个窗体，命名为 frmMain.cs，主要用于实现系统主窗体的设计。该窗体使用的主要控件及属性设置见表 9-5。

表 9-5　主窗体页面控件设计

控件 ID	控件类型	属性设置	用途
menuStrip1	MenuStrip	添加五个 ToolMenuStripMenuItem	用于实现系统的功能菜单

（2）定义一个公共字段，用于获取登录用户名，然后声明公共类 DBOperate 的一个实例对象，以便调用其中的方法。代码如下：

```
public string username;              // 声明用户名称字段
DBOperate db = new DBOperate();      // 创建数据库操作对象
```

（3）当主窗体加载时，调用 GetTable() 方法，获取登录用户的角色。当角色为管理员时，需要禁用续借功能；当角色为教师或学生时，需要禁用查询用户、添加用户、图书查询、添加图书、借书和还书功能。相关代码如下：

```
private void frmMain_Load(object sender, EventArgs e)
{
    // 设置数据库查询字符串
    string sql = "select * from myuser where username='" + username + "'";
    DataSet ds = db.GetTable(sql);                          // 得到数据集
    string role = ds.Tables[0].Rows[0][3].ToString();       // 得到用户权限字符串
    if (role == " 管理员 ")                                   // 判断用户角色
        续借 ToolStripMenuItem.Enabled = false;              // 禁用续借功能
    else
    {
        查询用户 ToolStripMenuItem.Enabled = false;          // 禁用查询用户功能
        添加用户 ToolStripMenuItem.Enabled = false;          // 禁用添加用户功能
        图书查询 ToolStripMenuItem.Enabled = false;          // 禁用图书查询功能
        添加图书 ToolStripMenuItem.Enabled = false;          // 禁用添加图书功能
        借书 ToolStripMenuItem.Enabled = false;              // 禁用借书功能
        还书 ToolStripMenuItem.Enabled = false;              // 禁用还书功能
    }
}
```

（4）通过主窗体可以跳转到其他窗体，包括创建查询用户窗体、添加用户窗体、修改密码窗体、添加图书窗体、图书查询窗体、借书窗体、还书窗体、续借窗体、个人借阅排行榜窗体和图书借阅排行榜窗体。相关代码如下：

```
private void 查询用户 ToolStripMenuItem_Click(object sender, EventArgs e)
{
    frmUserQuery form = new frmUserQuery();
    form.Show();
}

private void 添加用户 ToolStripMenuItem_Click(object sender, EventArgs e)
{
    frmUserAdd form = new frmUserAdd();
    form.Show();
}

private void 修改密码 ToolStripMenuItem_Click(object sender, EventArgs e)
{
    frmChangePwd form = new frmChangePwd();
    form.name = username;
    form.Show();
}

private void 添加图书 ToolStripMenuItem_Click(object sender, EventArgs e)
{
    frmBookAdd form = new frmBookAdd();
    form.Show();
}

private void 图书查询 ToolStripMenuItem_Click(object sender, EventArgs e)
{
    frmBookQuery form = new frmBookQuery();
```

```
        form.Show();
    }

    private void 借书 ToolStripMenuItem_Click(object sender, EventArgs e)
    {
        frmBorrow form = new frmBorrow();
        form.Show();
    }

    private void 还书 ToolStripMenuItem_Click(object sender, EventArgs e)
    {
        frmReturn form = new frmReturn();
        form.Show();
    }

    private void 续借 ToolStripMenuItem_Click(object sender, EventArgs e)
    {
        frmRenew form = new frmRenew();
        form.name = username;
        form.Show();
    }

    private void 个人借阅排行榜 ToolStripMenuItem_Click(object sender, EventArgs e)
    {
        frmRankPerson form = new frmRankPerson();
        form.Show();
    }

    private void 图书借阅排行榜 ToolStripMenuItem_Click(object sender, EventArgs e)
    {
        frmRankBook form = new frmRankBook();
        form.Show();
    }
```

（5）通过主窗体可以退出系统，相关代码如下：

```
    private void 退出 ToolStripMenuItem_Click(object sender, EventArgs e)
    {
        if (MessageBox.Show(" 确定退出系统吗？ ", " 提示 ", MessageBoxButtons.OKCancel) ==
DialogResult.OK)
        {
            Application.Exit();              // 退出应用程序
        }
    }
```

9.6　用户管理模块设计

　　用户管理模块用于管理所有用户的信息，在该模块中可以查询、添加、修改和删除用户信息。在添加用户窗体中可以添加用户信息，在查询用户窗体中可以查询、修改和删除用户信息。在查询用户窗体中选中某条用户信息，双击或单击"修改"按钮，可以打开修改用户窗体，在此窗体中可以对信息进行修改。

用户管理模块使用的数据表：myuser。

9.6.1 添加用户

扫码看视频

（1）新建一个窗体，命名为 frmUserAdd.cs，主要用于实现用户的添加功能。该窗体中的主要控件和属性设置见表 9-6。

表 9-6 添加用户窗体控件设计

控件 ID	控件类型	属性设置	用途
txtUserName	TextBox	无	用户名
txtUserPwd	TextBox	无	密码
txtName	TextBox	无	姓名
cmbRole	ComboBox	Items 属性添加管理员、教师和学生，Text 属性设置为管理员	角色
button1	Button	Text 属性设置为添加	添加按钮
button2	Button	Text 属性设置为取消	取消按钮

添加用户窗体的运行效果如图 9-3 所示。

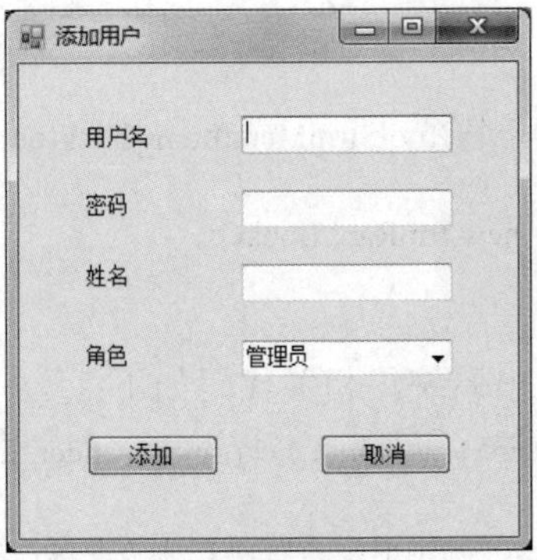

图 9-3 添加用户窗体

（2）单击"添加"按钮时，首先根据用户名在数据库中查询是否有数据，如果有则要重新输入用户名。最大借阅量默认为 100，如果角色为教师，最大借阅量的值为 20；如果角色为学生，最大借阅量的值为 10。相关代码如下：

```
private void button1_Click(object sender, EventArgs e)
{
   // 根据用户名查询满足条件的数据行，如果数据行数为 0，代表这个用户不存在
   if (db.HumanNum("select count(*) from myuser where username='" + txtUserName.Text +
"'") == 0)
   {
     int max = 100; // 最大借阅量默认为 100
     if (cmbRole.Text == " 教师 ")                    // 如果角色是教师，最大借阅量的值为 20
```

```
        max = 20;
        if (cmbRole.Text == " 学生 ")               // 如果角色是学生，最大借阅量的值为 10
          max = 10;
        // 插入的 SQL 语句，其中借阅次数和已借阅量的初值都为 0，最大借阅量的值赋为
max
        string sql = "insert into myuser values('" + txtUserName.Text + "','" + txtUserPwd.Text +
"','" + txtName.Text + "','" + cmbRole.Text + "',0,'" + max + "',0)";
        db.OperateData(sql);
        MessageBox.Show(" 添加用户成功 ");
      }
      else
        MessageBox.Show(" 用户名重复，请重新输入 ");
    }
```

> **注意：**
>
> DBOperate 公共类的 HumanNum() 方法，用于查询表中数据的行数，它只适用于查询，不适用于增加、删除和修改操作。

（3）单击"取消"按钮时关闭当前窗体，相关代码如下：

```
private void button2_Click(object sender, EventArgs e)
{
    this.Close();
}
```

9.6.2　查询用户

（1）新建一个窗体，命名为 frmUserQuery.cs，主要用于实现用户信息的查询、修改和删除功能。该窗体中的主要控件和属性设置见表 9-7。

表 9-7　查询用户窗体控件设计

控件 ID	控件类型	属性设置	用途
txtUserName	TextBox	无	用户名
cmbRole	ComboBox	Items 属性添加不限（管理员、教师和学生），Text 属性设置为不限	角色
btnQuery	Button	Text 属性设置为查询	查询按钮
btnDelete	Button	Text 属性设置为删除	删除按钮
btnEdit	Button	Text 属性设置为修改	修改按钮
dataGridView1	DataGridView	ReadOnly 设置为 true，SelectionMode 设置为 FullRowSelect	显示用户信息

查询用户窗体的运行效果如图 9-4 所示。

（2）单击"查询"按钮时，按用户名和角色查询用户信息。如果角色为不限，查询所有的角色信息，否则查询指定角色的信息。代码如下：

```
private void btnQuery_Click(object sender, EventArgs e)
```

```
{
    // 根据用户名模糊查询用户的所有信息
    string sql = "select username as ' 用户名 ',password as ' 密码 ',name as ' 姓名 ',role as ' 角
色 ',jycs as ' 借阅次数 ',zdjyl as ' 最大借阅次数 ',yjjyl as ' 已借阅次数 ' from myuser where
username like '%'+'" + txtUserName.Text + "'+'%'";
    // 如果角色为不限，查询所有的角色信息，否则查询指定角色的信息
    if (cmbRole.Text != " 不限 ")
        sql = sql + "and role='" + cmbRole.Text + "'";        //SQL 语句中添加角色查询条件
    db.BindDataGridView(dataGridView1, sql);                   // 绑定 BindDataGridView 控件
}
```

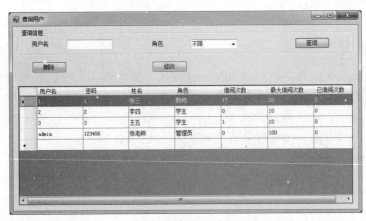

图 9-4　查询用户窗体

（3）在查询用户窗体中，选中一行数据单击"删除"按钮，则删除该用户。首先判断是否选中了一行数据，然后根据用户名删除数据，再重新绑定 DataGridView 控件。相关代码如下：

```
private void btnDelete_Click(object sender, EventArgs e)
{
    if (dataGridView1.SelectedCells.Count > 0)               // 判断是否选中了一行数据
    {
        // 通过用户名删除用户信息
        string sql = "delete from myuser where username='" + dataGridView1.SelectedCells[0].
Value.ToString() + "'";
        db.OperateData(sql);                                 // 调用 OperateData 方法
        // 重新绑定 DataGridView，显示删除数据后的用户信息
        db.BindDataGridView(dataGridView1, "select * from myuser");
        MessageBox.Show(" 删除用户成功 ");                    // 弹出对话框
    }
    else
        MessageBox.Show(" 请选中一行 ");
}
```

注意：

DBOperate 公共类的 OperateData() 方法，用于对数据库执行 SQL 语句，它只适用于增加、删除和修改操作。

（4）在查询用户窗体中，当双击某条用户信息或单击"修改"按钮时，则会打开修改用户信息窗体（frmUserEdit.cs），把选中的用户名传递给下一个窗体，该窗体可以对用户的密码和姓名进行修改。相关代码如下：

```
private void dataGridView1_CellDoubleClick(object sender, DataGridViewCellEventArgs e)
{
    // 创建 frmUserEdit 窗体对象
    frmUserEdit form = new frmUserEdit();
    // 把选中的用户名赋值给修改用户窗体的全局变量
    form.name = dataGridView1.SelectedCells[0].Value.ToString();
    form.Show(); // 显示窗体
}
```

（5）修改用户信息窗体的运行效果如图 9-5 所示。

图 9-5　修改用户信息窗体

修改用户窗体加载时，首先给用户名标签赋值，然后通过用户名查询密码、姓名、角色、借阅次数、最大借阅量和已借阅量字段并赋值给文本框控件，相关代码如下：

```
private void frmUserEdit_Load(object sender, EventArgs e)
{
    this.Text = " 修改 [ " + name + " ] 的个人信息 ";        // 设置窗体标题
    label2.Text = name;                                      // 给用户名标签控件赋值
    string sql = "select * from myuser where username='" + name + "'"; // 根据用户名查询信息
    DataSet ds = db.GetTable(sql);                           // 调用 GetTable() 方法
    textBox1.Text = ds.Tables[0].Rows[0][1].ToString();      // 获取密码字段
    textBox2.Text = ds.Tables[0].Rows[0][2].ToString();      // 获取姓名字段
    textBox3.Text = ds.Tables[0].Rows[0][3].ToString();      // 获取角色字段
    textBox4.Text = ds.Tables[0].Rows[0][4].ToString();      // 获取借阅次数字段
    textBox5.Text = ds.Tables[0].Rows[0][5].ToString();      // 获取最大借阅量字段
    textBox6.Text = ds.Tables[0].Rows[0][6].ToString();      // 获取已借阅量字段
}
```

注意：

　　DBOperate 公共类的 GetTable() 方法，用于根据指定的 SQL 查询字符串返回相应的 DataSet 数据集。

（6）在修改用户窗体中，如果要修改某条用户的信息，只需要更改用户的某些数据，然后单击"修改"按钮即可。代码如下：

```
private void button1_Click(object sender, EventArgs e)
{
    //修改密码和姓名
    string sql = "update myuser set password='" + textBox1.Text + "',name='" + textBox2.Text +
"' where username='" + label2.Text + "'";
    db.OperateData(sql);                              // 调用 OperateData() 方法
    MessageBox.Show(" 修改用户成功 ");                  // 弹出对话框
}
```

9.6.3 修改密码

（1）新建一个窗体，命名为 frmChangePwd.cs，主要用于修改个人密码。该窗体中的主要控件和属性设置见表 9-8。

表 9-8　修改密码窗体控件设计

控件 ID	控件类型	属性设置	用途
label2	Label	无	显示用户名
textBox1	TextBox	Passwordchar 属性为 *	原始密码
textBox2	TextBox	Passwordchar 属性为 *	新密码
textBox3	TextBox	Passwordchar 属性为 *	确认新密码
textBox4	TextBox	ReadOnly 属性为 true	姓名
textBox5	TextBox	ReadOnly 属性为 true	角色
textBox6	TextBox	ReadOnly 属性为 true	借阅次数
textBox7	TextBox	ReadOnly 属性为 true	最大借阅量
textBox8	TextBox	ReadOnly 属性为 true	已借阅量
button1	Button	Text 属性设置为修改	修改按钮
button2	Button	Text 属性设置为取消	取消按钮

修改密码窗体的运行效果如图 9-6 所示。

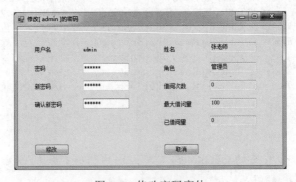

图 9-6　修改密码窗体

（2）修改密码窗体加载时，根据用户名查询相关信息，并赋值给姓名、角色、借阅次数、最大借阅量和已借阅量等文本框控件。代码如下：

```
private void frmChangePwd_Load(object sender, EventArgs e)
{
    this.Text = " 修改 [ " + name + " ] 的密码 ";           // 设置窗体标题
    label2.Text = name;
    // 根据用户名查询信息
    string sql = "select*from myuser where username='" + name + "'";
    DataSet ds = db.GetTable(sql);                       // 调用 GetTable() 方法
    textBox4.Text = ds.Tables[0].Rows[0][2].ToString();  // 姓名字段
    textBox5.Text = ds.Tables[0].Rows[0][3].ToString();  // 角色字段
    textBox6.Text = ds.Tables[0].Rows[0][4].ToString();  // 借阅次数字段
    textBox7.Text = ds.Tables[0].Rows[0][5].ToString();  // 最大借阅量字段
    textBox8.Text = ds.Tables[0].Rows[0][6].ToString();  // 已借阅量字段
}
```

（3）单击"修改"按钮，首先判断新密码和确认新密码是否一致，然后再根据用户名和密码查询数据是否存在，如果数据存在，则更新密码。相关代码如下：

```
private void button1_Click(object sender, EventArgs e)
{
    if (textBox2.Text == textBox3.Text)                  // 判断新密码和确认新密码是否一致
    {
        // 根据用户名和密码查询数据满足条件的数据行数
        string sql = "select count(*) from myuser where username='" + label2.Text + "' and
password='" + textBox1.Text + "'";
        if (db.HumanNum(sql) > 0)                        // 判断行数是否大于 0
        {
            string sql1 = "update myuser set password='" + textBox2.Text + "' where username='" +
label2.Text + "'";                                      // 更新密码
            db.OperateData(sql1);                        // 调用 OperateData() 方法
            MessageBox.Show(" 修改密码成功 ");
        }
        else
            MessageBox.Show(" 原始密码错误 ");
    }
    else
        MessageBox.Show(" 两次密码不一致 ");
}
```

9.7　图书管理模块设计

图书管理模块用于管理所有图书的信息，在该模块中可以查询、添加、修改和删除图书信息。在添加图书窗体可以添加图书信息，在查询图书窗体可以查询、修改和删除图书信息。在查询图书窗体，选中某条图书信息，双击或单击"修改"按钮，可以打开修改图书窗体，在此窗体中可以对图书信息进行修改。

图书管理模块使用的数据表：book。

9.7.1 添加图书

（1）新建一个 Windows 窗体，命名为 frmBookAdd.cs，主要用于实现图书的添加功能。该窗体中的主要控件和属性设置见表 9-9。

表 9-9 添加图书控件设计

控件 ID	控件类型	属性设置	用途
textBox1	TextBox	无	图书编号
textBox2	TextBox	无	图书名称
textBox3	TextBox	无	出版社
textBox4	TextBox	无	出版时间
textBox5	TextBox	无	价格
comboBox1	ComboBox	Items 属性为自然科学、历史、哲学、小说，Text 属性为自然科学	图书类型
button1	Button	Text 属性为添加	添加按钮
button2	Button	Text 属性为取消	取消按钮

添加图书窗体的运行效果如图 9-7 所示。

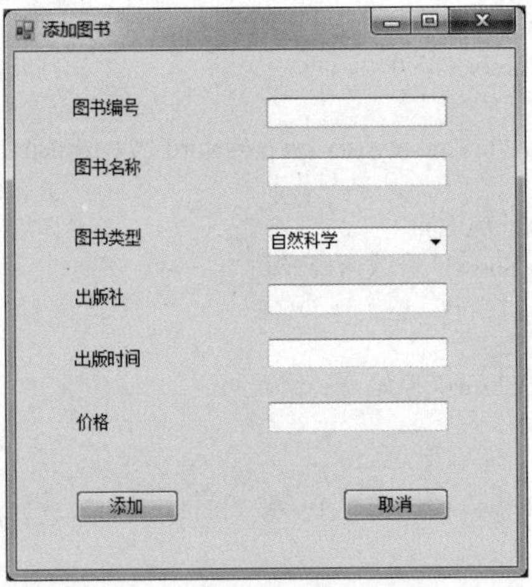

图 9-7 添加图书窗体

（2）单击"添加"按钮时，首先根据图书编号查询是否存在数据，如果不存在，则在图书表中添加一条数据，其中，借阅次数的赋值为 0，是否借出赋值为否。相关代码如下：

```
private void button1_Click(object sender, EventArgs e)
{
    // 根据书籍编号查询满足条件的数据行数
    string sql1 = "select count(*) from book where bookid='" + textBox1.Text + "'";
    // 插入图书信息，其中借阅次数初值为 0，是否借出为否
```

```
        string sql = "insert into book values('" + textBox1.Text + "','" + textBox2.Text + "','" +
        comboBox1.Text + "','" + textBox3.Text + "','" + Convert.ToDateTime(textBox4.Text) + "','" +
        Convert.ToDouble(textBox5.Text) + "',0,' 否 ')";
        if (db.HumanNum(sql1) == 0)       // 如果图书编号与已有的编号没有重复
        {
            db.OperateData(sql);          // 调用 OperateData() 方法
            MessageBox.Show(" 添加图书成功 ");
        }
        else
            MessageBox.Show(" 图书编号重复 ");
    }
```

9.7.2　查询图书

扫码看视频

（1）新建一个 Windows 窗体，命名为 frmBookQuery.cs，主要用于实现图书的查询、修改和删除功能。该窗体中的主要控件和属性设置见表 9-10。

表 9-10　查询图书窗体控件设计

控件 ID	控件类型	属性设置	用途
textBox1	TextBox	无	图书编号
textBox2	TextBox	无	图书名称
comboBox1	ComboBox	Items 属性为不限（自然科学、历史、哲学、小说），Text 属性为不限	图书类型
textBox3	TextBox	无	出版社
textBox4	TextBox	无	起始出版时间
textBox5	TextBox	无	终止出版时间
button1	Button	Text 设置为查询	查询按钮
button2	Button	Text 设置为删除	删除按钮
button3	Button	Text 设置为修改	修改按钮
dataGridView1	DataGridView	ReadOnly 设置为 true，SelectionMode 设置为 FullRowSelect	显示图书信息

查询图书窗体的运行效果如图 9-8 所示。

（2）单击"查询"按钮，可以根据图书编号和图书名称模糊查询图书信息。当图书类型选择为不限时，则相当于查询所有类型的图书，如果不为不限，则查询指定类型的图书。当不填"起始出版时间"时，相当于没有查询"起始出版时间"这个条件；当不填"终止出版时间"时，也相当于没有查询"终止出版时间"这个条件，相关代码如下：

```
        private void button1_Click(object sender, EventArgs e)
        {
        // 根据图书编号，图书名称模糊查询图书信息
            string sql = "select bookid as ' 图书编号 ', bookname as ' 图书名称 ', type as ' 类型 ', cbs as '
```

出版社 ',cbsj as ' 出版时间 ',price as ' 价格 ',jycs as ' 图书借阅次数 ',sfjc as ' 是否借出 ' from
book where bookid like '%'+'" + textBox1.Text + "'+'%' and bookname like '%'+'" + textBox2.
Text + "'+'%' and cbs like '%'+'" + textBox3.Text + "'+'%'";
　　　　// 如果 comboBox1 选择为不限，就相当于没有图书类型这个查询条件
　　　// 如果不为不限，则要加上按图书类型查询
　　　if (comboBox1.Text != " 不限 ")
　　　　sql = sql + "and type='" + comboBox1.Text + "'";
　　　　// 如果"起始出版时间"不填，相当于没有出版时间起这个查询条件
　　　// 如果不为空，就需要加上查询条件起的查询条件
　　　if (textBox4.Text != "")
　　　　sql = sql + "and cbsj>=" + Convert.ToDateTime(textBox4.Text) + "'";
　　　　// 如果"终止出版时间"不填，相当于没有出版时间起这个查询条件
　　　// 如果不为空，就需要加上查询条件止的查询条件
　　　if (textBox5.Text != "")
　　　　sql = sql + "and cbsj<=" + Convert.ToDateTime(textBox5.Text) + "'";
　　　db.BindDataGridView(dataGridView1, sql);// 绑定 DataGridView
　　}

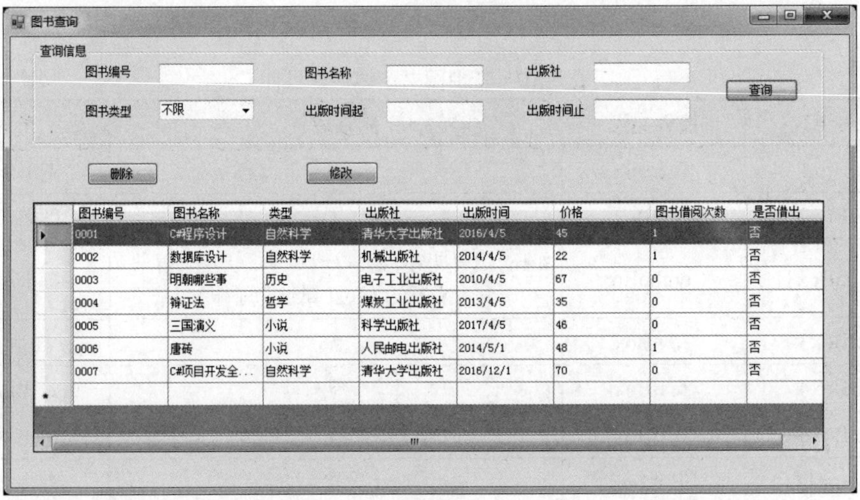

图 9-8　查询图书窗体

　　（3）单击"删除"按钮，删除该条图书信息。首先判断是否选中了一条数据，
然后会弹出一个"你确定要删除吗？"的对话框，如果单击"是"按钮，则会删除数据，
最后重新绑定 DataGridView 控件，相关代码如下：

```
private void button2_Click(object sender, EventArgs e)
{
    // 判断是否选中一行数据
    if (dataGridView1.SelectedCells.Count > 0)
    {
        if (MessageBox.Show(" 你确定要删除吗？ ", " 提 示 ", MessageBoxButtons.YesNo) ==
DialogResult.Yes)                                          // 弹出对话框
        {
            // 根据图书编号删除图书信息
            string sql = "delete from book where bookid='" + dataGridView1.SelectedCells[0].Value.
ToString() + "'";
```

```
        db.OperateData(sql);                          // 调用 OperateData() 删除数据
        string sql1 = "select * from book";           // 查询所有图书信息
        db.BindDataGridView(dataGridView1, sql1);     // 重新绑定 DataGridView
      }
    }
  }
```

（4）双击某一条图书信息或单击"修改"按钮，会弹出修改图书信息窗体
（frmBookEdit.cs），并且把图书编号传到下一个窗体，相关代码如下：

```
private void dataGridView1_CellDoubleClick(object sender, DataGridViewCellEventArgs e)
{
    frmBookEdit form = new frmBookEdit(); // 定义 frmBookEdit 窗体对象
    // 窗体传值，把图书编号传到下一个窗体
    form.bookid = dataGridView1.SelectedCells[0].Value.ToString();
    form.Show(); // 显示窗体
}
```

修改图书信息窗体的运行效果如图 9-9 所示。

图 9-9　修改图书信息窗体

修改图书信息的窗体（frmBookEdit.cs）加载时，显示某本图书的详细信息，根据
图书编号查询图书名称、图书类型、出版社、出版时间和价格字段，相关代码如下：

```
private void frmBookEdit_Load(object sender, EventArgs e)
{
    this.Text = " 修改 [ " + bookid + " ] 的图书信息 ";              // 设置窗体标题
    label2.Text = bookid;                       // 给图书编号标签控件赋值
    // 根据图书编号查询相关信息
    string sql = "select * from book where bookid='" + label2.Text + "'";
    DataSet ds = db.GetTable(sql);       // 调用 GetTable 方法返回数据集
    textBox1.Text = ds.Tables[0].Rows[0][1].ToString();           // 图书名称字段
    comboBox1.Text = ds.Tables[0].Rows[0][2].ToString();          // 图书类型字段
    textBox2.Text = ds.Tables[0].Rows[0][3].ToString();           // 出版社字段
    textBox3.Text = ds.Tables[0].Rows[0][4].ToString();           // 出版时间字段
    textBox4.Text = ds.Tables[0].Rows[0][5].ToString();           // 价格字段
}
```

（6）单击"修改"按钮时，可以修改图书名称、图书类型、出版社、出版时间和价格信息。相关代码如下：

```
private void button1_Click(object sender, EventArgs e)
{
    // 根据图书编号修改图书名称、图书类型、出版社、出版时间和价格信息
    string sql = "update book set bookname='" + textBox1.Text + "',type='" + comboBox1.Text
+ "',cbs='" + textBox2.Text + "',cbsj='" + Convert.ToDateTime(textBox3.Text) + "',price='" +
Convert.ToDecimal(textBox4.Text) + "' where bookid='" + label2.Text + "'";
    db.OperateData(sql);                    // 调用 OperateData() 修改图书信息
    MessageBox.Show(" 修改图书信息成功 ");
}
```

9.8 借阅管理模块设计

借阅管理模块主要包括借书、还书和续借。借阅管理模块使用的数据表：myuser、book 和 jy。

9.8.1 借书

（1）新建一个 Windows 窗体，命名为 frmBorrow.cs，主要用于实现借书和查询借阅情况的功能。该窗体中的主要控件和属性设置见表 9-11。

扫码看视频

表 9-11　借书窗体控件设计

控件 ID	控件类型	属性设置	用途
textBox1	TextBox	无	图书编号
textBox2	TextBox	无	用户名
button1	Button	Text 属性为借书	借书按钮
button2	Button	Text 属性为借阅查询	借阅查询按钮
dataGridView1	DataGridView	ReadOnly 设置为 true，SelectionMode 设置为 FullRowSelect	显示借阅信息

（2）单击"借书"按钮，首先通过用户名查询用户信息，然后根据图书编号查询图书信息。如果已借阅量小于最大借阅量（已借阅量字段和最大借阅量字段存储在用户表中），并且书未被借出（书是否借出字段存储在图书表中），则可以借书。

如要借书，需要完成下述三步数据库操作：①在借阅表中添加记录，其中，归还时间为"空"，是否归还为"否"，是否续借也为"否"；②更新用户表中的借阅次数和已借阅量；③更新图书表中的借阅次数和是否借出字段。相关代码如下：

```
private void button1_Click(object sender, EventArgs e)
{
```

```
// 根据用户名查询用户信息
string sql = "select * from myuser where username='" + textBox2.Text + "'";
DataSet ds = db.GetTable(sql);          // 调用 GetTable() 返回数据集
string name = ds.Tables[0].Rows[0][2].ToString();          // 姓名字段
int jycs = Convert.ToInt16(ds.Tables[0].Rows[0][4]);   // 借阅次数字段
int jylmax = Convert.ToInt16(ds.Tables[0].Rows[0][5]);          // 最大借阅量字段
int yjyl = Convert.ToInt16(ds.Tables[0].Rows[0][6]);   // 已借阅量字段

// 根据图书编号查询图书信息
string sql1 = "select * from book where bookid='" + textBox1.Text + "'";
DataSet ds1 = db.GetTable(sql1);                       // 调用 GetTable() 返回数据集
string bookname = ds1.Tables[0].Rows[0][1].ToString();          // 图书名称字段
int bookjycs = Convert.ToInt16(ds1.Tables[0].Rows[0][6]);          // 图书借阅次数字段
string sfjc = ds1.Tables[0].Rows[0][7].ToString();          // 是否借出字段
// 取系统当前时间并在这个基础上加上两个月就是截止时间，因为借书时间为两个月
DateTime time = DateTime.Now.AddMonths(2);

// 判断已借阅量和最大借阅量的大小关系
    if (yjyl < jylmax)
    {
        if (sfjc == " 否 ")                 // 判断图书是否已借出，如果已借出则无法借书
        {
            // 在借阅表中添加记录，其中归还时间为"空"，是否归还为"否"，是否续借也为"否"
            string sql2 = "insert into jy values('" + textBox2.Text + "','" + name + "','" + textBox1.
Text + "','" + bookname + "','" + DateTime.Now + "','" + time + "',null,' 否 ',' 否 ')";
            db.OperateData(sql2);          // 调用 OperateData() 方法插入一条借阅信息
            jycs = jycs + 1;               // 借阅次数加 1
            yjyl = yjyl + 1;               // 已借阅量加 1
            // 更新用户表的借阅次数和已借阅量
             string sql3 = "update myuser set jycs='" + jycs + "',yjyl='" + yjyl + "' where username='"
+ textBox2.Text + "'";
            db.OperateData(sql3);          // 调用 OperateData() 方法实现用户表的更新
            bookjycs = bookjycs + 1;       // 图书借阅次数加 1
            // 更新图书表中的图书借阅次数和是否借出
              string sql4 = "update book set jycs='" + bookjycs + "',sfjc=' 是 ' where bookid='" +
textBox1.Text + "'";
            db.OperateData(sql4);          // 调用 OperateData() 方法实现图书表的更新
            MessageBox.Show(" 借书成功 ");
        }
        else
            MessageBox.Show(" 这本书已借出 ");
    }
    else
        MessageBox.Show(" 借阅图书到最大，请先还书 ");
}
```

借书窗体的运行效果如图 9-10 所示。

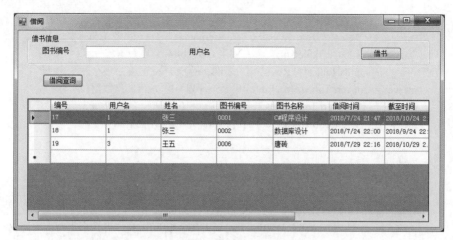

图 9-10 借书窗体

（3）单击"查询"按钮，查询所有借阅信息。

```
private void button2_Click(object sender, EventArgs e)
{
    // 查询所有借阅信息
    string sql = "select id as ' 编号 ', jyrid as ' 用户名 ', name as ' 姓名 ', bookid as ' 图书编号 ',
bookname as ' 图书名称 ', jysj as ' 借阅时间 ', jzsj as ' 截至时间 ', ghsj as ' 归还时间 ', sfgh as '
是否归还 ', sfxj as ' 是否续借 ' from jy";
    db.BindDataGridView(dataGridView1, sql);                // 绑定 DataGridView 显示借阅信息
}
```

9.8.2 还书

（1）新建一个 Windows 窗体，命名为 frmReturn.cs，主要用于实现还书和查询借阅情况的功能。该窗体中的主要控件和属性设置见表 9-12。

表 9-12 还书窗体控件设计

控件 ID	控件类型	属性设置	用途
textBox1	TextBox	无	用户名
textBox2	TextBox	无	图书编号
textBox3	TextBox	无	图书名称
dataGridView1	DataGridView	ReadOnly 设置为 true，SelectionMode 设置为 FullRowSelect	显示借阅信息
button1	Button	Text 属性为查询	查询按钮
button2	Button	Text 属性为还书	还书按钮

还书窗体的运行效果如图 9-11 所示。

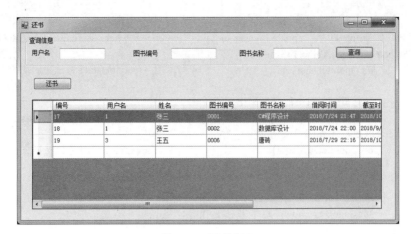

图 9-11　还书窗体

（2）单击"查询"按钮，通过用户名（借阅人编号）、图书编号和图书名称模糊查询借阅信息，相关代码如下：

```
private void button1_Click(object sender, EventArgs e)
{
    // 通过借阅人编号（用户名），图书编号和图书名称模糊查询借阅信息
    string sql = "select id as ' 编号 ',jyrid as ' 用户名 ',name as ' 姓名 ',bookid as ' 图书编号 ',
bookname as ' 图书名称 ',jysj as ' 借阅时间 ',jzsj as ' 截至时间 ',ghsj as ' 归还时间 ', sfgh as
' 是否归还 ',sfxj as ' 是否续借 ' from jy where jyrid like '%'+'" + textBox1.Text + "'+'%' and
bookid like '%'+'" + textBox2.Text + "'+'%' and bookname like '%'+'" + textBox3.Text + "'+'%' ";
    db.BindDataGridView(dataGridView1, sql); // 绑定 DataGridView 显示借阅信息
}
```

（3）选中一行数据，单击"还书"按钮，如果该书未归还，则可以还书。如果已还书，则更新借阅表中的信息，再更新用户表中的已借阅量字段，最后更新图书表中是否借出字段。相关代码如下：

```
private void button2_Click(object sender, EventArgs e)
{
    // 判断是否选中一行数据
    if (dataGridView1.SelectedCells.Count > 0)
    {
        // 判断是否还书字段是否为否，如果为是则说明书已归还
        if (dataGridView1.SelectedCells[8].Value.ToString() == " 否 ")
        {
            // 更新借阅表中的归还时间，是否归还字段
            string sql = "update jy set ghsj='" + DateTime.Now + "',sfgh=' 是 ' where id='" +
dataGridView1.SelectedCells[0].Value.ToString() + "'";
            db.OperateData(sql);          // 调用 OperateData() 方法实现借阅信息的更新

            // 根据用户名查询用户信息
            string sql1 = "select * from myuser where username='" + dataGridView1.SelectedCells[1].
Value.ToString() + "'";
            DataSet ds = db.GetTable(sql1);       // 调用 GetTable() 返回数据集
            int yjyl = Convert.ToInt16(ds.Tables[0].Rows[0][6]);       // 取已借阅量字段
            yjyl = yjyl - 1;// 已借阅量减 1
```

```
// 更新用户表中的已借阅量
    string sql3 = "update myuser set yjyl='" + yjyl + "' where username='" + dataGridView1.
SelectedCells[1].Value.ToString() + "'";
    db.OperateData(sql3);                      // 调用 OperateData() 方法更新用户表

// 更新图书表中的是否借出字段
    string sql4 = "update book set sfjc=' 否 ' where bookid='" + dataGridView1.
SelectedCells[3].Value.ToString() + "'";
    db.OperateData(sql4);                      // 调用 OperateData() 方法更新图书表
    MessageBox.Show(" 还书成功 ");
        }
    else
        MessageBox.Show(" 这本书已还 ");
        }
    else
        MessageBox.Show(" 请选中一条数据 ");
        }
```

9.8.3　续借

（1）新建一个 Windows 窗体，命名为 frmRenew.cs，主要用于实现续借和查询借阅情况的功能。该窗体中的主要控件和属性设置见表 9-13。

表 9-13　续借窗体控件设计

控件 ID	控件类型	属性设置	用途
textBox1	TextBox	无	图书编号
textBox2	TextBox	无	图书名称
dataGridView1	DataGridView	ReadOnly 设置为 true，SelectionMode 设置为 FullRowSelect	显示借阅信息
button1	Button	Text 属性为查询	查询按钮
button2	Button	Text 属性为续借	续借按钮

续借窗体的运行效果如图 9-12 所示。

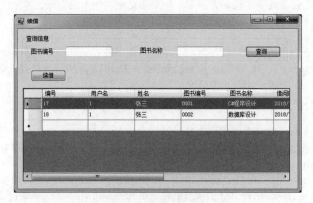

图 9-12　续借窗体

（2）单击"查询"按钮，根据图书编号和图书名称查询本人的借阅信息，相关代码如下：

```
private void button1_Click(object sender, EventArgs e)
{
    // 根据图书编号和图书名称查询本人的借阅信息
    string sql = "select id as ' 编号 ',jyrid as ' 用户名 ',name as ' 姓名 ',bookid as ' 图书编号 ',
bookname as ' 图书名称 ',jysj as ' 借阅时间 ',jzsj as ' 截至时间 ',ghsj as ' 归还时间 ', sfgh as
' 是否归还 ',sfxj as ' 是否续借 ' from jy  where jyrid='" + name + "' and bookid like '%'+'" +
textBox1.Text + "'+'%' and bookname like '%'+'" + textBox2.Text + "'+'%' ";
    db.BindDataGridView(dataGridView1, sql);
}
```

（3）选中一行数据，单击"续借"按钮，如果该书未归还和未被续借过，则可以续借。如果可以续借，则更新借阅表中的截止时间和是否续借字段，最后显示借阅信息。相关代码如下：

```
private void button2_Click(object sender, EventArgs e)
{
    // 判断是否选中了一行数据
    if (dataGridView1.SelectedCells.Count > 0)
    {
        // 获取是否归还字段
        string sfgh = dataGridView1.SelectedCells[8].Value.ToString();
        if (sfgh == " 否 ")                // 是否归还字段为否
        {
            string sfxj = dataGridView1.SelectedCells[9].Value.ToString();        // 获取是否续借
            if (sfxj == " 否 ")                // 是否续借字段为否
            {
                // 获取截止时间字段
                DateTime jzsj=Convert.ToDateTime(dataGridView1.SelectedCells[6].Value);
                // 更新截止时间字段，在截止时间再加上一个月，因为续借时间为一个月
                string sql = "update jy set jzsj='" + jzsj.AddMonths(1) + "',sfxj=' 是 ' where id='" +
dataGridView1.SelectedCells[0].Value.ToString() + "'";
                db.OperateData(sql);

                // 查询借阅表中的信息
                string sql1 = "select id as ' 编号 ',jyrid as ' 用户名 ',name as ' 姓名 ',bookid as ' 图书编
号 ',bookname as ' 图书名称 ',jysj as ' 借阅时间 ',jzsj as ' 截至时间 ',ghsj as ' 归还时间 ',sfgh as
' 是否归还 ',sfxj as ' 是否续借 ' from jy  where jyrid='" + name + "' ";
                db.BindDataGridView(dataGridView1, sql1);
                MessageBox.Show(" 续借成功 ");
            }
            else
                MessageBox.Show(" 已续借过一次，无法续借 ");
        }
        else
            MessageBox.Show(" 书未归还无法续借 ");
    }
    else
        MessageBox.Show(" 请选中一行数据 ");
}
```

本章小结

本章对图书馆系统的开发过程进行详细的讲解。项目从需求分析开始，到数据库设计、公共类设计和代码设计。数据库的设计是基于需求分析的，公共类的设计是为了减少重复代码,在图书馆管理系统中有大量的数据库操作,这些都可以设计成公共类,就可以直接调用。代码设计主要包括对用户信息、图书信息、借阅信息的增加、删除、修改和查询。

 习题

一、编程题

根据学校的实际需求设计学生成绩管理系统。

参考文献

[1] 游祖元. C# 案例教程 [M]. 第 2 版. 北京：电子工业出版社，2012.

[2] 郭子力. Visual C# 程序设计应用教程 [M]. 北京：机械工业出版社，2010.

[3] 张凌晓，袁东锋，刘克成. Visual C# 2010 程序设计 [M]. 北京：中国铁道出版社，
     2013.

[4] 冯庆东，杨丽. C# 项目开发全程实录 [M]. 第 3 版. 北京：清华大学出版社，
     2013.

[5] 崔淼. ASP.NET 程序设计教程（C# 版）[M]. 北京：机械工业出版社，2011.

[6] 谷涛，扶晓，毕国锋. 轻松学 C#[M]. 北京：电子工业出版社，2013.

[7] Karli Watson，Christian Nagel. C# 入门经典 [M]. 第 4 版. 齐立波，译. 北京：
     清华大学出版社，2008.

[8] 武汉厚溥教育科技有限公司. WinForm 技术应用 [M]. 北京：清华大学出版社，
     2014.

[9] 包芳. C# Windows 应用开发项目教程 [M]. 北京：清华大学出版社，2017.